Die Mercerisierungsverfahren

Von

Dr. Erwin Sedlaczek

Oberregierungsrat

Berlin
Verlag von Julius Springer
1928

ISBN-13: 978-3-642-90394-6   e-ISBN-13: 978-3-642-92251-0
DOI: 10.1007/978-3-642-92251-0

Vorwort.

Die Mercerisation hat sich aus generellen Erkenntnissen heraus in den letzten Jahren zu einer großen Anzahl von genau spezialisierten Einzelverfahren entwickelt, bei denen bereits anscheinend geringfügige Abänderungen der Arbeitsbedingungen zu vollkommen verschiedenen technischen Resultaten führten.

Man kann die Entwicklungs-Phänomene und -Werte dieser Technik nur dann richtig beurteilen, wenn man die Bedürfnisfragen der Textilindustrie in den einzelnen Entwicklungsphasen mit berücksichtigt.

Es ist unbestritten, daß den grundlegenden Anstoß für die technische Einführung der Mercerisation diejenigen Verfahren gegeben haben, nach denen es gelang Baumwolle das Aussehen von Seide zu verleihen. Seide, d. h. unbeschränkte Mengen seidenähnlicher Fasern von billigem Gestehungspreis, war seit Jahrhunderten der unerfüllte Traum der Textiltechniker. Dieser Traum hatte sich anscheinend nun erfüllt. Aber seit dem Kriegsende haben sich die Absatzmöglichkeiten nicht nur für seidenähnliche sondern auch andere Produkte der Mercerisationsveredlung noch weiterhin in überaus günstigem Maße entwickelt.

Wenn sich auch schwere politische Umwälzungen in einer großen Anzahl von Ländern nach dem Kriege vollzogen haben, so lassen sie sich doch hinsichtlich ihres Ausmaßes und der Massenwirkung keineswegs mit dem Umsturz vergleichen, den die Bekleidung der Frau seit dieser Zeit aufzuweisen hat. Die sich international vollziehende Nachkriegsmetamorphose in der Toilette der Dame, die zur fast ausschließlichen Verwendung von zarten vorzugsweise auf dem Wege der Mercerisation herstellbaren Geweben führte und die spontan erfolgende Geschmacksentwicklung der großen Kreise der weiblichen arbeitenden Bevölkerung von Barchent zu Bemberg, haben die Abnehmerkreise für durch Mercerisation veredelte Artikel in das Ungemessene wachsen lassen und Wünsche nach steter Abwechslung in diesen Artikeln hervorgerufen, denen diese Veredlungsindustrie gerecht werden soll, und auch gerecht wird. Es darf auch nicht daran vergessen werden, daß man mit Hilfe dieser Veredlungstechnik einen billigen Ersatz für Leinen, Wolle usw. herstellen kann.

Die Aufgaben, welche diese Technik in den letzten Jahren mit Hilfe der Mercerisation zu lösen versucht hat, liegen nur zu einem Teil auf dem Gebiete, das die Arbeiten von Thomas und Prevost erschlossen haben; denn es hat sich, wie bereits erwähnt, in den Abnehmerkreisen ein großes Interesse auch für solche Veredlungsprodukte gezeigt, die keinen ausgesprochenen Seidenglanz zeigen, z. B. auch solche von leinen- oder wollähnlichem Aussehen. Es wäre nun ein Irrtum anzunehmen, daß diese neuen Veredlungsprodukte, deren Äußeres der Seide nicht gleicht, und deren Herstellung vor Jahren weder vorausgesehen werden konnte, noch auch damals angestrebt wurde, sich nur durch eine tiefgehende Abänderung der Mercer'schen Vorschriften herstellen lassen. Im Gegenteil scheint es manches Mal erstaunlich, wie klein die Unterschiede in den Einzelverfahren sind, die überraschende Verschiedenheiten in den Endprodukten auslösen. Dadurch ist eine schwere Übersichtlichkeit und Vergleichsmöglichkeit der Einzelverfahren unter sich eingetreten, da sehr ähnliche Verfahren ganz verschiedene Endprodukte liefern und umgekehrt. Aus diesen Gründen kann auch die Natur der Endprodukte nicht als ein technologisch zusammenfassender Begriff ausgewertet werden, durch den diese Verfahren zusammengehalten sind.

Für den wirtschaftlich denkenden und vorwärtsstrebenden Techniker kommen nur solche Verfahren als neu zu erschliessende Einnahmequellen in Betracht, die nicht nur ein leicht absetzbares Endprodukt liefern, sondern auch neu sind, d. h. dem Hersteller ein gewerbliches Schutzrecht und damit das alleinige Herstellungsrecht sichern.

Diese vor Aufnahme anscheinend neuer Verfahren für den wirtschaftlichen Erfolg unerläßliche Prüfung ist z. Z. für den Techniker mit großen Schwierigkeiten verbunden.

Das Tatsachenmaterial, das zum Vergleich herangezogen werden muß, ist zum größten Teil in der Patentliteratur enthalten, oder man kann manches Mal auch sagen, naturgemäß ohne Absicht versteckt. Bei vielen auch neuen Verfahren hat es sich gezeigt, daß der Grundgedanke eines neuen Verfahrens an sich schon lange bekannt war, daß es aber trotzdem noch angestrengter Arbeit bedurfte, um ihn zu einem technisch wertvollen Verfahren zu entwickeln. Es sei nur auf die Spannung bei der Mercerisation hingewiesen, die bereits in Parnell, Life and Labours of John Mercer 1886, S. 197, in D. R. P. 30966, S. 2., Sp. 1 unten und in dem E. P. 4452/1890, von Lowe, erwähnt ist und schließlich zu dem grundlegenden Verfahren von Thomas und Prevost führte.

Etwas Ähnliches gilt für die technisch anscheinend sehr wichtige Mercerisation mit Laugen über 15⁰ Bè bei Temperaturen unter 0⁰ C, auf die, wenn auch ohne Angabe der für den Erfolg erforderlichen Arbeitsbedingungen bereits in dem vorerwähnten Buch von Parnell S. 202 unten und in dem E. P. 20714/1896, S. 2, Z. 10/21 hingewiesen worden ist.

Man ersieht aus diesen beiden Beispielen, die wahllos herausgegriffen worden sind, daß die Kollisionsmöglichkeiten in dieser Technik überaus häufig zu sein scheinen, wodurch naturgemäß der wirtschaftliche Wert eines anscheinend neuen Verfahrens vollkommen illusorisch gemacht werden kann, und daß sich andererseits aus dem restlosen Studium früherer Angaben überaus wertvolle Anregungen zu neuen wirtschaftlich bedeutungsvollen Verfahren ergeben können.

Die technische Ausführung der Mercerisation ist bereits in einigen sehr lesenswerten Büchern abgehandelt worden und kann heute im wesentlichen auch als Gemeingut der einschlägigen Technik angesprochen werden, dagegen hat es anscheinend bisher an einer möglichst erschöpfenden und leicht übersichtlichen Zusammenstellung des für die überaus reichlichen Einzelvorschläge dieser Technik in Betracht kommenden Tatsachenmaterials gefehlt, die es dem Techniker ermöglicht, sich über die Ausführungsweise irgendeiner Arbeitsphase schnell und restlos zu informieren.

Es hat sich zunächst bei der Abfassung einer solchen Zusammenstellung die Frage aufgeworfen, ob man sie extensiv oder intensiv durchführen müsse. Die extensive Ausführung war im Hinblick auf die Eigenart der zu besprechenden Veröffentlichungen, in denen sehr häufig, und naturgemäß auch ohne Absicht Arbeitsfaktoren als nebensächlich behandelt wurden, die sich später als überaus wichtig herausstellten, abzulehnen. Diese Auffassung fand eine weitere Stütze in den vorgenannten beiden Beispielen.

Die intensive Bearbeitung dieser Zusammenstellung, für die ein bestimmter Umfang nicht überschritten werden sollte, hat es aus diesem Grunde bewirkt, daß wissenschaftliche Versuche, sofern sie kein für die Praxis verwertetes Tatsachenmaterial enthielten, von der Besprechung ausgeschieden werden mußten. Das gleiche gilt für die apparativen Einrichtungen und für Verfahren, die mit der Mercerisation eng verknüpft sind, wie z. B. die Regenerierung der Lauge u. a. m. Dagegen ist der Versuch gemacht worden, die Angaben, welche insbesondere in der in- und ausländischen Patentliteratur enthalten sind, soweit diese dem Verfasser zur Verfügung stand, nicht en bloc sondern nach verschiedenen Arbeitsphasen getrennt, d. h. unter verschiedene technologische Grundbegriffe eingeordnet, dem Leser zugänglich zu machen. In welcher Weise diese Unterteilung vorgenommen worden ist, geht aus dem Inhaltsverzeichnis hervor.

Es soll nochmals, um jeden Zweifel über den Umfang dieser Zusammenstellung auszuschließen, darauf hingewiesen werden, daß sie in erster Linie für den Chemiker und nicht den Techniker bestimmt ist, und, da weiterer Raum nicht zur Verfügung stand, nur in soweit als möglichst erschöpfend angesehen werden kann, als aus den Titeln der Einzelkapitel zu entnehmen ist.

Berlin, im November 1927.

E. Sedlaczek.

Inhaltsverzeichnis.

I. Die Entwicklung der Mercerisation.

Mercer hatte im Jahre 1844 festgestellt, daß Baumwolle bei der Einwirkung starker Natronlauge durchsichtig wurde, in ihren Dimensionen unter Verdichtung der Faser einschrumpfte, sowie eine größere Zerreißfestigkeit und eine Erhöhung der Affinität für Farbstoffe zeigte und daß das Einschrumpfen auch zur Herstellung von Kreppeffekten verwendet werden konnte. Schwefelsäure und z. B. Chlorzink zeigten ähnliche Erscheinungen[1]. Welche hohe technische Bedeutung den Beobachtungen von Mercer auch heute noch zukommt, ersieht man am besten aus der Tatsache, daß fast alle und auch die modernen Verfahren der Mercerisation mit ihren Grundwurzeln in die Nährbouillon Mercerscher Arbeiten hinabreichen. Man hat anfangs aus den Gründen, die im Vorwort näher ausgeführt sind, eine ihrer technischen Wichtigkeit entsprechende wirtschaftliche Ausbeutung dieser Beobachtungen anscheinend nicht durchsetzen können.

Im Jahre 1883 wurde die Behandlung von Baumwollgarn mit Schwefelsäure oder Chlorzink zur Erhöhung seiner Zerreißfestigkeit vorgeschlagen (D.R.P. 21 380), die bereits in dem E.P. 13 296/ 1850 erwähnt ist. Auf das D.R.P. 21 380 folgten in dem Jahre 1884 das D.R.P. 28 696, im Jahre 1885 das D.R.P. 30 966, im Jahre 1886 das D.R.P. 37 658 und im Jahre 1890 das D.R.P. 64 457, welche die Herstellung von Gaufrier- und Kreppeffekten und ein Verfahren zum Hydratisieren von Cellulose als Vorbereitung für das Überziehen mit gelöster Seide betreffen.

Während die zuletzt genannten D.R.P. sich eng an die Veröffentlichungen von Mercer anlehnen, bedeuten die britischen Patentschriften 20 314/1889 und 4452/1890 von Horace Lowe und insbesondere die D.R.P. 85 564 und 97 664 von Thomas und Prevost einen Markstein in der Geschichte der Mercerisation, weil durch die Verfahren der E.P. die Mercerisation unter Streckung eingeführt wurde, während die D.R.P. die Kenntnis vermittelten, von welchen Bedingungen die Erzeugung von Seidenglanz beim Arbeiten unter Streckung abhängig war.

---

[1] Vgl. E.P. 13296 (1850) und Parnell: Life and Labours of John Mercer 1886.

Im nachfolgenden sind die Originalveröffentlichungen im wesentlichen ungekürzt wiedergegeben. Die Erzeugung von Seidenglanz auf dem Wege der Mercerisation unter Spannung hat die Technik und in erster Linie den Maschinenbauer jahrelang intensiv beschäftigt, ehe diese Aufgabe restlos gelöst erschien.

Seit dem Kriege hat man sich außer der Vervollkommnung der Mercerisation unter Spannung wiederum mehr der chemischen Seite der Mercerisation zugewendet. Die Schaffung neuer Effekte wie Glas-, Sandpapier-, Leinen-, Wollen- und anderer Effekte, die auch unter dem Namen Opal-Schweizer-Permanent-Transparent-finisch o. dgl. bekannt sind, ist ein Beweis des rastlosen Strebens auf diesem Gebiet. Über die Einzelheiten der neueren Verfahren geben die in Betracht kommenden Kapitel Auskunft. Wen die patentrechtlichen Beziehungen zwischen den einzelnen Veröffentlichungen besonders interessieren, der sei auf die sehr interessanten Ausführungen in Gardner: Mercerisation und Appretur, S. 1—34, 1912 und in Witt-Lehmann: Gespinstfasern, Bd. II, S. 216—218, 1911—1917 verwiesen.

Es wird zunächst von Interesse sein, festzustellen, worauf sich die Untersuchungen von Mercer bezogen haben. Hierüber sind genauere Angaben in dem Buch von Parnell aus dem Jahre 1886 mit dem Titel The Life and Labours of John Mercer enthalten, aus denen die folgenden Angaben entnommen sind.

Zu den Untersuchungen über die Einwirkung von Natronlauge auf Baumwolle im Jahre 1844 wurde Mercer gelegentlich einer Untersuchung über die Bildung von Hydraten angeregt, bei denen er Beziehungen zwischen der Höhe der Hydratisierung und der Viscosität derartiger Lösungen feststellen wollte. Bei dieser Gelegenheit filtrierte er Natronlauge und benutzte hierzu ein Filter, das aus sechs Lagen eines gebleichten dünnen Baumwollbattists bestand und dreimal kalandert worden war. Die Natronlauge war etwa 27 proz. Die Filtration vollzog sich sehr langsam; das Filtrat enthielt etwa 23,7 vH Natronlauge. Das Filtertuch war halbdurchsichtig geworden sowohl in Breite als auch Länge, stark eingegangen und war viel dicker geworden. Dann wurden auf gebleichten Batist einige Tropfen von 27 proz. und 22,3 proz. Natronlauge aufgespritzt, wobei man beobachtete, daß jeder Tropfen, der etwa die Größe eines Schillings zeigte, in der Mitte halbdurchscheinend und zusammengezogen erschien, während der Rand des Tropfens eine derartige Veränderung nicht aufwies, da er offenbar sehr wenig Lauge enthielt. Dieser Versuch wurde dann mit Natronlauge wiederholt, die mit Farbstoffen angefärbt war, wobei sich zeigte, daß die Hauptmenge des Farbstoffs sich im Rande des Tropfens und wenig in der Mitte, d. h. im kontrahierten Teil befand. Beim Zusatz von Natriumstannat zu Natronlauge wird diese Verbindung gleichfalls im äußeren Rand gefunden. Das Stannat wird ebenso wie der Farbstoff in dem stark wässerigen Teil des Tropfens gefunden. Setzte man das mit Tropfen von Natronlauge bespritzte Gewebe zwecks Bildung von Soda der Luft aus, so krystallisierte nur in der Mitte der Tropfen dieses Salz aus, während an ihrem Rand keine Ausscheidung von Salz beobachtet wurde. Auch Stücke von Ausschußkattun zeigten nach dieser Behandlung die Erscheinung, daß sie in der Dicke stark zugenommen hatten. Es warf sich nun die Frage auf, ob die Veränderung der Baumwolle auf einen chemischen oder physikalischen Vorgang zurückzuführen war, und ob die so behandelte Ware für die Zwecke der Färberei und Druckerei besondere Eigenschaften aufwies.

Die gelaugte Ware verlor nach langem Waschen das Alkali vollkommen. Wenn also eine chemische Verbindung zwischen der Baumwolle und dem Alkali stattgefunden hatte, so konnte sie nur äußerst labil gewesen sein, da sie ja durch Waschen bereits zersetzt wurde. Indessen mußte die Operation des Waschens so lange ausgedehnt werden, daß man nicht lediglich eine mechanische Bindung des Alkalis annehmen konnte. Mercer schloß hieraus auf das Bestehen einer chemischen Verbindung, die aber bereits durch Wasser oder die Kohlensäure der Luft zersetzt wurde.

Wenn man die gelaugte Ware, die zuerst mit Wasser, dann mit schwacher Schwefelsäure und schließlich mit warmem Wasser ausgewaschen wurde, der Einwirkung von verschiedenen Beizen und Farbstoffen unterwarf, so wurde eine bedeutende Erhöhung der Farbaufnahmefähigkeit festgestellt. Die gleiche Erhöhung der Aufnahmefähigkeit zeigte die gelaugte Baumwolle auch gegenüber sauren, neutralen oder alkalischen Verbindungen. Diese Veränderung war anscheinend auf eine physikalische, durch das Alkali verursachte Wirkung zurückzuführen. Obwohl man zunächst annehmen mußte, daß durch die Alkalibehandlung eine starke Schwächung der Faser eintreten würde, war im Gegenteil seine Festigkeit erhöht worden. Wegen dieser wichtigen Eigenschaften wurde dieses Verfahren zum Gegenstand einer Patentanmeldung gemacht, auf die später zurückgekommen werden soll.

Bei seinen weiteren Untersuchungen stellte Mercer fest, daß man eine ähnliche Veränderung der Baumwolle wie durch Natronlauge auch durch Schwefelsäure oder Zinkchlorid erreichen kann, wobei aber der Natronlauge der Vorzug zu geben ist. Lösungen von Soda, auch hoch konzentrierte heiße oder kalte, sind wirkungslos gegenüber Baumwolle.

1*

Für Webware aus Baumwolle soll man mit einer Natronlauge von 20,15—24,6 vH, und zwar bei gewöhnlicher Temperatur, arbeiten. Es genügt bereits eine Einwirkung von wenigen Minuten, um die gewünschte Veränderung herbeizuführen. Man kann auch mit viel schwächeren Lösungen arbeiten, braucht aber dann eine viel längere Einwirkungsdauer. Wenn man eine Lauge von 4,3 vH bei gewöhnlicher Temperatur 42 Stunden einwirken läßt, so erhält man kaum eine sichtbare Einwirkung. Die Konzentration der Natronlauge verringert sich durch die Berührung mit der Baumwolle, selbst wenn sie eine Stärke von 29,2 vH hat, woraus zu schließen ist, daß mehr Natriumhydroxyd aus der Lauge durch die Baumwolle aufgenommen wird, als der absoluten Flüssigkeitsaufnahme entspricht. Wenn man nach dem Einbringen der Baumwolle eine Lauge von 20,15 vH zurückbehalten will, muß man von einer Lauge ausgehen, die wenigstens 27 vH Natriumhydroxyd enthält.

Bezüglich der inne zu haltenden Temperatur wurden Ergebnisse erzielt, die anders lagen als sonst bei chemischen Reaktionen, so verlangsamte ein Ansteigen der Temperatur die Reaktion. Bei Siedehitze wurde der beabsichtigte Effekt nicht erreicht, dagegen erleichterte Abkühlung die Reaktion. Bei Anwendung künstlicher Kühlung zeigten sich schwächere Lösungen ebenso wirksam als sonst stärkere. Mercer schloß, daß die beste Arbeitstemperatur etwa bei 15,5° C liegt. Bei erheblich niedrigeren Temperaturen wird die Ware steifer und härter. Ein Gewebe, das mit einer kalten Lauge von 17,8 vH behandelt worden war, verlor zum Teil den Mercerisiereffekt, wenn man es sofort mit einer kochenden Lauge von 8,78 proz. Natronlauge behandelte. Wurde dagegen an erster Stelle eine Lauge von 22,3 vH angewendet, so konnte man unbedenklich eine sofortige Nachbehandlung mit schwächerer heißer Lauge folgen lassen.

Die besten Ergebnisse hinsichtlich des Aussehens und der Erhöhung der Farbaufnahmefähigkeit erhielt Mercer mit solchen Geweben, die vorher in schwachen alkalischen Lösungen gebleicht worden waren, ohne dabei gekocht zu werden. Nach einer Beobachtung von Walter Crum sollen auch schwache heiße alkalische Lösungen die Baumwollfasern zusammenziehen, ihre Poren schließen und dadurch ihre Absorptionskraft verringern, obwohl im Gegensatz hierzu starke Laugen die Poren der Fasern öffnen. Auch Hypochlorite im Überschuß sollen die Poren der Fasern öffnen.

Für das Mercerisieren soll man die Gewebe zunächst 1 Stunde mit kochendem Wasser behandeln, ausquetschen und 4—5 mal waschen, dann bei etwa 76,7° C in einem Bad aus Kalk und Hypochlorit einweichen und hierauf ausquetschen, säuern und

waschen. Es ist von besonderer Bedeutung, daß so behandelte
Gewebe die Mercerisierflüssigkeit schnell und gleichmäßig aufsaugen. Wenn sich beim Mercerisieren Schwierigkeiten dadurch er-
gaben, daß das Gewebe die Lauge nicht ausreichend oder ungleichmäßig aufnahm, so wie das bei ungebleichter Ware häufig der
Fall war, so taucht man ein solches Gewebe für etwa 1 Stunde in
kochendes Wasser, quetscht aus, wusch 5—6mal mit Wasser und
behandelte dann mit Alkali, solange das Gewebe noch etwas feucht
war. Durch diese Behandlung wurde das Gewebe nach zwei Richtungen hin verändert, indem es durch Kontraktion an Festigkeit
zunahm und indem seine Aufnahmefähigkeit für Farbstoffe erhöht
wurde. Der Zuwachs an Festigkeit erschien bedeutend höher, als
man nach der linearen Zusammenziehung eigentlich annehmen
mußte. Die lineare Zusammenziehung betrug $1/5$ bis $1/4$ der ursprünglichen Größe. Ein Bündel Fäden, das bei einer Belastung
von 403 g zerriß, brauchte in mercerisiertem Zustand zum Zerreißen 682 g. Bei einer Anzahl Fäden war die Zerreißfestigkeit
von 403 g auf wenigstens 600 g erhöht.

Die mercerisierte Baumwolle zeigt etwa die gleiche Festigkeit
wie Leinen. Das feinste Gewebe aus Baumwolle wird durch Mercerisieren auf $3/4$ der ursprünglichen Länge und Breite zusammengezogen, oder ein Gewebe von 200 Fäden auf den Zoll wird auf
270 Fäden auf den Zoll zusammengezogen. Neben der Zusammenziehung steigt auch das Gewicht des Gewebes, obwohl jede Spur
Natronlauge ausgewaschen war. Dieser Gewichtszuwachs war ganz
gleichmäßig. Er stieg von 4,5 bis 5,5 vH, berechnet auf das Gewicht des gebleichten Ausgangsstoffes. Er ist zurückzuführen auf
den Wassergehalt, der größer ist als der Wassergehalt des unbe-
handelten Stoffes, wobei das Wasser entweder in Form einer labilen
chemischen Bindung oder als Adhäsionswasser durch die physikalische Veränderung des Fadens auftritt. Man kann dieses Wasser
durch eine mäßige Erwärmung auf 100° C austreiben. Das so ent-
wässerte Gewebe nimmt aber aus der Luft die abgegebene Menge
Wasser wieder auf. Bei einem angestellten Vergleichsversuche
nahm von zwei Stücken Batist, von denen das eine mercerisiert
war, und die kurz nach dem Trocknen bei 100° C ein gleiches Gewicht von etwa 2356 g zeigten, das unmercerisierte etwa 125 g
Wasser, das mercerisierte dagegen 250 g Wasser auf.

Wenn man das Gewebe mit einem Schutzpapp vor dem Mercerisieren bedruckt, so kann man sehr hübsche Druckmuster erzielen,
da die geschützten Stellen nicht wie die ungeschützten zusammengezogen werden und Kreponeffekte geben, die an Damast oder
Baumwollkrepp erinnern. Beim Ausfärben solcher Waren färben

sich die ungeschützten Stellen tiefer an als die reservierten. Als
Schutzpapp gab Mercer dicke Gummilösung aus arabischem oder
Senegalgummi an. Er stellte auch fest, daß Natronlauge von etwa
27 vH eine stärkere Zusammenziehung und Beulung des Gewebes
ergab, als eine Lauge von 31,6 vH. Aber die erstere löst die Gummi-
reservage leichter auf als die stärkere. Zur Herstellung von weißen
Kreppeffekten tauchte er 2 Minuten in eine Natronlauge von 27 vH.
Wenn man aber verschiedene Farbeffekte erzielen will, soll man
eine Lauge von 31,6 vH anwenden. Das mercerisierte Gewebe
wurde in Wasser oder schwacher Lauge ausgewaschen.

Es ist schon vorher darauf hingewiesen worden, daß Mercer
die Bildung einer labilen Verbindung zwischen Alkali und Baumwolle annahm, die aber bereits durch Wasser oder Kohlensäure
zersetzt wird. Auch unterbleibt jede Schwächung der Faser. Im
übrigen läßt sich auch das Alkali nicht so leicht herauswaschen,
daß man nur an eine rein physikalische Adsorption glauben könnte;
man muß vielmehr zur restlosen Entfernung des Alkalis mit schwacher Schwefelsäure waschen. Mercer gab der labilen Verbindung
folgende Formel $(C_{12}H_{20} . O_{10} . Na_2O)$. Bei Zersetzung durch Wasser sollte an Stelle des Alkalis 1 Mol. Wasser treten. Für die Rich-
tigkeit dieser Formel gab Mercer verschiedene Gründe an, auf die
nicht näher eingegangen werden soll. Gladstone hatte schon eine
Alkalicellulose hergestellt, indem er Baumwolle mit Kalilauge behandelte und den Überschuß des Alkalis mit Alkohol auswusch.
Diese Verbindung wurde durch Wasser und durch Kohlensäure
zerlegt. Diese Verbindung enthielt nur die Hälfte des Alkalis, die
Mercer voraussetzte. Mikroskopische Untersuchungen von roher
und mercerisierter Baumwolle erwiesen, daß die behandelte Faser
dicker und geschlossener geworden war. Diese Untersuchung wurde
von Walter Crum gemacht und im Journal of the Chemical
Society 1863 folgendes berichtet:

Gewöhnliche Baumwollfaser zeigt im Schnitt das Aussehen eines
abgeflachten, z. T. gedrehten Rohres. Das hohle Rohr ist nicht
mit Luft gefüllt, sondern wie die Flachsfaser mit einer festen Masse,
die stellenweise zusammenhängend ist und an anderen Stellen
Hohlräume in der Achse zeigt. In der unreifen Faser liegen die
Seitenwände wie bei einem Blatt aneinander und manchesmal
haften sie so fest, daß man kaum eine Demarkationslinie erkennen
kann. Bei Eintritt der Reife ist die Masse, welche die dünne Schei-
dungswand in der halbreifen Faser bildet, oder auch dann, wenn
die Faser bereits geerntet und getrocknet ist, fähig, sich auszu-
dehnen, wobei sie der Faser eine zylindrische Form verleiht und
den Hohlraum ausfüllt. Im Stadium der Reife ist die Faser fast

zylindrisch, die Wandungen sind beträchtlich und gleichmäßig stark, aber die ausgesprochene zylindrische Form zeigt die Faser nur an den Enden. Crum hat festgestellt, daß die Faser beim Mercerisieren etwa gleiche Umwandlungen erfährt wie beim Reifen. Wenn man die halbreife Faser, die noch vollkommen flach und dünn ist, in ein Bad von Natronlauge (spez. Gew. 1,3—1,4, d. h. etwa 27—37 proz.) bringt, so nimmt sie plötzlich die runde Form der reifen Baumwollfaser an, von der sie sich nur durch kleinere Dimensionen, gleichmäßigere Zylinderform und eine größere Öffnung im Innern unterscheidet. Der Zuwachs im Durchmesser ist entweder auf eine Ausdehnung der Trennungsschicht oder auf eine Trennung der Wandungen voneinander zurückzuführen. Die Einwirkung der Natronlauge vervollkommnet die zylindrische Form der reifen Baumwollfaser, sie vergrößert ihr Volumen und füllt die innere Höhlung vollkommen aus. Andererseits wirkt das Alkali drehend auf die Faser in einem solchen Ausmaß, daß man ohne weiteres die starke Kontraktion in der Länge und Breite verstehen kann und die Erhöhung der Dichte der so behandelten Gewebe.

Crum hat auch gezeigt, daß die Farbaufnahmefähigkeit zu einem großen Teil abhängig ist von der Aufschließung der inneren Zellen. Die Farbaufnahmefähigkeit wird viel mehr durch die inneren als die äußeren Zellhäute bedingt. Sie treten im Zustande der Lösung durch die Poren ein, werden unlöslich und verbleiben dann in der Faser. Es ist nicht zu leugnen, daß sich auch auf der Oberfläche der Fasern Farbstoff ablagert, dagegen führt das Mercerisieren zur Ausdehnung der Faser, zum Lösen der Zellen und zum Öffnen der Poren.

Einwirkung von Schwefelsäure auf Baumwolle.

Schwefelsäure bestimmter Konzentration bewirkt nach Mercer etwa die gleiche Veränderung der Baumwollfaser wie Natronlauge. Die Einwirkung der Säure ist wie bei der Lauge abhängig von der Konzentration und der Dauer der Einwirkung. Schwache wie auch starke Säuren zerstören die Faser, aber die Einwirkung einer Säure von 61,59—70,85 vH für wenige Minuten bei normaler Temperatur bewirken eine Veränderung der Faser ohne Schwächung. Handelt es sich um die Erhöhung der Farbaufnahmefähigkeit, ohne Schwächung der Faser, so soll man eine Säure von 63,43 vH bei 10 bis 15,5° C anwenden. Das Gewebe, das sich leicht netzen soll, wird vermittels Leitwalzen 1 Minute lang durch die Säure geleitet, dann ausgequetscht und auf Walzen ausgewaschen. Schwefelsäure von 61,59 vH gibt kaum eine sichtbare Wirkung, dagegen soll das Hydrat $H_2SO_4 + 2 H_2O$ sehr schnell wirken (70,85 vH). Diese Säure erschien aber für die Praxis zu stark. Bezüglich der Einwirkung von Schwefelsäure verschiedenener Stärke auf Baumwolle und Papier wurden folgende Beobachtungen gemacht. Man kann drei Stufen oder mehr bei der Einwirkung von Schwefelsäure unterscheiden. In der ersten Stufe scheint die Faser zu expandieren und zu reißen. Die Stärke der Säure sollte etwa 64,26 vH und die Temperatur 10° C sein. Nach dem Waschen und Trocknen ist das Gewebe nicht steif, wie bei Verwendung von stärkerer Säure, sondern ganz weich und hat den Griff von Handschuhleder. Es ist nicht sehr zusammengezogen und kann leicht auf die ursprüngliche Größe gestreckt werden (Lowe). Es ist sehr weiß und seine Farbaufnahmefähigkeit ist stark erhöht.

In der nächsten Stufe wird Säure von 66,09—66,53 vH bei 10° C verwendet. Diese Säurekonzentration bewirkt ein starkes Schrumpfen des Gewebes. Nach dem Waschen und Trocknen unter Druck zwischen mehreren Lagen von gebleichtem Gewebe zeigt das behandelte Gewebe einen steifen Griff und ist sehr weiß, als ob es mit einem starken weißen Niederschlag imprägniert worden wäre. Man kann es nicht mehr auf seine ursprüngliche Größe ausrecken. Wenn das Gewebe vor der Behandlung mit Säuren mit Milch getränkt und dann getrocknet wird, so erhält es ein weißeres und schöneres Aussehen.

Wenn man Schwefelsäure anwendet, die stärker ist, nämlich eine solche von 66,95—70,85 vH bei einer Temperatur von 10° C, so erzielt man eine andere Wirkung, indem das Gewebe halb durchscheinend wird. Es wird dabei steif und zieht sich stark zusammen. Durch Aufdruck von Schutzreserven mif Hilfe von Eiweiß, Caseinlösung oder verdicktem Gummiwasser kann man sehr schöne Effekte erzielen, wenn man den Papp vor dem Einbringen in die Säure trocknet.

Wenn man Papier oder Gewebe kurze Zeit bei gewöhnlicher Temperatur in eine Säure von nicht mehr als 66,53 vH eintaucht, so löst es sich, indem sich eine dicke Paste bildet, die in Wasser gegossen einen weißen Niederschlag von dem Aussehen wie gekochter Reis bildet, der sehr leicht in Natronlauge löslich ist. Wenn die angewandte Säure stärker ist und längere Zeit einwirkt, so verschwindet der pastenartige Charakter der Lösung und die Flüssigkeit wird dünnflüssig. Wenn man diese Flüssigkeit in Wasser gießt, so erhält man nach einiger Zeit auch einen Niederschlag, der sich aber in seinem Aussehen von dem zuerst beschriebenen unterscheidet. Nach dem Waschen und Trocknen bildet er eine zarte, zusammenhängende Masse. Dehnt man die Einwirkung der Säure länger aus, oder wird die Temperatur etwas erhöht, oder die Konzentration der Säure stärker genommen, so wird die Faser vollkommen in Dextrin verwandelt, und man erhält beim Verdünnen keinen Niederschlag.

Das Gewicht des mit Schwefelsäure behandelten Gewebes verändert sich im Gegensatz zu dem mit Natronlauge behandelten nicht.

In dem französischen Patent von Mercer wurde anscheinend durch ein Versehen der Anspruch auf die Anwendung von Schwefelsäure fortgelassen. Die englische Patentschrift, die die Verwendung der Schwefelsäure mit umfaßte, wurde bald in diesem Lande veröffentlicht, aber ein französischer Chemiker, M. Lefevre, der annahm, daß die Verwendung von Schwefelsäure nicht mit geschützt war, machte dahingehende Versuche und nahm daraufhin ein französisches Patent, stellte aber später die Priorität der Untersuchungen von Mercer richtig.

Einwirkung anderer Reaktive auf Baumwolle.

Als weiteres Einwirkungsmittel auf Baumwolle nannte Mercer in seiner britischen Patentschrift Zinkchlorid. Es zeigte sich in einer Konzentration von 200° Tw wirksam, aber es ließ keine besseren Wirkungen als Natronlauge oder Schwefelsäure erkennen. Es war erforderlich, diese Lösung auf eine Temperatur von 37,8° C zu erwärmen. Das Hydrat, welches $2\,^1/_2$ Äquivalente Wasser auf 1 Äquivalent Chlorzink enthielt, arbeitete gut. Löste man das Salz in mehr als 3 Äquivalenten Wasser, so war die Einwirkung nur gering. Eine warme Lösung von Zinknitrat war ohne jede Einwirkung.

Mercer fand ferner, daß eine starke, siedende Lösung von Chlorcalcium eine schwache Einwirkung auf die Faser ausübt. Er beobachtete, daß man gebleichte Baumwolle dadurch verbessern kann, wenn man sie durch eine Lösung von 90—100° Tw nahe beim Siedepunkt (160° C) hindurchzieht.. Eine Mischung von gleichen Äquivalenten Chlorzink und Chlorcalcium von 165° Tw zeigte sich viel wirkungsvoller als Chlorcalcium allein. Von anderen Chemikalien wirkten auf Baumwolle ähnlich ein: Arsensäure, in der Hitze Phosphorsäure und Zinntetrachlorid mit 3 Äquivalenten Wasser. Von diesen Reaktiven schien keins eine praktische Bedeutung zu haben.

Er machte auch den Versuch, der Natronlauge Zinkoxydhydrat zuzusetzen und stellte fest, daß die Wirkung der Natronlauge durch diesen Zusatz stark erhöht wurde. Eine Natronlauge von 8,78 vH, die an sich nicht mehr mercerisierend wirkt, wurde für diesen Zweck gut brauchbar, wenn man 1 Äquivalent Zink auf 4 Äquivalente

Natriumhydroxyd löste. Eine Natron-Zinklösung, die einer Natronlauge von 13,50 vH entsprach, wirkte stark in der Kälte, aber nicht mehr in der Hitze.

Außer Baumwolle wurde auch Leinen mercerisiert, das sich ähnlich wie Baumwolle verhält. Es zieht sich zusammen und wird durch Aufnahme von Hydratwasser schwerer; aber die Gewichtszunahme ist nicht so groß wie bei der Baumwolle.

Ein Gewebe aus Chinagras ließ sich schwer netzen, aber es wurde gleichfalls verändert, auch in der Farbaufnahmefähigkeit etwa wie Baumwolle. Aus dem veränderten Material kann man Seile, Tauwerk, Fäden usw. machen.

Er machte auch zahlreiche Versuche über die Einwirkung von Natronlauge und Schwefelsäure auf Papier, und stellte fest, daß, wenn die Einwirkung nur kurze Zeit dauerte und dann gewaschen wurde, das Papier sehr fest und durchscheinend geworden war. Es zeigte sich, daß die höchste Durchsichtigkeit des Papieres und der Baumwollgewebe dann erzielt wurde, wenn man in eine Mischung eintauchte, die durch Mischen von 0,56 l einer 31,5 proz. Natronlauge mit etwa 620 g Schnee oder zerstoßenem Eis entstanden war. Die Temperatur dieser Mischung lag unter −17,5° C. Mit Schwefelsäure verschiedener Stärke von 66,53—70,85 vH bei 10° C wurde das Papier durchscheinend und äußerst widerstandsfähig. Das Papier konnte man geleimt oder ungeleimt anwenden. Wenn man das Papier zunächst mit Gelatinelösung behandelte und trocknete, bevor man es in die Säure einbrachte, so erhält man nach dem Waschen und Trocknen ein sehr dünnes, weißes Papier, das sich leicht falten ließ. Dieses mercerisierte Papier erschien zunächst nur als Merkwürdigkeit, ohne irgendwelche praktische Bedeutung. Es wurde jedoch binnen wenigen Jahren von anderer Seite in großen Mengen hergestellt und als Pergamentpapier in den Handel gebracht.

Das neue Verfahren brachte wirtschaftlich nicht so bedeutende Erfolge, als man zunächst voraussetzen mußte. Es erscheint sicher, daß, wenn seine Einführung recht schnell und mit dem nötigen Nachdruck erfolgt wäre, es unbedingt ein wirtschaftlicher Erfolg geworden sein würde.

Eine französische Gesellschaft bot für die Ausübung der Patente die Summe von 40 000 Pfund, die Mercer zwar annehmen wollte, aber infolge des Widerstandes seines Partners nicht annehmen konnte, wodurch dieses geschäftliche Abkommen nicht realisiert wurde.

Daß eine wirtschaftliche Ausbeutung dieses Verfahrens zunächst nicht eintrat, lag u. a. daran, daß das Eingehen der Gewebe und auch die Erhöhung der Festigkeit nicht erwünscht schien. In einem Zweige der Technik haben sich bereits damals mercerisierte Gewebe eingeführt, nämlich als Drucktuche im Baumwolldruck. Das Drucktuch besteht aus zwei Lagen eines ungebleichten mercerisierten Baumwollgewebes, die durch Kautschuk verbunden und an den Enden zu einem endlosen Band vereinigt sind. Diese Drucktücher sind dünner als die früher benutzten wollenen oder die aus Gummi und gestatten schärfere und bessere Druckeffekte. Sie sind auch billiger und dauerhafter als die früheren Drucktücher.

Einwirkung von Kupferlösung auf Baumwolle.

Mercer scheint der erste gewesen zu sein, der die sonderbare Wirkung beobachtet hat, die eine ammoniakalische Lösung von Kupferoxydhydrat auf Baumwolle ausübt. Er stellte fest, daß Baumwolle vollkommen löslich in einer Flüssigkeit ist, die man durch Sättigung von Ammoniak (spez. Gew. 0,920) mit Kupferoxydhydrat und Verdünnen mit der dreifachen Menge Wasser erhält. Wenn man diese Lösung der Baumwolle mit Schwefelsäure neutralisiert, so fällt diese aus und kann durch einen Überschuß von Schwefelsäure frei von Kupfer erhalten werden. Wenn man ein Stück Baumwollstoff 1 Minute in die ammoniakalische Kupferlösung eintaucht, so wird seine Oberfläche in eine gummiartige oder schleimige Masse verwandelt, die von dem unveränderten Gewebe entfernt werden kann. Ein Überschuß von Ammoniak erhöht nicht die Wirkung, woraus zu schließen ist, daß die Doppelverbindung von Ammoniak mit Kupferoxydhydrat die aktive Substanz ist. Die Lösung, die man durch Übersättigen von Kupfersulfat mit Ammoniak erhält, wirkt nicht so gut wie die Auflösung des gefällten Kupferoxydhydrates in Ammoniak.

Wenn man ein Stück Baumwollenstoff mit einigen Tropfen einer starken Lösung von Kupfernitrat bespritzt und feucht in Ammoniakgas verhängt, so scheint keine Veränderung des Gewebes einzutreten. Wenn man aber das Gewebe nach dem Aufbringen der Kupferlösung in Tropfenform zunächst in kalte, dünne Natronlauge eintaucht, wäscht, etwas trocknet und dann etwa 12 Stunden in einer Atmosphäre von Ammonikgas verhängt, so tritt eine glatte Veränderung ein. Wenn man den Versuch so abändert, daß man das Kupferoxydhydrat durch Anwendung von Hitze zunächst in Kupferoxyd umwandelt und dann in gleicher Weise wie vorstehend weiter behandelt, so tritt keine merkliche Veränderung ein.

Um festzustellen, inwieweit die Temperatur eine Rolle spielt, nahm Mercer 1 Teil Ammoniak (spez. Gew. 0,920), sättigte das

Ammoniak mit Kupferoxydhydrat und setzte hierzu 2 Teile Wasser. Die eine Hälfte dieser Mischung wurde kaltgestellt, die andere
auf etwa 37° C erwärmt. Von den in diese beiden Lösungen getauchten Baumwollgeweben war das in der kalten Lösung stark
verändert, das in der warmen Lösung zeigte kaum eine Einwirkung. Die Temperatur spielt also hier eine ganz andere Rolle als
bei der Anwendung der Natronlauge. Wenn man ein Stück Baumwollgewebe für etwa 12 Stunden in eine Natronlauge von 13 vH
eintauchte, der eine kleine Menge einer Lösung von Kupferoxydhydrat in Ammoniak zugesetzt war, so absorbierte das Gewebe eine
reichliche Menge Kupfer, wobei es blau und steif, aber nicht
gummiartig wurde.

Es folgt nunmehr eine Übersetzung des von Mercer zum Schutze
seiner Erfindung genommenen britischen Patentes 13 296 (1850).
Meine Erfindung besteht darin, pflanzliche Textilmaterialien und
Faserstoffe, wie Baumwolle, Flachs usw., entweder in rohem oder
verarbeitetem Zustande der Einwirkung von Natriumhydroxyd,
Kaliumhydroxyd, verdünnter Schwefelsäure oder Chlorzink bei
ausreichender Konzentration und geeigneter Temperatur zu unterwerfen, um die neuen Effekte zu erzielen und ihnen die neuen
Eigenschaften zu verleihen, die wie folgt beschrieben werden.

Das Verfahren, nach welchem ich gemäß der Erfindung Gewebe
aus vegetabilischen und gebleichten Fasern unterwerfe, ist folgendes: Ich passiere das Gewebe durch eine Grundiermaschine, die
mit Natronlauge oder Kalilauge von 27—37,5 vH beschickt ist,
bei gewöhnlicher Temperatur (d. h. etwa 15° C) oder darunter.
Das so behandelte Gewebe wird, ohne zu trocknen, in Wasser gewaschen, mit verdünnter Schwefelsäure nachbehandelt und nochmals in Wasser gewaschen. Man kann das Gewebe auch mit Leitwalzen in ein Bad von Kalilauge oder Natronlauge von 17,81 bis
22,3 vH bei gewöhnlicher Temperatur einbringen. Die letzten
beiden Walzen dienen zum Auswringen, um den Überschuß der
Lauge wieder in den Behälter zurücklaufen zu lassen. Die Ware
läuft dann über und unter Leitwalzen durch eine Reihe von Behältern, die nur mit Wasser gefüllt sind, so daß in dem letzten
Behälter das Alkali so gut wie ausgewaschen ist. Wenn das Gewebe entweder durch die Grundiermaschine oder durch die Laugenbehälter gelaufen ist, wie oben beschrieben, wasche ich es in Wasser, passiere durch verdünnte Schwefelsäure und wasche nochmals.

Verwendet man zur Ausführung der Erfindung rohes oder ungebleichtes Gewebe aus pflanzlichen Faserstoffen, so koche ich das
Gewebe zuerst ab oder tauche es in kaltes Wasser, damit es gut
angefeuchtet ist, entferne den Überschuß des Wassers durch

Auswringen oder im Hydroextraktor und bringe es erst dann in die Natron- oder Kalilauge und verfahre wie vorstehend beschrieben.

Ich wende meine Erfindung auch auf gebleichte oder ungebleichte Stränge an. Wenn die Stränge die mit Laugen gefüllten Behälter passiert haben, laufen sie durch Quetschwalzen oder durch ein Loch in einer Metallplatte, um das Alkali zu entfernen, dann laufen sie durch Waschbehälter, werden gesäuert und wie vorbeschrieben ausgewaschen.

Wenn Fasern oder Strähngarn behandelt wird, tauche ich sie in das Alkali und wringe aus, wie es beim Schlichten und Färben üblich ist, dann wird gewaschen, gesäuert und nochmals gewaschen, wie vorstehend beschrieben. Wenn man das Verfahren mit rohen Fasern ausübt oder bevor sie zur Verarbeitung gelangen, so koche ich sie zuerst in Wasser, befreie sie dann von dem überschüssigen Wasser im Hydroextraktor oder durch Abpressen. Dann tauche ich in die Lauge und entferne das Alkali im Hydroextraktor oder durch Abpressen, wasche dann in Wasser, säure in verdünnter Schwefelsäure ab, wasche wieder und entferne das Wasser im Hydroextraktor.

Wenn Gewebe aus vegetabilischen Fasern, wie Baumwolle, Flachs usw., der Einwirkung von Natron- oder Kalilauge wie beschrieben durch Grundieren, Eintauchen oder auf einem anderen Wege unterworfen werden und dann durch Absäuren und Waschen vom Alkali befreit worden sind, so wird man finden, daß das Gewebe gewisse neue und wertvolle Eigenschaften angenommen hat, deren wesentliche ich hier beschreibe. Es ist in der Länge und Breite eingeschrumpft oder geringer in seinen Dimensionen geworden, dafür hat es an Dicke und Dichte zugenommen, so daß ich durch chemische Einwirkung von Natron- oder Kalilauge auf Baumwolle und andere pflanzliche Textilmaterialien oder Fasern gleiche Wirkungen erziele, wie man sie bei der Wolle durch Fällen oder Walken erreicht. Es wird auch die Stärke und Festigkeit erhöht, so daß eine stärkere Belastung erforderlich ist, um die einzelne Faser zu zerreißen.

Es wird auch schwerer als es vor der Behandlung mit Alkali war, wenn man Vergleichsproben bei einer Temperatur von 15,5° C oder darunter wägt. Es besitzt auch eine merklich erhöhte und verbesserte Aufnahmefähigkeit Farbstoffen gegenüber. Die Wirkungen meiner Erfindung auf vegetabilische Fasern in den einzelnen Stufen der Verarbeitung vor dem Verweben werden ohne weiteres verständlich, wenn man sie mit den Wirkungen in Einklang bringt, die das Verfahren auf fertigen Geweben hervorbringt. Ferner verwende ich verdünnte Schwefelsäure von 62,00 vH und bei 15,5° C oder darunter. Ich verwende diese Säure an Stelle von Natron- oder Kalilauge und arbeite vollkommen analog wie bei den Laugen, mit dem einzigen Unterschied, daß das Säuren als überflüssig fortfällt.

Wenn ich drittens eine Lösung von Zinkchlorid an Stelle von Natron- oder Kalilauge benutze, so soll diese Lösung 145° Tw haben und bei 65,5—71,1° C angewendet werden, sonst bleibt die Arbeitsweise wie bei der Verwendung von Laugen.

Wenn ich mit gemischten Geweben arbeite, die zum Teil aus vegetabilischen Fasern und zum Teil aus Seide, Wolle oder anderen animalischen Fasern bestehen, wie z. B. Musseline u. dgl., so ziehe ich eine Lauge vor, die nicht über 17,89 vH enthält, und zwar bei einer Temperatur nicht über 10° C, damit die tierischen Fasern keinen Schaden leiden.

Schließlich weise ich darauf hin, daß die Konstruktion der Apparate oder maschinellen Hilfsmittel und die Konzentration der Natron- oder Kalilauge, der Schwefelsäure, des Chlorzinks in erheblicher Weise geändert werden können und dabei entsprechende Wirkungen liefern, wobei auch eine solche Abänderung unter das vorliegende Patent fallen soll. Z. B. kann man auch eine Kalilauge oder Natronlauge von 12 vH bzw. 8,78 vH anwenden und dabei eine Verbesserung des Gewebes feststellen, insbesondere soweit das Verhalten gegenüber Farbstoffen in Betracht kommt, vornehmlich wenn die angewandte Temperatur niedrig ist. Je niedriger die Temperatur, um so besser ist die Wirkung der Lauge auf die Faser. Ich beschränke mich nicht auf eine bestimmte Konzentration, noch auf eine bestimmte Temperatur. Aber die angegebenen Konzentrationen und Temperaturen haben sich besonders bewährt.

Ich beanspruche als meine Erfindung ein Verfahren, um Baumwolle, Leinen und andere pflanzliche Faserstoffe entweder als Spinnfaser oder aber in irgendeinem Zustande der Verarbeitung, entweder allein oder gemischt mit Seide, Wolle oder anderen tierischen Materialien der Einwirkung von Ätznatron oder Ätzkali, verdünnter Schwefelsäure oder einer Lösung von Chlorzink von der erforderlichen Temperatur und Stärke zu unterwerfen und dem Ausgangsmaterial die neuen, oben erläuterten Eigenschaften zu verleihen, indem man die Einwirkungsmittel durch Pflatschen, Aufdrucken, Einweichen, durch Eintauchen oder auf eine andere Art aufbringt.

In Kurrer[1] sind über die Mercerisation folgende Ausführungen enthalten:

---

[1] Kurrer: Druck und Färbekunst. 1859. S. 14 ff.

W. Grüne hat beobachtet, daß, wenn baumwollene Gewebe vor der Behandlung mit Alkali und Säure auf einen Viertelzoll 16 Fäden unter der Lupe zeigen, sie nach der Behandlung 1 Minute lang in heiße kaustische Lauge eingelegt 20, und in 2 Minuten sogar 22 Fäden für denselben Raum einnehmen. Die Gewebe verlieren dadurch an Längen- und Breitenmaß im Verhältnis ihrer Verdichtung.

Die verdichteten (präparierten) Baumwollgewebe besitzen die Eigenschaft, sich so schön, intensiv und feurig wie Schafwolle färben zu lassen. Am auffallendsten zeigt sich der Glanz der roten Farbe bei Baumwollsammet, und der violetten und Lilafarbe bei Kattun, erweist sich aber auch nichtsdestoweniger bei vielen anderen Farben zu ihrem Vorteil, wie ich mich selbst zu überzeugen Gelegenheit hatte. Die Farbstoffe dringen in die Faser der präparierten Gewebe vollkommen ein, und haften nicht bloß auf der Oberfläche, auch werden sie in größerer Menge aufgenommen und fester gebunden; nicht nur die Oberfläche muß zerstört werden, wenn sie sich abreiben sollen.

Wenn man ein Stück Baumwollenzeug in zwei Hälften teilt, die eine Hälfte präpariert, die andere Hälfte unpräpariert läßt, und beide zusammen färbt, so wird der präparierte Teil sich wie Schafwolle, der nicht präparierte wie Baumwalle färben. Ebenso verhält es sich mit Baumwollsammet. Bedruckt man die Stoffe vor der Präparation mit Gummi, so wirkt die Sodalauge an diesen Stellen nicht ein, es bleiben gemusterte Zeuge, mit lichteren und dichteren Stellen; färbt man solche Zeuge, so ist die Färbung eben so verschieden. Sie lassen sich jedoch nicht glätten.

Im Drucken der Baumwollgewebe habe ich im Jahre 1851 in der Kattunfabrik der Brüder Porges in Prag nach Mercers Methode über diesen Gegenstand genaue Versuche angestellt, und in Beziehung auf Feinheit und Dichtigkeit der Gewebe ganz denselben guten Effekt wie der Patentträger erreicht. Auffallend glänzend und intensiv zeigten sich die aufgedruckten Dampffarben auf so vorbereitete baumwollene Gewebe, gegen nicht vorbereitete, nachdem beide vor dem Aufdrucken der Farben mit doppeltem Chlorzinn auf die bekannte Weise mordanziert waren. Ganz im Verhältnis eben so glänzend zeigten sich die Farben durch aufgedruckte Basen und Ausfärben in den verschiedenen organisch adjektiven Pigmenten. Der alleinige Übelstand dabei ist nur der Verlust im Längen- und Breitenmaß, welche die Gewebe durch die Verfeinerung erleiden.

Man kann baumwollene Gewebe auch ohne kaustische Natronlauge durch bloßes Säuren verdichten, wofür sich Schwefelsäure, Salpetersäure und Phosphorsäure ganz vorzüglich eignen. Die mit Schwefelsäure und Phosphorsäure verdichteten Baumwollenzeuge liefern im Drucken und Färben noch sattere und lebhaftere Farben als die durch Alkalien verdichteten Stoffe.

Bei gemischten Geweben, welche aus Baumwolle oder Leinen in Verbindung mit Seide oder Schafwolle bestehen, rät Mercer an, die kaustische Lauge nicht stärker als 25° Baumé zu nehmen, und das Grundieren bei einer niedern Temperatur von nur 8° R vorzunehmen, um auf die tierische Faser nicht alterierend einzuwirken.

Für halbwollene Gewebe (Chaine coton), in welchen die Kette aus Baumwoll- und der Schuß aus Schafwollgarn besteht, schlägt Mercer vor, zur Verdichtung sich der Schwefelsäure zu bedienen, weil der Schafwollfaden durch starke alkalische Lauge angegriffen, ja selbst zerstört wird und die Schwefelsäure dieselbe Verdichtungseigenschaft wie die kaustische Lauge besitzt. Die Schwefelsäure hierfür wird mit Wasser bis zu 30—40° Bé verdünnt, und das Durchnehmen der Ware bei einer Temperatur von 30° R vollbracht, wonach aufs sorgfältigste in fließendem Wasser ausgewaschen werden muß. Bei verdichteter Halbwollware erscheinen die Dampffarben im Baumwollfaden ebenso schön wie in dem schafwollenen. Übrigens versteht es sich von selbst, daß bei weißer Ware nicht wie mit kaustischer Lauge ein Autdrucken mit Schwefelsäure stattfinden kann, weil die Pflanzenfaser dadurch zerstört würde.

Von großem Wert ist auch das Verdichten für weiße Trikot- und Strumpfwaren durch kaustische Alkalien und nachheriges Säuren, welches auf keine andere Weise ermöglicht werden kann, nicht minder auch für glatte weiße Ware dieselbe gemustert darzustellen, was man erreicht, wenn die Stoffe in Mustern oder Streifen mit durch hellgebrannte Stärke verdickter kaustischer Natronlauge bedruckt, und nach dem Abtrocknen der Einwirkung kochender Wasserdämpfe ausgesetzt werden. Die von der Lauge getroffenen Stellen laufen ein; sie bleiben glatt, während die nicht eingelaufenen Stellen durch das Zusammenziehen der ersteren ganz kraus werden, und die Gewebe sich dem Auge damastartig zeigen. Der Effekt ist namentlich beim Bedrucken mit glatten Streifen ein äußerst überraschender. In der Londoner Industrieausstellung 1851 waren einige Gegenstände dieser Art durch Mercer ausgestellt, darunter ein Mädchenhut aus mit Streifen bedrucktem Zeug, welcher allgemein bewundert wurde. In dem Felde der weißen Warenartikel bietet die Verdichtung und Verfeinerung noch mannigfaltige Erfolge in industrieller Beziehung dar.

Nachdem Mercer im Jahre 1850 das britische Patent 13 296 erteilt worden war, sind weitere Untersuchungen auf diesem Gebiete bis etwa zum Jahre 1883 anscheinend nicht bekannt geworden. In dem Jahre 1883 erschien das D.R.P. 21 380, Kl. 8, von Charles Wood Lightoler in Manchester und James Longschaw in Preston Brook mit dem Titel: Verfahren, die Zerreißfestigkeit der Baumwollengarne zu erhöhen.

Um die Zerreißfestigkeit der Baumwollengarne zu erhöhen, soll man das Baumwollengarn vermittels geeigneter Einrichtungen durch Lösungen von Schwefelsäure (Vitriol) oder Zinkchlorid hindurchführen. Die Stärke und Temperatur dieser Lösungen ebenso wie die Zeit des Verbleibens des Garnes in demselben und die Tiefe, auf welche das Eintauchen stattfindet, sind bei diesem Verfahren sehr wichtige Momente.

Es ist unter anderem folgendes Beispiel angegeben: Es gelangt z. B. Baumwollengarn Nr. 10s zur Verarbeitung. Das Garn wird auf eine Trommel A aufgewickelt und gelangt von da mit Hilfe von Leitwalzen für $3\frac{1}{2}$ Sekunden zunächst in einen Behälter mit Chlorzink, spez. Gew. 1,98, bei einer Temperatur von 105° C. Hinter dem ersten mit Chlorzink gefüllten Behälter folgen drei andere, die mit Wasser gefüllt sind und zum Auswaschen dienen. Zum Schluß wird das Garn auf eine Trockenwalze aufgewickelt. Man kann auf ähnlichen, etwas modifizierten Apparaten auch Baumwollengarn in Gebinden oder Strängen behandeln.

Wenn man Vitriolöl verwenden will, so ist das Verfahren im

wesentlichen dasselbe. Das Vitriolöl muß auf einer Temperatur von 15° C gehalten werden, das spez. Gew. der Säure kann von 1,4—1,8 schwanken.

Die Eintauchzeit hängt von der Stärke der Säure ab. Für eine Schwefelsäure vom spez. Gew. 1,6 dauert das Eintauchen $2^1/_2$ Sekunden. Tiefe des Eintauchens 0,3—0,6 m. Temperatur 15° C.

Die beiden ersten Waschgefäße enthalten nur Wasser, das dritte eine schwach alkalische Lösung, z. B. 28 g kohlensaures Natron auf 3,6 l Wasser, das vierte Waschgefäß enthält wiederum nur Wasser.

Man kann auf diese Weise auch Stückgut behandeln.

Patentanspruch 1: Das Verfahren, die Zerreißfestigkeit der Baumwolle zu erhöhen, darin bestehend, daß man sie mit Schwefelsäure oder Chlorzink behandelt und dann auswäscht.

Anspruch 2 betrifft die zur Ausführung empfohlene Vorrichtung.

Die Behandlung von Cellulosefasern sowohl mit Schwefelsäure, als auch mit Chlorzink ist im E.P. 13 296/1850 beschrieben.

Auch in den Jahren nach 1883 sind ähnliche Verfahren, wie sie bereits in dem britischen Patent 13 296/1850 beschrieben waren, zur Veröffentlichung gelangt, die nachfolgend kurz besprochen werden sollen.

D.R.P. 28 696, Kl. 8. Neuerung in der Herstellung gaufrierter Gewebe von Claude Garnier in Lyon und Paul Depoully in Paris. Ausgegeben am 21. August 1884.

Das Verfahren bezweckt, Gewebe aus Baumwolle und anderen pflanzlichen Fasern, namentlich die leichteren Gewebe, wie Gaze, Musselin u. dgl., so vorzubereiten, daß sie eine genügende Festigkeit erlangen, um der Operation des Gaufrierens unterworfen werden zu können. Derartige Gewebe würden sonst während des Gaufrierens infolge des Druckes der gravierten Walzen zerschnitten und zerrissen werden, und zwar um so mehr, je ausgeprägter die Reliefs der Zeichnungen sind.

Diesen Übelständen wird vorgebeugt durch Benutzung der Eigenschaft konzentrierter alkalischer Lösungen, auf vegetabilische Fasern zusammenziehend einzuwirken und sie elastisch zu machen. Taucht man Gewebe aus dergleichen Fasern in alkalische Laugen, so ziehen sich jene sowohl der Breite als auch der Länge nach beträchtlich zusammen; sie gewinnen an Festigkeit, ohne jedoch sonst den ursprünglichen Charakter des Stoffes zu verlieren. Hieraus folgt aber, daß derart mit alkalischen Laugen behandelte Gewebe namentlich infolge der erlangten größeren Elastizität bei dem darauf folgenden Gaufrierverfahren nicht brechen oder zerstört werden und genauer die Eindrücke der Zeichnung aufnehmen.

Die angewendeten alkalischen Laugen müssen konzentriert sein. Eine allgemeine Regel läßt sich hierfür nicht aufstellen, da die Verhältnisse im Einzelfall sich mit der Beschaffenheit der Gewebe, der Dicken der Fäden usw. ändern.

Man kann die Lauge 30—36° Bé stark nehmen. Die Zeit des Eintauchens hängt von der Natur des zu behandelnden Gewebes ab. Man läßt das Gewebe so lange in der konzentrierten Lauge, daß dasselbe sich beim Ausspülen und Trocknen nicht mehr allzusehr ausstreckt, um dem Gewebe die für das Gaufrieren nützliche Elastizität zu erhalten. Nach der Trocknung kann das Gewebe warm gaufriert werden. Nach Erfordernis wird vor dieser Behandlung noch gefärbt.

Nach dem Gaufrieren kann man die Gewebe noch durch Lösungen folgender Stoffe wasserunempfindlich machen: Kollodium, Celluloid, Kautschuk, Metallseifen oder Harze einzeln oder in Mischung auch unter Zusatz von Stearinsäure, Walrat, Fetten, Paraffin, Gummilack oder dergleichen.

Eine Folge der Veränderung, welche die vegetabilischen Fasern bei ihrer Behandlung mit konzentrierten alkalischen Lösungen erleiden, ist, daß die die Gaufrierzylinder verlassenden Stoffe auf derjenigen Seite, welche mit dem gravierten Metallzylinder in Berührung trat, bei weitem mehr Glanz zeigen, als auf der anderen Seite, die mit dem Papierzylinder in Berührung war. Die Verschiedenheit des Glanzes wird dadurch beseitigt, daß man zwischen den gravierten Metallzylinder und das zu gaufrierende Gewebe ein baumwollenes Drucktuch einlegt. Diese Drucktücher werden, wie die zu gaufrierenden Gewebe selbst, mit alkalischen Laugen behandelt, um sie längere Zeit widerstandsfähig zu machen.

Patentanspruch. Zum Zwecke des Gaufrierens von Geweben, deren Behandlung mit konzentrierten alkalischen Laugen mit darauffolgender Appretur unter Anwendung von Kollodium, Celluloid, Kautschuk, Metallseife oder Harzen, Stearinsäuren, Walrat, Fetten, Paraffin usw. in Verbindung mit der Anwendung von Einlegestücken zwischen Metallzylinder und zu gaufrierendem Gewebe.

Auch in den folgenden Jahren sind verschiedene Patente, nämlich die D.R.P. 30 966, 37 658, 64 457, 83 314, 89 977 und E.P. 29 504/97 erschienen, die auf der Alkalibehandlung von Geweben beruhen und im folgenden besprochen werden sollen.

D.R.P. 30 966, ausgegeben am 19. März 1885. Verfahren. um Gewebe durch partielle Kontraktion ihrer Fäden mittels chemischer Mittel zu mustern, von Paul Depoully und Charles Depoully in Paris und die Société C. Garnier et Francisque Voland in Lyon.

Die vorliegende Erfindung betrifft die Herstellung einer neuen
Art von Geweben durch teilweise stattfindende Zusammenziehung
ihrer Fäden, welche wir wegen ihrer Ähnlichkeit mit bossierter
Arbeit bossierte Gewebe nennen.

Verschiedene Textilfasern haben die Eigenschaft, sich unter
dem Einfluß bestimmter chemischer Agenzien in der Weise zu-
sammenzuziehen, daß ihre Länge in beträchtlichem Maße ab-
nimmt. Diese Eigentümlichkeit haben wir nun mit Vorteil benutzt, um die neue Art von Geweben, welche den Gegenstand der
vorliegenden Erfindung bilden, zu erhalten.

Der Gewebe oder Stoffe, auf welche wir einwirken, können
zweierlei sein,

1. diejenigen aus zwei verschiedenen Materien, einer vegetabilischen und einer animalischen,

2. diejenigen aus demselben Stoff.

Gewebe der ersten Art nennen wir einen Stoff, der entweder
in der Kette oder im Schuß oder selbst in beiden Richtungen zugleich, z. B. abwechselnd aus Baumwoll- und Seidenfäden, zusammengesetzt ist. Diesen Stoff unterwerfen wir der Wirkung konzentrierter alkalischer Lösungen. Unter dem Einfluß dieser Lösungen erleiden die Baumwollfasern eine Zusammenziehung, welche
über 50 vH ihrer ursprünglichen Länge betragen kann.

Während alle Baumwollfäden des Gewebes eine durch die chemische Wirkung hervorgerufene Verminderung ihrer Länge erfahren, kontrahieren sich die Seidenfäden nicht, sie sind gegen
diese Wirkung unempfindlich, krümmen sich nur in sich selbst,
und erzeugen Wellenlinien, deren Verteilung und Ausbreitung auf
der Oberfläche des Gewebes Unebenheiten bilden, welche den Eindruck bossierter Arbeit machen. Durch Änderung der Trittweise,
der Schnürung und auch der abwechselnden Verteilung der beiden
angewendeten Materialien, sei es in der Kette, sei es im Schuß
oder in beiden Richtungen, kann man die Unebenheiten beliebig
variieren.

Gewebe der zweiten Art sind solche, die ganz aus Baumwolle
oder aus Baumwolle und anderen vegetabilischen Fasern ange-
fertigt sind. Wenn wir diesen Stoff mit konzentrierten alkalischen
Lösungen behandeln, so wird das ganze Gewebe eine gleichmäßige
Zusammenziehung erleiden, aber keine Unebenheiten zeigen,
welche die gewünschte Bossierung hervorrufen.

Um diese Unebenheiten hervorzurufen, tragen wir auf den Stoff
durch Druck oder in anderer Weise eine Substanz auf, welche als
Reservage oder Schutzpapp wirkt und Linien oder Zeichnungen
bildet.

Als Schutzpapp verwenden wir z. B. einen gummi- oder gallert-
artigen Schleim der Fettkörper oder der Kombinationen von Fettkörpern oder eine harzige Lösung, wie Kautschuk, Guttapercha usw.

Nachdem der Deckpapp aufgetragen und getrocknet ist, unterwerfen wir den Stoff der Wirkung konzentrierter alkalischer Lösungen in derselben Weise, wie wir es für die Gewebe der ersten
Art auseinandergesetzt haben, dann beseitigen wir die Reservage
durch geeignete Auflösungsmittel.

Die Teile des Gewebes, welche nicht durch den Schutzpapp
bedeckt waren, erleiden eine molekulare Kontraktion infolge der
chemischen Agenzien, während jene mit Deckpapp versehenen
Teile ihre ursprünglichen Dimensionen bewahren, und weil sie von
den zusammengezogenen Teilen eingeschlossen werden, Unebenheiten bilden, welche die gewünschte Bossierung ergeben. Die
plastische Reservage kann auch für gemischte Gewebe aus vegetabilischen und animalischen Fasern angewendet werden.

Die Bossierung läßt sich sowohl in der Kette als auch im Schuß
graduieren, wodurch auf dünnen Geweben Kontraste von matten
und transparenten Effekten entstehen.

Die Kontraktion wird bewirkt durch Natronlauge von 15 bis
32° Bé. Die Operation läßt sich schnell ausführen, denn die chemische Wirkung tritt sehr rasch ein. Wir ziehen das ausgespannte
oder schlaffe Gewebe durch das alkalische Bad, bringen es hierauf
sogleich in einen Spülbottich und eventuell in ein leicht säurehal-
tiges Wasser, um jeder anderweitigen Veränderung vorzubeugen.

Wir verwenden auch vorteilhaft konzentrierte Säuren als kontrahierende Agenzien, wie z. B. Schwefelsäure.

Die Zusammenziehung der Fasern läßt sich nicht nur durch
Eintauchen des Gewebes in die konzentrierte alkalische Lösung
erreichen, sondern auch durch eine hinreichend dickflüssige Ätznatronlösung, welche mit den allgemein angewendeten Mitteln
verdickt ist und auf das Gewebe durch Drucken oder in anderer
Weise aufgetragen wird.

In diesem Falle erleiden die bedruckten Stellen Kontraktionen,
während die nicht bedruckten Stellen ihre ursprüngliche Beschaffenheit bewahren.

Kreppeffekte hat man bisher auch unter Anwendung stark gedrehter Fäden erzielt, welche, nachdem sie verwebt sind, von selbst
mehr oder weniger gleichmäßig zusammenschrumpfen. Das neue
Produkt ist von dem bekannten Krepp wesentlich verschieden. Es
läßt sich für alle Arten von Geweben, selbst für netzartige Gewebe,
wie Tüll, Spitzen, Trikots u. dgl., verwenden.

Patentanspruch. Ein Verfahren, um Gewebe zu mustern,

darin bestehend, daß Gewebe, welche aus vegetabilischen und animalischen Stoffen bestehen, mit alkalischen Lösungen, die nur einen der Stoffe kontrahieren, behandelt werden, während Gewebe, welche lediglich aus vegetabilischen Stoffen bestehen, entweder mit verdickter alkalischer Lösung bedruckt, oder an bestimmten Stellen mit Schutzpapp bedeckt und dann der alkalischen Lösung ausgesetzt werden.

D.R.P. 37 658, Kl. 8, betrifft eine Verbesserung des D.R.P. 30 966 von den gleichen Anmeldern und ist am 10. November 1886 ausgegeben.

Die Neuerung besteht in folgenden zwei Punkten:

1. Bei der Behandlung der gemischten, d. h. der aus vegetabilischen und animalischen Fasern gebildeten Gewebe mit kaustischen Alkalien hat sich ergeben, daß es vorteilhaft ist, um eine vollkommene Wirkung ohne Nachteil für die Festigkeit des Gewebes zu erzielen und um einer Veränderung des animalischen Teiles der Gewebe vorzubeugen, die Temperatur der Laugen so viel als möglich auf 0° C zu erniedrigen, zum Zweck, die Zeit des Untertauchens bis auf 5—10 Minuten ausdehnen zu können.

2. Im D.R.P. 30 966 ist erwähnt, daß konzentrierte Säuren, wie z. B. Schwefelsäure, benutzt werden können, um die Zusammenziehung der vegetabilischen Fasern zu bewirken.

Diese Behandlung mit Säuren geschieht gleichfalls bei niedriger Temperatur, die erhaltenen Effekte sind je nach der Zeit der Eintauchung und dem Konzentrationsgrad der verwendeten Säure sehr verschiedenartig. Wenn man z. B. ein ganz aus Baumwolle bestehendes, in der im Hauptpatent beschriebenen Weise mit gummiartigem Deckpapp bedrucktes Gewebe mit einer Säure, am besten Schwefelsäure von 49—51° Bé und sehr niedriger Temperatur behandelt, so kann man das Gewebe 5—10 Minuten hindurch in der Säure liegen lassen und eine starke Zusammenziehung der Fäden erhalten, ohne ein Verderben der Fäden befürchten zu müssen. Der der Einwirkung der Säure unterworfene Teil erleidet eine Zusammenziehung, wobei er geschmeidig bleibt, während der mit dem Schutzpapp bedruckte seine ursprünglichen Dimensionen beibehält.

Wenn man dagegen mit einer Säure, z. B. von Schwefelsäure von 52—53° Bé und sogar bis 66° Bé, arbeitet, so muß man sehr schnell operieren, um einer Beschädigung der Textilstoffe vorzubeugen. Der der starken Säure ausgesetzte Teil des Gewebes ist dann mehr oder weniger gehärtet, wogegen der geschützte Teil, welcher keine Zusammenziehung erlitten hat, vollkommen geschmeidig bleibt.

Die Art der Behandlung mit konzentrierten Säuren wird besonders auf gemischte, aus Baumwolle und Wolle verfertigte Stoffe angewendet, und ergeben sich, je nachdem wir das eine oder das andere der beiden eben beschriebenen Verfahren anwenden, entweder Bossierungen im Gewebe, welche geschmeidig sind, ebenso wie die durch die Behandlung mit Alkali erlangten, oder Verstärkungen im Stoff, welche den Eindruck machen, als wenn der Stoff eine Appretur erhalten hätte. Bei dieser Behandlung erleidet die Baumwolle allein eine Veränderung, weil die Wolle von der Säure nicht angegriffen wird. Wenn das Gewebe mit Hilfe von aus Wolle und Baumwolle zusammengesetzten Fäden hergestellt ist, so erlangt der ganze Stoff nach dieser Behandlung eine bedeutende Festigkeit, wobei er ebenfalls dasselbe krepppartige Aussehen zeigt, welches wir durch die Anwendung von Alkali erhalten.

Die im Hauptpatent, sowie die vorhin beschriebenen Verfahren sind nicht nur auf Gewebe, sondern auch auf alle beliebigen Vereinigungen animalischer und vegetabilischer Fasern, oder vegetabilischer Fasern unter sich anwendbar, wie z. B. auf Garn, Litzen, Flechtschnüre, Bänder, Tressen, Flechten, Chenille, Soutache und andere Erzeugnisse der Spinnerei und Bortenwirkerei.

Wird nach diesem Verfahren vermengtes, aus zwei oder drei Materien, z. B. aus Seide und Baumwolle, Wolle und Baumwolle oder Seide, Wolle und Baumwolle gebildetes Garn behandelt, so erhält man Fäden von einem gänzlich neuen Aussehen, die je nach der ursprünglichen Beschaffenheit des Fadens und der Stärke des angewendeten Bades mehr oder weniger vorspringende Erhabenheiten, d. h. Reliefs von wechselnder Lage zeigen. Die auf diese Weise veränderten Fäden können vorteilhaft in der Weberei, der Bortenwirkerei, der Stickerei, zu Verzierungen, sei es allein für sich oder mit gewöhnlichen Fäden vermengt, Verwendung finden, sie können in Strähnen gefärbt und infolgedessen bei der Bildung von Geweben aus gefärbtem Garn und zur Herstellung irgendwelcher anderer Gegenstände mit benutzt werden.

Bei der Anwendung des Verfahrens auf Garn können die Fäden entweder einzeln durch die Bäder hindurchgeführt oder in Gestalt von Strähnen, Bobinen oder Bündeln, in besonderen Bottichen angeordnet, behandelt werden; in dem letzteren Fall ist es vorteilhaft, über der Flüssigkeit Luftleere zu erzeugen, um das Eindringen der ersteren in die Fäden zu sichern.

Die Behandlung des Garnes in Strähnen geschieht am einfachsten dadurch, daß man die Strähne, ohne sie zu spannen oder auszustrecken, in ein Bad untertaucht, welches die kontrahierenden chemischen Agenzien enthält.

In allen Fällen müssen die aus dem chemischen Bade kommenden Fäden vollständig ausgespült und meistenteils durch ein neutralisierendes Bad geführt werden, welches entweder sauer oder alkalisch ist, je nachdem die Kontraktion durch Alkalien oder Säuren herbeigeführt wurde. Bei der Anwendung des Verfahrens auf Fäden, welche lediglich aus vegetabilischen Stoffen gebildet sind, werden die gummiartigen oder schleimigen Schutzpappe, die in dem Hauptpatent erwähnt werden, benutzt. Der Deckpapp wird auf irgendeine Art und Weise, durch Eintauchen oder Bedrucken, aufgetragen, sei es auf eine oder mehrere der den zusammengesetzten Faden bildenden Fasern, oder sei es lediglich auf gewisse Stellen dieses Fadens.

Patentansprüche. Bei dem unter Nr. 30 966 geschützten Verfahren, um Gewebe zu mustern, folgende Veränderungen:

a) Der Ersatz der alkalischen Lösungen durch saure Bäder, am besten Schwefelsäure von 49—51° Bé, um auf den Geweben weiche Beulen oder Bossierungen zu erhalten und Schwefelsäure von 52—66° Bé, um auf den Geweben harte Beulen oder Bossierungen zu erhalten.

b) Anstatt der Anwendung der alkalischen oder sauren Bäder von gewöhnlicher mittlerer Temperatur die Anwendung solcher Bäder von ungefähr 0° C zum Zwecke, die Bäder längere Zeit (5 bis 10 Minuten) auf die Gewebe einwirken zu lassen.

Patentschrift Nr. 64 457, Kl. 8, Charles Brodbeck, Paris. Verfahren zur Verseidung von Geweben, vom 12. Juli 1890.

Das neue Verfahren besteht darin, Seide, welche mittels Säuren, Alkalien oder einer Lösung von Kupferoxydhydrat oder Nickeloxydhydrat in Ammoniak gelöst ist, mit der Cellulose oder dem Zellstoff von Geweben, Fäden oder Gespinstfasern zu verbinden, welcher zuvor bei niedriger Temperatur mehr oder weniger hydratisiert und in seiner physikalischen Beschaffenheit durch die Einwirkung von Säuren oder Alkalien in konzentrierten Lösungen verändert ist.

Hydratisierung und Veränderung der Cellulose.

Die Hydratisierung kann entweder mit Hilfe von Schwefelsäure oder einer konzentrierten Lösung von Ätznatron oder Ätzkali geschehen, je nach dem Resultat, welches man erzielen will. Wünscht man dem Gewebe, dem Faden oder der Gespinstfaser mehr Halt oder Festigkeit zu geben, so verwendet man Schwefelsäure, deren Konzentration je nach der Natur und Stärke des Gewebes, des Fadens oder der Gespinstfaser zwischen der Dichtigkeit (dem spezifischen Gewicht) 1,530 und 1,560 liegen muß. Man kann auch Phosphorsäure verwenden, aber Schwefelsäure ist des billigen Preises wegen vorzuziehen.

Die so dicht gemachten Gewebe nehmen, selbst nachdem sie naß gemacht worden sind, beim Trocknen ihre frühere Struktur und Festigkeit wieder an, so daß sie, ohne irgendwelche Appretur hinzufügen zu müssen, in dauerhaftester Weise gaufriert oder moiriert werden können.

Will man dagegen das Gewebe weich oder geschmeidig machen, so wendet man alkalische Lösungen, Kali oder Natron von der Dichtigkeit 1,350 bis 1,400 an, stets je nach der Natur und Stärke des Gewebes, des Fadens oder der Gespinstfaser.

Die Behandlung der Cellulose mittels Säuren oder Alkalien bewirkt nicht nur, daß die Cellulose hydratisiert und in ihrer physikalischen Beschaffenheit vorteilhaft modifiziert wird, sondern auch, daß sie von der größten Menge fremder Substanzen befreit wird, welche die Cellulose in ihrem natürlichen Zustande oder bei unvollkommener Bleiche enthält, so daß auf diese Weise eine Reinigung vorgenommen wird, welche die spätere Fixierung der Seide erleichtert und vollständig macht.

Bei der Hydratisierung durch Schwefelsäure läßt man die Gewebe, Fäden und Gespinstfasern zwischen zwei Walzen mit veränderlichem Druck hindurchgehen, welche in die Säure eintauchen. Dieselbe soll eine Temperatur von 4—8 C zeigen; die Geschwindigkeit der Walzen ist von der Stärke und Natur der zu behandelnden Stoffe, sowie des Grades der Hydratisierung, welchen man erzielen will, abhängig.

Der Druck zwischen den Walzen bezweckt, die in den Poren der Cellulose befindliche Luft auszutreiben und der Säure zu gestatten, sofort deren Platz auszufüllen. Die Säure wirkt so auf alle Teile der Cellulose ein und verändert deren physikalischen Zustand derart, wie er sich für die spätere Fixierung der Seide am besten eignet, und hydratisiert letztere mehr oder weniger, je nach dem Grade ihrer Konzentration und der Dauer des Kontakts.

Beim Austritt aus dem Bade werden die Gewebe, Fäden und Fasern gewaschen, von jeglicher Spur von Säure befreit und getrocknet. Die Gewebe werden unter beständiger Spannung und Diagonalbewegung auf einem Changierrahmen getrocknet, wodurch sich während des Trocknens eine gegenseitige Reibung der Ketten- und Schußfäden ergibt, wodurch dieselben wieder in ihre frühere elastische Lage zurückgebracht werden und gleichzeitig die noch erweichte Cellulose geglättet und poliert wird, was dann durch andere mechanische Vorrichtungen vervollständigt wird.

Das mit Säure angereicherte Wasser in den Bottichen wird eingedampft, um die Säure wiederzugewinnen.

Die Gewebe aus Mischungen von Cellulose mit Textilfasern tierischen Ursprungs dürfen nur auf die soeben beschriebene Weise hydratisiert werden.

Die Hydratisierung durch alkalische Lösungen von Ätznatron oder Ätzkali bei niedriger Temperatur erfolgt auf die gleiche Art, wie für die Säure beschrieben. Man bedient sich einer von kohlensauren Salzen freien Lösung von Ätznatron oder Ätzkali, deren Dichtigkeit je nach der Natur der Gewebe, Fasern oder Fäden zwischen 1,350 und 1,400 variiert, wobei das Bad auf einer Temperatur von 4—8 C° gehalten wird. Die Cellulose wird hydratisiert, indem sie sich mit dem Alkali verbindet, welche Verbindung alsdann von dem Wasser zerstört wird, indem letzteres das Alkali auflöst.

Die Cellulosefaser und besonders die Baumwollfaser, welche bisher plattgedrückt und verdreht war, quillt nun auf, wird rund, dreht sich auf, zieht sich zusammen, wobei ihre Kohäsion, Dichtigkeit und Widerstandsfähigkeit zunimmt, die Faser durchsichtiger wird, eine gewisse Festigkeit erlangt, und trotzdem elastisch bleibt. Das mit Alkali angereicherte Wasser wird in einen Verdampfungsapparat geleitet und mit Kalk versetzt. Hierauf verdampft man bis zu der oben angegebenen Dichte und gewinnt so das zur Hydratisierung gebrauchte Alkali wieder.

Die britische Patentschrift 20 314/1889, die im Dezember 1889 angemeldet wurde, soll im Hinblick auf das folgende E.P. 4452 (1890) unberücksichtigt bleiben.

In der vorerwähnten britischen Patentschrift 20 314/1889 ist auf Seite 3, Zeile 22 die Angabe gemacht, daß man die Ware nach dem Auswaschen strecken könne. Es geht aus dieser Veröffentlichung nicht mit Bestimmtheit hervor, daß der Streckprozeß noch in einem Stadium ausgeführt werden soll, in welchem die Faser eine gewisse Bildsamkeit besitzt. Eine solche Arbeitsweise ist eindeutig erst in der britischen Patentschrift 4452/1890 beschrieben, die im folgenden besprochen werden soll.

Es muß im übrigen auch darauf hingewiesen werden, daß bereits Mercer beim Arbeiten mit Schwefelsäure von 64,26 vH bei einer Temperatur von 10° C beobachtet hat, daß man aus baumwollenen Geweben ein weiches, im Griff an Handschuhleder erinnerndes Produkt erhält, das wenig eingeschrumpft ist und sich leicht auf die ursprüngliche Größe strecken läßt[1].

---

[1] Parnell: Life and Labours of John Mercer 1886. S. 197.

Das für die Mercerisation unter Streckung grundlegende britische Patent 4452/1890 hat folgenden Wortlaut:

Ich, Horace Arthur Lowe, technischer Chemiker aus Heaton Moor in der Grafschaft Lancaster, beschreibe hiermit meine Erfindung wie folgt:

Das Verfahren bezieht sich auf Verbesserungen in der Behandlung von Materialien der Cellulosefasern (Baumwolle und Flachs), durch das den Fasermaterialien ein besseres Aussehen oder Finish, eine erhöhte Festigkeit und eine erhöhte Farbaufnahmefähigkeit verliehen werden soll.

Das Fasermaterial wird mit einer starken Lösung von Natriumhydroxyd imprägniert, wobei sich eine Verbindung mit Cellulose bildet, die einen durchscheinenden, elastischen Körper bildet. Die Bildung dieser Verbindung ist indessen von einer starken Schrumpfung des versponnenen oder verwebten Materials begleitet. Diese Schrumpfung wird verhindert oder aber zurückgebildet, wenn man das Ausgangsmaterial während der Behandlung durch mechanische Mittel gestreckt erhält oder, wenn man es sofort nach der Behandlung einem Streckverfahren unterwirft, d. h. während der Spaltung der gebildeten Verbindung zwischen dem Natron und der Cellulose oder, ganz allgemein gesprochen, bevor die veränderte Cellulose durch Entfernung des Natrons durch Auswaschen in ihren ursprünglichen Zustand zurückkehrt.

Zur Ausführung des Verfahrens tauche ich zuerst das Material in ein Bad, das aus einer starken Lösung von Natronlauge besteht, und zwar eine verhältnismäßig kurze Zeit, d. h. etwa 20 Minuten, entsprechend dem verwendeten Gewebe. Das Material wird entweder in dem Bad oder nachdem es herausgenommen worden ist, auf geeigneten Apparaten gestreckt, um es auf seine ursprünglichen Dimensionen zurückzubringen. Wenn man es aus dem Bad herausnimmt, so wird es durchgreifend mit Wasser gewaschen oder berieselt. Die Wirkung des Wassers besteht darin, das Alkali auszuwaschen und die chemische Verbindung zwischen ihm und der Cellulose zu spalten. Während nun die Cellulose aus der gebildeten Verbindung regeneriert wird, wird durch das Strecken die Schrumpfung aufgehoben, ohne daß hierdurch die durch die Laugung hervorgerufenen Wirkungen, wie der Finish oder das Verhalten beim Färben oder Drucken in der geringsten Weise beeinflußt würden. Nach dem Waschen und Spülen kann man es mit einer verdünnten Säure behandeln oder mit der verdünnten Lösung eines Bleichmittels, um es zu bleichen, eine vorhandene Färbung und jede Spur des Alkalis zu entfernen.

Die ausgewaschene Lauge wird durch Eindampfen konzentriert,

und kann wieder gebraucht werden an Stelle von frischer Lauge. Da die wirtschaftliche Ausführbarkeit dieses Verfahrens von der Ersparnis an Lauge abhängig ist, so muß das Auswaschverfahren danach ausgeführt werden. Das Verfahren besitzt demnach drei Merkmale: 1. Herstellung einer Verbindung zwischen Cellulose und Natriumhydroxyd, 2. Strecken der so erhaltenen Verbindung, 3. Trennung der Lauge von der Cellulose, Wiedergewinnung aus dem Waschwasser und Wiederbenutzung.

Das Ausgangsmaterial wird als Gewebe oder Garn oder in anderer Form angewendet. Bei der Verwendung von Geweben wird die Behandlung während der Bleichung vorgenommen, wenn diese zur Hälfte oder mehr beendet ist, oder auch vor dem Bleichen.

Bei der Verwendung von Garnen nimmt man diese als Kette oder als Strähnen oder als Cospe.

In jedem Fall wird das behandelte Material entweder im Laugenbad oder sofort nach dem Herausnehmen gestreckt, und die Streckung beim Waschen, Berieseln usw. fortgesetzt, so lange bis die Cellulose zurückgebildet und die Faser unbildsam geworden ist.

Das so behandelte Material zeigt die Vorzüge, daß es stärker geworden ist, leichter Wasser anzieht, ein regelmäßiges, dichtes und glänzendes Aussehen besitzt und Farbstoffe und färbende Substanzen schneller und sparsamer aufnimmt, während andererseits jede Schrumpfung vermieden ist.

Obwohl man auf diese Weise einen reinen Finish erzielt, kann man das Fasermaterial mit Leim, Chinaclay oder anderen Füllstoffen, wie sie zum Finishen benutzt werden, nachbehandeln, ebenso kann man Maschinen zum Beeteln, Kalandern oder Strecken anwenden.

In der Complete Specification u. a. wurden noch folgende Angaben gemacht.

Es handelt sich um eine Verbesserung des Verfahrens nach dem E.P. 20 314/1889, das ebenfalls Cellulose mit starker Natronlauge behandelt, wobei aber die Schrumpfung durch Strecken im Laugenbad oder kurz nach dem Herausnehmen, wo also das Material noch dehnbar ist, vermieden wird. Dieser dehnbare Zustand tritt nur ein, wenn die Verbindung der Cellulose mit dem Natron zerstört wird — vor diesem Zustand geht das gestreckte Material beim Aufhören des Streckmomentes in den geschrumpften Zustand zurück — sonst ist es elastisch, aber nicht dehnbar. Die Elastizität schwindet in der vorerwähnten Phase, doch die Dehnbarkeit bleibt, wenn auch nur für eine beschränkte Zeit, während der sie kontinuierlich kleiner wird, sofern man dafür sorgt, daß die Ware z. B. durch heißes Trocknen nicht entwässert wird. Ausschließlich in dieser sonderbaren vorübergehenden Zustandsänderung der Dehnbarkeit kann ich die Ware auf die früheren Dimensionen zurückbringen, ohne die anderen durch die Laugung verursachten Verbesserungen aufzuheben.

Zur Ausführung des Verfahrens soll man eine Lösung von 11,06 bis 34,2 proz. Natronlauge 1—15 Min. je nach dem benutzten Material anwenden. Wenn das Material aus dem Bade herausgenommen wird, ist es auch während der weiteren Ausführung des Verfahrens in einem sehr bildsamen und elastischen Zustand, und die eingetretene Schrumpfung kann vollkommen dadurch rückgängig gemacht werden, daß man die Ware entweder im Bade streckt und sie so lange in gestrecktem Zustand beläßt, bis der Waschprozeß beendigt und sie unbildsam geworden ist. Man kann das Strecken auch zur Anwendung bringen, während die Natronlauge ausgewaschen wird, oder nachdem das Auswaschen beendet aber bevor die Ware trocken geworden ist, wodurch sie unbildsam wird. Ich finde, daß es besser ist, Garne in Strähnenform am besten während der Dauer der gesamten Behandlung zu strecken, schwere Gewebe und Ketten soll man während des Auswaschens strecken; gewöhnliche Gewebe und Copse soll man strecken, nachdem die labile Alkalicelluloseverbindung durch Waschen gesprengt wird, aber bevor die Faser durch längeres Stehen oder durch Trocknen unbildsam geworden ist.

Wenn die Ware das Laugenbad verläßt, wird sie mit vorzugsweise warmem Wasser getränkt oder berieselt. Das Waschen wird mit so viel Wasser ausgeführt, daß die Alkaliverbindung zerstört und das Natriumhydroxyd in Form von Natriumdihydrat in möglichst konzentrierter Form wiedergewonnen wird. Zur Ausführung spritzt man warmes Wasser in feinen Strahlen auf das Gewebe, oder man wäscht es in geeigneten Gefäßen mit einem Minimum an Wasser unter Durchsaugen, Druck oder mechanischem Pressen. Die Wirkung des Wassers besteht darin, daß sie die Lauge auswäscht, ihre Verbindung mit der Cellulose sprengt, und während sich die veränderte Form der Cellulose bildet, sind die Fasern in einem Zustand, in dem durch Streckkräfte die Einschrumpfung ausgeglichen werden kann, ohne daß die Wirkung der Laugenbehandlung, wie der Glanz oder die Erhöhung der Farbaufnahmefähigkeit, beeinträchtigt wird.

Die letzten Spuren des Alkalis werden nach dem Waschen durch verdünnte Säuren entfernt.

Die Waschwässer werden in Eindampfapparaten auf etwa 32,1—36,7 vH konzentriert und weiter verwendet. Falls die Natronlauge verunreinigt erscheint, muß man sie einem besonderen Reinigungsverfahren unterwerfen.

Man kann die Baumwolle als Gewebe, in Strähnen, Copsen oder als Ketten anwenden.

Gewebte Stücke oder Ketten werden in kontinuierlichem Gang behandelt. Man nimmt sie langsam durch ein Bad aus Natronlauge, dann durch Quetschwalzen oder Wringapparate, um die Hauptmenge der Natronlauge mechanisch zu entfernen und leitet sie in Waschgefäße, in denen die Spaltung der Alkalicellulose mit möglichst wenig Wasser ausgeführt wird. Während des Waschens oder hieran anschließend wird das Material mit einer geeigneten Maschine gestreckt.

Garne als Cops oder in Strähnenform werden in Maschinen behandelt, wie sie heute dafür in der Färberei gebräuchlich sind, und die eine Ersparnis an Lauge und die Wiedergewinnung dieser Lauge beim Auswaschen ermöglichen.

Garn in Strängen wird während der ganzen Behandlung gestreckt gehalten, bis die Fasern unbildsam geworden sind. Das behandelte Material besitzt den Vorteil, beträchtlich fester zu sein, und leichter Feuchtigkeit aufzunehmen. Es besitzt ein gleichmäßigeres, dichtes und glänzendes Aussehen, zeigt die Eigenschaft, sich mit gleichen Mengen Farbstoffen tiefer zu färben, sowie früher unerreichbare Färbungen zu liefern, die außerdem gegenüber den Einwirkungen von Chemikalien und des Lichtes eine höhere Beständigkeit besitzen.

Durch das Streckverfahren werden alle Vorzüge, die das Gewebe durch die Laugenbehandlung erfährt, in keiner Weise geändert; man erhält so ohne Eingehen eine feinere Faser.

Patentansprüche: 1. Verfahren zur Behandlung von Cellulosefasern, darin bestehend, daß man sie der Einwirkung einer starken Lösung von Alkalihydrat vorzugsweise Natriumhydroxyd unterwirft und die gelaugte Faser während oder sofort nach der Behandlung, d. h. solange sie noch nicht unbildsam geworden ist, streckt, wobei ein Einschrumpfen der Faser, wie oben beschrieben, vermieden wird.

2. Ein Verfahren mit drei Merkmalen, die darin bestehen, daß man a) Cellulosefasern mit einer starken Lösung von Natriumhydroxyd behandelt, b) die Cellulosefaser, während sie in einem dehnbaren Zustand ist und bevor sie undehnbar geworden ist, ausreckt, um eine Schrumpfung zu verhüten, und c) das Natron aus der Cellulose als Ätznatron abspaltet, es aus den Waschwässern zurückgewinnt und wieder in den Betrieb zurückführt.

D.R.P. Nr. 85 564, Kl. 8. Thomas & Prevost, Krefeld. Mercerisieren vegetabilischer Fasern in gespanntem Zustande. Vom 24. März 1895.

Setzt man vegetabilische Fasern der Einwirkung starker alkalischer Laugen oder starker Säuren aus, so werden sie chemisch verändert und erlangen eine bedeutende Anziehungskraft für alle Farbstoffe und Beizen. Diese Eigentümlichkeit kann benutzt werden, um bei gemischten Geweben auf vegetabilischen Fasern dunkle oder schwarze Farben zu erzeugen, der Seide dagegen beliebige andere Nuancen zu geben, während bisher derartige Waren im Strang gefärbt oder die echt schwarz gefärbte Baumwolle mit roher Seide verwebt und letztere sodann im Stück gefärbt werden mußte. Färbt man z. B. mit direkten (substantiven) Farbstoffen in verhältnismäßig schwachem Farbbade, so wird die präparierte Baumwolle sehr dunkel gefärbt, während die Seide infolge der geringen, im Bade enthaltenden Farbstoffmengen ganz hell bleibt und sodann noch in allen Tönen gefärbt werden kann. Durch Verweben von echt gefärbten Ketten oder Schußfäden können mannigfaltige Effekte erzielt werden, ebenso durch Verweben von präparierter und nicht präparierter Baumwolle zu Stoffen, Sammeten, Plüschen, Bändern usw.

Hierbei macht sich jedoch der Übelstand geltend, daß sich das vegetabilische Gewebe äußerst stark zusammenzieht, so daß an eine Verwertung dieses Verfahrens in der Praxis nicht zu denken ist. Dieser Übelstand wird nun beim vorliegenden Verfahren dadurch vermieden, daß die vegetabilische Faser — in Strangform oder schon verwebt oder endlich lose, vor dem Verspinnen — in stark gespanntem Zustande der Einwirkung der Basen und Säuren ausgesetzt und nach geschehener Umwandlung unter Beibehaltung der Spannung ausgewaschen wird, bis die in der Faser vorhandene starke innere Spannung nachgelassen hat. Nimmt man die Faser alsdann von der Spannvorrichtung, so kann man sie weiter behandeln, ohne ein Einlaufen befürchten zu müssen.

Als alkalische Lauge ist am besten eine konzentrierte Ätznatronlösung von 15—32° Bé zu verwenden, welche in kaltem Zustande keinen schädlichen Einfluß auf die Festigkeit der Seiden- und Baumwollfaser ausübt, dieselbe sogar noch erhöht. Als Säure empfiehlt sich starke Schwefelsäure von 49,5—55,5° Bé, bei deren Anwendung jedoch vorsichtiger verfahren und besonders nach kurzer Einwirkung sofort wieder gut ausgewachsen werden muß.

Die Reaktion tritt schon in ganz kurzer Zeit ein, besonders wenn die Baumwolle vorher gut entfettet und in etwas feuchtem Zustande behandelt wird. Die Beendigung der Reaktion erkennt man an dem pergamentartigen Aussehen der Faser bzw. des Gewebes.

Das Beizen und Färben der so präparierten Baumwollfaser kann mit allen Chemikalien geschehen, welche sonst bei diesem Verfahren zur Behandlung von Baumwolle Verwendung finden. So nimmt die präparierte Baumwolle etwa doppelt so viel Tannin aus einem Beizbade von gleicher Stärke als gewöhnliche Baumwolle auf.

Das Einlaufen der vegetabilischen Faser nun wird hierbei in folgender Weise vermieden:

Handelt es sich zunächst um Gewebe, wo die Kette Seide und der Schuß Baumwolle ist, so können dieselben nach dem Verweben behandelt werden. Man spannt dazu die trockenen oder feuchten Stoffe breit auf und begießt sie in diesem Zustande z. B. mit der Lauge. Nachdem die Reaktion eingetreten ist, was, wie bereits erwähnt, an dem pergamentartigen Aussehen zu erkennen ist, werden die Stoffe so lange mit Wasser überspritzt, bis die durch das Behandeln mit der Lauge eingetretene sehr starke Spannung nachläßt. Alsdann löst man die Stoffe von der Maschine und neutralisiert sie in einem besonderen Bade. Die so behandelten Stoffe laufen nicht mehr ein.

Soll das Verfahren auf schmale, festkantige Bänder, Sammetbänder mit Atlasrücken oder auf Sammete mit Baumwollflor u. dgl. Anwendung finden, wo die zu präparierende Faser einer Spannung nicht oder nur mit großen Schwierigkeiten ausgesetzt werden kann, so wird das Präparieren vor dem Verweben vorgenommen. Dasselbe geschieht dann in Strangform, ebenfalls unter Spannung, mittels geeigneter maschineller Einrichtungen; das Präparieren selbst wird wie oben vorgenommen.

Endlich kann die vegetabilische Faser auch vor dem Verspinnen präpariert werden.

Patentanspruch. Neuerung bei dem Mercerisieren von vegetabilischen Fasern mit alkalischen Laugen oder Säuren, dadurch gekennzeichnet, daß die vegetabilische Faser in Strang- oder Gewebeform in stark gespanntem Zustande der Einwirkung der Basen oder Säuren ausgesetzt und unter Beibehaltung dieses Zustandes ausgewaschen wird, bis die innere Faserspannung nachgelassen hat, behufs Vermeidung des Einlaufens der Faser.

D.R.P. Nr. 97 664, Kl. 8. Thomas & Prevost, Krefeld. Mercerisieren vegetabilischer Fasern in gespanntem Zustande. Zusatz zum Patent Nr. 85 564 vom 24. März 1895. 4. September 1895.

Behandelt man Baumwolle (als Garn oder im Stück) mit starken Alkalien oder starken Säuren, so nimmt sie bekanntlich einen matten, lederartigen Glanz an, indem sie zugleich bis zu 25 vH einschrumpft[1]. Während gewöhnliche Baumwolle unter dem Mi-

---

[1] Vgl. z. B. Mercer, E. P. Nr. 13 296 vom Jahre 1850 und Lowe, E. P. Nr. 20 314 vom Jahre 1889.

kroskop die Form eines an den Seiten umgebogenen, in Abständen gedrehten Bandes zeigt, welches im Schnitt meist ohrförmig aussieht, quillt die Baumwolle bei obiger Behandlung (dem sogenannten „Mercerisieren") stark auf und zeigt dann die Form eines vielfach gebogenen und gekrümmten Stabes mit rauher, runzeliger, faltenreicher und unregelmäßiger Oberfläche und mehr oder weniger deutlichem Längsschlitz. Der ovale bis runde Querschnitt besitzt einen radialen Schlitz und häufig eine Erweiterung dieses Schlitzes in der Mitte, welche auch wohl mit radialen Ausläufern versehen ist[1].

Führt man den Mercerisierprozeß unter Spannung aus, indem man entweder die Baumwolle in gespanntem Zustande mercerisiert, also am Einlaufen verhindert, oder die mercerisierte und eingelaufene Baumwolle nachträglich wieder ausreckt, so können zwei verschiedene Fälle eintreten:

1. Die Kraft, mit welcher die Baumwolle beim Mercerisieren zusammenschrumpft, ist nur relativ gering, das Ausrecken bzw. das Gespannterhalten der Baumwolle beim Mercerisieren läßt sich daher mit den in der Strang- und Stückfärberei zu gleichen Zwecken üblichen Maschinen leicht ausführen. Die ausgereckte, mercerisierte Baumwolle besitzt dann genau den gleichen matten, lederartigen Glanz wie die lose mercerisierte Baumwolle. Ebenso ist die mikroskopische Struktur der einzelnen Fasern dieselbe wie diejenige der lose mercerisierten Baumwolle.

2. Die Schrumpfkraft der Baumwolle beim Mercerisieren ist bedeutend und läßt sich durch Anwendung einer Streckkraft, wie sie bisher mit den zu gleichen Zwecken in der Strang- und Stückfärberei üblichen Maschinen bei normalem Gebrauch erzielt worden ist, nicht überwinden. Bei Anwendung einer erheblich stärkeren Streckkraft nimmt dann die einzelne Baumwollfaser unter Änderung der mikroskopischen Struktur eine ganz neue, überraschende Eigenschaft: einen prachtvollen, bleibenden, seidenartigen Glanz an. Unter dem Mikroskop betrachtet, zeigt die Faser die Form eines scharf gestreckten, straffen, geraden, dünnen Stabes mit glatter, regelmäßiger Oberfläche und einem zeitweilig verschwindenden Hohlraum, so daß die Faser das Aussehen eines glatten Rohres erhält. Im Querschnitt erscheint dann die Faser rund, mit einer mehr oder weniger deutlichen runden, zentralen Öffnung, die Schlitze sind nicht mehr sichtbar.

Dieser grundsätzliche Unterschied in dem Verhalten der Baum-

---

[1] Vgl. auch Färber-Zeitung von Dr. Lehne, 1898, H. 13, S. 197 bis 199: „Über das Aussehen der Baumwolle mit Seidenglanz unter dem Mikroskop" von Dr. H. Langer, mit 6 Mikrophotogrammen.

wolle beim Mercerisieren unter Spannung läßt sich folgendermaßen erklären:

1. Der erste Fall tritt stets auf bei Anwendung einer kurzstapeligen, lose gesponnenen, lose oder nicht gezwirnten Baumwolle, also bei einer Baumwolle, deren einzelne Fasern leicht in ihrer Längsrichtung verschiebbar sind. Beim Mercerisieren unter Spannung gleiten nun lediglich die einzelnen Fasern des Baumwollfadens aneinander vorbei, ändern also nur ihre gegenseitige Lage, nicht aber ihre Länge und Struktur. Es ist daher verständlich, daß zu diesem Auseinanderziehen des Baumwollfadens nur geringe Streckkraft erforderlich ist, und daß die in ihrer Struktur unveränderlich gebliebene Faser die gleichen optischen Eigenschaften (Glanz, Tiefe der Färbung usw.) zeigt, wie die lose mercerisierte Baumwolle.

2. Der zweite Fall tritt regelmäßig auf bei Anwendung einer langstapeligen, fest gesponnenen, fest gezwirnten Baumwolle, kurz, bei einer Baumwolle mit fest gelagerter, in Längsrichtung schwer verschiebbarer Faser. Diese fest im Baumwollfaden gelagerten einzelnen Fasern können nun beim Mercerisieren unter Spannung nicht in ihrer Längsrichtung gleiten, sondern werden hierbei selbst gedehnt. Es ist erklärlich, daß zu dieser Dehnung der Einzelfaser eine bedeutend stärkere Streckkraft als zum Ausziehen der Fäden erforderlich ist. Da ferner die Dehnung der einzelnen Faser eine Änderung in ihrer Struktur, speziell eine Glättung der Faseroberfläche in der Längsrichtung und eine erhöhte. Durchsichtigkeit, besonders der oberflächlichen Faserschichten, hervorruft, so tritt hierdurch zugleich eine Änderung ihrer optischen Eigenschaften (z. B. ein Hellerwerden der Färbung und eine Reflexion des Lichtes nach Art der Seidenfaser, ein Seidenglanz) ein. Da dieser Seidenglanz nicht auf einer appreturartigen Veränderung der Oberfläche des Baumwollgewebes, sondern auf der chemischen und physikalischen Beschaffenheit der einzelnen Faser beruht, so verschwindet derselbe nicht wieder wie der Appreturglanz bei der üblichen späteren Weiterverarbeitung der Baumwolle.

Die unter 1 gekennzeichnete Modifikation des Mercerisierens von Baumwolle unter Spannung ist bereits im D.R.P. Nr. 85 564 sowie im E.P. Nr. 4452 vom Jahre 1890 beschrieben. Die unter 2 gekennzeichnete Modifikation: die Erzeugung von bleibendem Seidenglanz auf der Baumwollfaser beim Merzerisieren unter Spannung durch Anwendung einer Baumwolle mit fest gelagerter Faser und einer stärkeren Streckkraft, als bisher mit den zu gleichen Zwecken in der Strang- und Stückfärberei üblichen Maschinen bei normalem Gebrauch erzielt worden ist, bildet den Gegenstand der vorliegenden Erfindung.

Die praktische Ausführung der Erfindung, speziell die Fixierung des gespannten Zustandes der unter Anwendung von Spannung mercerisierten Baumwolle kann, abgesehen von den oben angegebenen neuen Mitteln (Anwendung einer Baumwolle mit festgelagerter Faser und einer zur Überwindung der Schrumpfkraft derselben beim Mercerisieren ausreichenden größeren Streckkraft) so erfolgen, wie in der Engl. Patentschrift Nr. 4452 vom Jahre 1890 beschrieben ist. Die Ausführung des Verfahrens gestaltet sich demnach beispielsweise wie folgt:

Ziemlich langfaserige, fest gesponnene Baumwolle, z. B. Mako-Garn, wird roh oder vorbehandelt (ausgekocht, benetzt) auf eisernen Stöcken in einer Kufe aus Eisen mit Natronlauge von 25 bis 30° Bé kurze Zeit behandelt, bis sie das bekannte lederartige Aussehen der lose mercerisierten Baumwolle besitzt. Die Zeitdauer der Einwirkung der Natronlauge richtet sich nach der Dicke und Drehung des Fadens und beträgt meist nicht mehr als 10 Minuten. Die mercerisierte und eingelaufene Baumwolle wird durch Zentrifugieren oder Ausquetschen von der überschüssigen Lauge befreit und auf die beiden eisernen Arme einer Streckmaschine gelegt. Sodann läßt man die beiden Arme in gleicher Richtung langsam rotieren und entfernt dieselben mittels Hebeldruckes oder hydraulischer Kraft allmählich voneinander, bis die Baumwolle die gewünschte Länge, etwa die ursprüngliche des Rohgarnes oder eine größere erreicht hat. Nun spritzt man aus Spritzrohren, welche zwischen den Streckarmen angebracht sind, vorerst wenig Wasser gegen das Garn. Das letztere kann während dieser Verdünnung der Natronlauge noch weiter ausgereckt werden. Die innere Spannung der Baumwolle läßt hierbei allmählich nach und verschwindet bei weiterem Auswaschen vollständig. Zur besseren Entfernung der Lauge aus dem Garn kann auch mit warmem Wasser nachgewaschen werden. Man nähert nun die Streckarme der Maschine wieder einander und nimmt das Garn ab. Dasselbe kann nötigenfalls noch abgesäuert werden.

Stückware läßt man auf einer Klotzmaschine, Kreppmaschine oder einem Jigger durch die Natronlauge laufen, quetscht die überschüssige Lauge aus, bringt die mercerisierte Ware auf eine Spannmaschine, streckt die Stücke bis zu den gewünschten Maßen, verdünnt dann die Lauge durch Besprengen mit Wasser, während die Streckung noch anhält, und entfernt, nachdem die innere Faserspannung nachgelassen hat, die Lauge durch weiteres Waschen oder Absäuern.

Durch das beschriebene Strecken nimmt die noch mit der Lauge benetzte Baumwolle je nach der Stärke der Streckung einen mehr oder weniger großen Seidenglanz an, welcher bei der üblichen Weiterbehandlung der Baumwolle (Bleichen, Färben, Waschen) nicht wieder verschwindet.

Da zur Streckung der Baumwolle nach dem abgeänderten Mercerisierverfahren eine größere Streckkraft erforderlich ist, als bisher mit den in der Strang- und Stückfärberei üblichen Maschinen bei normalem Gebrauch erzielt wird, so sind für die fabrikmäßige Ausführung des Verfahrens stärker konstruierte Maschinen anzuwenden oder die vorhandenen Maschinen entsprechend zu verstärken.

Patentanspruch: Eine Abänderung des im Patente Nr. 85 564 sowie im E.P. Nr. 4452 vom Jahre 1890 beschriebenen Verfahrens zum Mercerisieren von Baumwolle unter Spannung, dadurch gekennzeichnet, daß die mit Natronlauge durchtränkte Baumwolle einer erheblich stärkeren Streckkraft, als bisher mit den zu gleichem Zweck in der Strang- und Stückfärberei üblichen Maschinen bei normalem Gebrauch erzielt worden ist, ausgesetzt wird, so daß auch langfaserige und stark versponnene Baumwolle auf die ursprüngliche Länge und darüber hinaus gestreckt werden kann und die Faser durch das Mercerisieren unter Spannung infolge Änderung ihrer Struktur einen bleibenden seidenartigen Glanz erhält.

II. Das Verhalten der Baumwolle gegenüber Alkalien und Säuren o. ä.

Um die später beschriebenen Verfahren hinsichtlich ihrer Wirkungsweise besser verstehen zu können, sollen im folgenden die wichtigsten Eigenschaften der Baumwolle gegenüber einigen chemischen und physikalischen Einwirkungsmitteln zusammengestellt werden. Soweit nicht die Originalliteratur angegeben ist, stützen sich die Angaben in erster Linie auf Hall, Cotton-Cellulose 1924 und Knecht, Rawson, Löwenthal, Handb. d. Färberei, Bd. I, 1921.

Die Baumwolle wird von verschiedenen Arten der zur Ordnung der Malvaceae gehörenden Baumwollpflanze (Gossypium) gewonnen und besteht aus dem flaumigen haarähnlichen Stoffe, welcher deren Samenkörner bedeckt. Zur Reife brechen die Samenkapseln auf und es quellen Ballen schneeweißer oder gelblicher Fasern hervor, die möglichst bald gesammelt werden müssen.

Die Grundlage der pflanzlichen Faser ist die Cellulose. Gut und vorsichtig gebleichte Cellulose wird von C. G. Schwalbe als Typ reiner Cellulose empfohlen[1]. In den Pflanzenfasern ist die

---

[1] Lehnes Färber-Zeitung 1913. S. 433.

Baumwolle meist von mehr oder weniger großen Mengen eingetrockneter Stoffe begleitet, die nur durch schwierige Bäuch- und Bleichbehandlung entfernt werden können. Cellulose besteht aus Kohlenstoff, Wasserstoff und Sauerstoff; ihre Zusammensetzung entspricht der Rohformel $C_6H_{10}O_5$ oder $(C_6H_{10}O_5)x$. Man kann sie gleich Stärke, Dextrin und den Zuckerarten zu der Gruppe der Kohlehydrate rechnen, die als vielatomige, Aldehyd- oder Ketongruppen enthaltender Alkohole anzusehen sind. Durch vollständige Hydrolyse zerfällt Cellulose in Dextrin. Croß und Bevan[1] nehmen an, daß die Cellulose aus ringförmigen Gruppen, die ursprünglich nach der Formel $C_6H_{10}O_5$ gebaut sind, besteht, z. B.

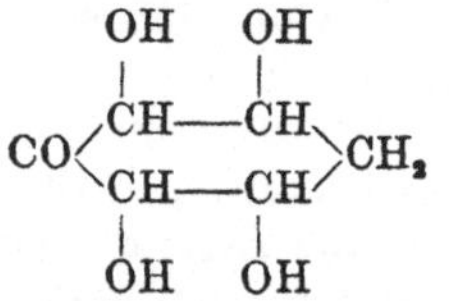

$$CO\left\langle\begin{array}{c}\overset{\overset{\textstyle OH}{|}}{CH}-\overset{\overset{\textstyle OH}{|}}{CH}\\CH-CH\\\underset{\underset{\textstyle OH}{|}}{}\quad\underset{\underset{\textstyle OH}{|}}{}\end{array}\right\rangle CH_2$$

und daß diese Gruppen sich mittels der Reste CO und CH_2, die in $CH-C(OH)$ übergehen, in verwickelte höher molekulare Gebilde umwandeln.

Nach den neuesten Anschauungen setzt sich der Cellulosekomplex aus 3 Mol. Cellulose zusammen, die einen Ring bilden[2].

Reine Cellulose ist eine ziemlich passive Verbindung, ohne Geruch und Geschmack und vollkommen unlöslich in Wasser, Alkohol Äther und den gewöhnlichen Lösungsmitteln. Ihr spez. Gew. ist 1,5. Beim Erhitzen verliert sie zunächst die ihr anhängende Feuchtigkeit und bräunt sich bei 210—230° C langsam. In den gewöhnlichen Lösungsmitteln ist Cellulose nicht löslich. Sie löst sich aber leicht in Kupferoxydammoniak, und wird aus dieser Lösung durch Säuren gefällt (Kupferseide). Nach Croß und Bevan[3] löst sich Cellulose ohne sichtbare Veränderung in einer Mischung mit dem spez. Gew. 1,44 von 1 Tl. Chlorzink in 2 Tl. Salzsäure. Beim Eingießen dieser Mischung in Wasser wird eine 18—25 vH Zinkoxyd enthaltende Cellulosefällung erhalten. Cellulose ist im Gegensatz zu Seide nicht in einer ammoniakalischen Nickellösung löslich.

Syrupöse Phosphorsäure löst Cellulose auf und ist zur Herstellung von Kunstseide empfohlen worden (D.R.P. 72 572).

Durch Veresterung geht die Baumwolle in neue Verbindungen über, die teils in Wasser, teils in organischen Lösungsmitteln löslich sind und die insbesondere zur Herstellung von Kunstseide

---

[1] Ber. d. Dtsch. Chem. Ges. 1893. S. 1090.
[2] Vgl. Hall: Cotton-Cellulose 1924. S. 191.
[3] Chem. News. 1891. S. 63 und 66.

dienen. Unter diesen sind zu nennen die Nitrocellulosen (Nitroäther), der Xanthogensäureester (Viskose), die Acetyl-Formyl-Benzoylcellulosen und die Alkylester der Cellulose[1].

Durch verschiedene chemische Agentien, namentlich verdünnte Mineralsäuren, Alkalilaugen, Salze und Oxydationsmittel wird die Cellulose in ihren Eigenschaften verändert, meist ohne Veränderung ihrer Struktur, aber unter Beeinflussung ihres Verhaltens gegenüber verschiedenen Gruppen von Farbstoffen (insbesondere basische und direkte Farbstoffe). Die Festigkeit der Baumwolle wird durch verdünnte Säuren und Oxydationsmittel herabgesetzt, durch Laugen und einzelne Salze erhöht. Anscheinend treten durch die meisten dieser Behandlungen hydrolytische Spaltungen ein, und die Namen Hydro- und Hydratcellulose deuten auf die Aufnahme von Wasser hin, was aber von anderer Seite bestritten wird. Für die Textilindustrie von besonderer Bedeutung sind folgende Umwandlungsprodukte der Cellulose.

1. Hydrocellulosen, entstanden unter dem Einfluß von Säuren.

2. Hydratcellulosen, entstanden durch den Einfluß von starken Laugen, z. B bei der Mercerisation.

3. Oxycellulosen, durch Einwirkung von Oxydationsmitteln.

4. Ester der Cellulose; wie Viskose, Nitro-Acetylcellulose u. dgl.

1. Hydrocellulosen $C_6H_{10}O_5$ oder $(C_6H_{10}O_5)x + H_2O$. Trokkene gasförmige Säuren, z. B. Chlorwasserstoff, greifen Cellulose in der Kälte nicht an. Geringe Mengen Feuchtigkeit genügen, um Cellulose in die leicht zerreibliche Hydrocellulose überzuführen. Sie entsteht auch beim Kochen von Cellulose in verdünnten Mineralsäuren, und bildet sich beim Eintrocknen von Säurespuren in Baumwolle. Durch ihre Bildung tritt ohne äußerliche Veränderung der Baumwolle eine Faserschwächung ein, die bei stärkerer Einwirkung der Agentien zu einem leicht zerreiblichen Produkt führt. Das Umwandlungsprodukt zeigt im Gegensatz zu der nicht reduzierend wirkenden Cellulose Reduktionsvermögen, indem unter hydrolytischer Aufspaltung des Cellulosemoleküls kleinere Hydrocellulosemoleküle entstehen, welche reduzierend wirkende Hydroxyl-, Aldehyd- oder Ketongruppen enthalten. Der weiteren Hydrolyse setzt die Cellulose einen starken Widerstand entgegen, geht aber schließlich in Dextrose über. Nach Willstätter und Zechmeister wird Baumwolle von sehr starker Salzsäure (über 1,2 spez. Gew.) innerhalb 10 Sekunden leicht gelöst und innerhalb von 2 Tagen vollständig hydrolysiert, wobei 96 vH der theoretischen Ausbeute an Dextrose entstehen[2].

---

[1] Journ. Soc. Chem. Ind. 1913, S. 974 und F.P. 447 974.
[2] Ber. d. Dtsch. Chem. Ges. 1913. S. 2401. D.R.P. 273 800.

2. **Hydratcellulose.** Unter dem Einfluß verschiedener chemischer und mechanischer Einwirkungen geht Cellulose und insbesondere Baumwollcellulose in neue Formen über, welche in ihrer Zusammensetzung von dem Ausgangsmaterial nicht oder kaum verschieden zu sein scheinen, aber früher als Hydrate der Baumwolle angesehen und Hydratcellulosen genannt wurden. Nach C. G. Schwalbe[1] und nach H. Ost und F. Westhoff[2] ist mercerisierte Cellulose und die aus junger Viskose regenerierte Cellulose nach der Trocknung bei 120—125° C nach der gleichen Rohformel $(C_6H_{10}O_5)$ so wie gewöhnliche Cellulose zusammengesetzt. Die Hydratcellulosen sind hygroskopischer und reaktionsfähiger als Cellulose. Sie besitzen aber wie die Cellulose selbst und im Gegensatz zu den Hydro- und Oxycellulosen kein Reduktionsvermögen. Ob bei der Umwandlung der Cellulose in Hydratcellulose Abbau, Umlagerung oder Depolymerisierung des Cellulosemoleküls stattfindet, ist nicht festgestellt.

Hydratcellulose entsteht durch die Behandlung von Baumwolle mit starker Natronlauge (Mercerisation), auch durch Einwirkung von Salzlösungen[3] und in Säuren auf Cellulose, sowie durch Abscheidungen von Cellulose aus Lösungen, z. B. aus Viskose oder aus Estern, desgleichen beim Trocknen gebleichter Cellulose und bei weitgehender mechanischer Zerkleinerung der Cellulose, wie bei der Bereitung der Pergamynmasse.

Die Hydratcellulosen werden durch das Chlorzinkjod-Reagens blauschwarz angefärbt, sie nehmen gesteigerte Mengen Natronlauge auf (Bestimmung des Mercerisationsgrades nach Vieweg) und sind leichter hydrolysierbar durch Säuren als unveränderte Cellulose (Hydrolysierzahl nach Schwalbe). Die Kupferzahl der mercerisierten Baumwolle liegt unter 3.

Nach den Untersuchungen von W. Vieweg und O. Miller[4] nimmt Cellulose aus Natronlauge von verschiedener Konzentration verschiedene Mengen Natron auf. Mit Lauge von 16 vH tritt ein Maximum der Natronaufnahme von 13 vH NaOH ein, welches der Formel $(C_6H_{10}O_5)_2$ NaOH entspricht. Die Natronaufnahme durch die Cellulose bleibt bis etwa 24 vH NaOH konstant und steigt, bis der Gehalt an Natronlauge 40 vH beträgt, wobei der Natrongehalt der behandelten Cellulose der Formel $C_6H_{10}O_5$. NaOH entspricht. Wird die mit Natron behandelte Baumwolle ausgewaschen, so wird

---

[1] Z. f. angew. Chem. 1907, S. 2172; 1909, S. 197.
[2] Chem. Zg. 1909. S. 157.
[3] Pope, Fr. und Hübner: Journ. Soc. Chem. Ind. 1903. S. 70; 1904. S. 406. Lehnes Frb.-Zg. 1903. S. 263—287.
[4] Ber. d. Dtsch. Chem. Ges. 1907. S. 3876 und S. 4903 sowie Chem.-Zg. 1908. S. 329.

das Natron wieder abgespalten und die Cellulose nimmt je nach dem Mercerisationsgrad bestimmte Mengen Natronlauge aus 2 vH Lauge auf.

Zu 3 und 4 sollen keine weiteren Angaben gemacht werden, da Oxycellulosen dem behandelten Thema zu fern liegen und die Celluloseester gesondert behandelt werden.

Für die Mercerisation von Bedeutung sind die anscheinend in erster Linie physikalischen Veränderungen der Struktur der Baumwolle. Bowman beschreibt die typische Baumwollfaser als eine einzige lange schlauchartige pflanzliche Zelle von der 1200 bis 1500-fachen Länge ihres Durchmessers. Die Wandung erscheint als eine zusammenhängende Zelle aus reiner Cellulose, während die inneren Schichten des Schlauches aus eingetrockneten Ablagerungen der Zelle bestehen. Die Zellwand ist mit einem dünnen glatten oder körnig-rauhem Häutchen (Cuticula) bedeckt, welches als verkorktes Gewebe bezeichnet wird, und sich nicht in Schwefelsäure oder Kupferoxydammoniak löst. In gut gebleichter Baumwolle kann dieses Häutchen fehlen. Das oben dünne Ende der Faser ist geschlossen, während das andere, d. h. dasjenige, welches an dem Samenkern haftet, unregelmäßig zerrissen ist. Unter dem Mikroskop gesehen, erscheinen die Baumwollfasern wie zusammengedrehte Bänder, meist an den Rändern dicker als in der Mitte. Diese gewundene Form ist durch das Eintrocknen des ursprünglich in der reifen Faser enthaltenen Saftes bewirkt[1].

Die Querschnitte gesunder Baumwollfasern zeigen große Verschiedenheiten in ihrer Gestalt, sind jedoch immer als solche von mehr oder weniger abgeplatteten Röhrchen zu erkennen, und in jedem Querschnitt ist die kleine Höhlung sichtbar, welche von einem Ende der Faser bis zum anderen läuft.

Die Schlauchform ist bei den Querschnitten völlig reifer Baumwollfasern deutlich erkennbar, nicht so bei den jungen unreifen Fasern. Diese letzteren zeigen unter dem Mikroskop das Aussehen breiter bandartig, häufig geknickter, stark durchsichtiger und von unregelmäßigen Falten, Streifen und Körnelungen durchzogener Fasern, die sich in Kupferoxydammoniak schwer lösen und auch gegen Jodlösung und im polarisierten Licht abweichendes Verhalten zeigen. Sie werden wohl auch tote Baumwolle genannt, weil sie sich nicht gut anfärben.

Durch die Behandlung von Baumwolle mit starker Natronlauge ohne Spannung, d. h. durch das sogenannte Mercerisieren, zeigt die Baumwolle ein wesentlich verändertes Aussehen. Die Zeichnungen auf der Oberfläche sind verschwunden und die Faser

---

[1] Vgl. auch Kap. I D.R.P. 97 664.

ist nicht flach und gewunden, sondern dick, gerade und durchscheinend. Ein Querschnitt zeigt, daß die Zellwände sich bedeutend verdickt haben und die innere Höhlung fast ganz verschwunden ist, während die Gestalt der Faser zylindrisch geworden ist.

Verhalten der Baumwolle gegen Alkalien.

Verdünnte Lösungen von Ätzalkalien und Kalk haben bei gewöhnlicher Temperatur, und bei Abwesenheit von Sauerstoff auch bei erhöhter Temperatur eine nur geringe Einwirkung auf reine Baumwollcellulose. Stärkere Einwirkungen beruhen anscheinend auf einer Veränderung der Baumwolle durch vorhergehendes Abkochen und Bleichen. Ammoniak wirkt unter gewöhnlichen Bedingungen nicht auf Baumwolle ein.

C. G. Schwalbe und M. Robinoff[1] haben unter anderem festgestellt, daß das Quellvermögen der Baumwolle mit der Konzentration der Natronlauge bis zur Grenze von 24 vH NaOH steigt; es soll also keinen Zweck haben, höher konzentrierte Natronlaugen anzuwenden. Baumwolle gewinnt nach J. Hübner und W. J. Pope[2] schon durch kurze Behandlung mit sehr verdünnter Natronlauge (1,005 spez. Gew.) erheblich an Anziehungskraft für Farbstoffe. Lauge und Luft führen sehr leicht zur Bildung von Oxycellulose.

Nach den Beobachtungen von Mercer im Jahre 1844[3] verändert starke Natronlauge von etwa 27 vH NaOH Baumwollgewebe in der Weise, daß eine starke Quellung der Baumwollfaser unter Schrumpfung der Faser eintrat. Die Baumwolle zeigte sich nach dem Auswaschen der Lauge als schwerer und dichter, besaß eine erhöhte Zerreißfestigkeit und Farbaffinität und hatte 4,5 bis 5,5 vH Wasser (Hydratationswasser) aufgenommen. Das zum Mercerisieren benutzte Baumwollzeug war einfach ohne Kochen mit schwacher Lauge gereinigt und wurde mit Natronlauge von 1,225—1,250 (26,5—29° Bé) bei Luftwärme behandelt. Erwärmen der Lauge zeigte Verlangsamung der Erweichung, Abkühlen Beschleunigung. Zur Erzeugung eines hohen seidenartigen Glanzes soll man langstapelige ägyptische oder Sea-Island-Baumwolle unter Spannung der Einwirkung von starker Natronlauge (19 bis 32° Bé) unterwerfen (vgl. D.R.P. 85 564 und 97 964). Die zu

---

[1] Lehnes Frb.-Zg. 1913. S. 433. Robinoff: Über die Einwirkung von Wasser und Natronlauge auf Baumwollcellulose. Berlin, Dissertation 1912. Z. angew. Chem. 1911. S. 256.

[2] Journ. Soc. Chem. Ind. 1904. S. 404.

[3] Vgl. Parnell, E. A.: Life and Labours of John Mercer 1886. S. 175ff.

mercerisierenden Garne sollen vorzugsweise aus gekämmter Baumwolle ohne starke Drehung gesponnen sein. Die Laugenkonzentration soll 30—35° Bé ($23^1/_2$—29 vH NaOH), zweckmäßig nicht mehr als 30° Bé betragen, weil stärkere Lauge zu langsam in der Baumwolle eindringt. Je kälter die Lauge, je schneller die Wirkung. Über 18° C sollte man nicht hinausgehen. Nach den Versuchen von Kollmann[1] hebt bei abwechselnder Einwirkung von kalter und heißer Lauge die heiße Lauge die Wirkung der kalten teilweise wieder auf. Eine glatte Oberfläche der Ware ist von Bedeutung, daher empfiehlt sich vor der Mercerisation gasieren, dagegen soll das Chloren nach der Mercerisation erfolgen. Vorher soll man abkochen, oder gut netzen und entschlichten.

Über Schrumpfung, Festigkeitszunahme und Erhöhung der Farbstoffaufnahme liegen vielfache Untersuchungen vor[2], auf die nicht näher eingegangen werden soll.

Die Reinheit der Natronlauge und die Wirkung von Zusätzen ist behandelt in Löwenthal: Handb. d. Färberei 1921, Bd. I, S. 122—123 und Kap. X dieses Buches.

Außer Natronlauge hatte schon Mercer (siehe oben) Schwefelsäure 1,25 spez. Gew. und Chlorzink 1,73 spez. Gew. angegeben; ferner wurden Chlorcalcium 1,45 spez. Gew. bei 143° C, Phosphorsäure, heiße Lösungen von Zinnchlorür vorgeschlagen, ähnlich wirkt Salpetersäure (D.R.P. 109 607). Nach J. Hübner und W. J. Pope[3] wirkt Bariumquecksilberjodid ebenso stark schrumpfend wie Ätznatron und auch Jodkalium, Jodbarium und Kaliumquecksilberjodid wirken ähnlich. Was die Temperatur und Konzentration der verwendeten Alkalilaugen anlangt, so ist bereits darauf hingewiesen worden, daß man vorteilhaft diese Natronlauge von 30° Bé und bei Temperaturen von etwa 15° C anwendet. Es ist auch schon darauf hingewiesen worden, daß man mit Laugen in der Hitze gearbeitet hat[4], und daß das Arbeiten in der Kälte als wesentlich vorteilhafter erachtet worden ist. Was die tiefen Temperaturen anlangt, so hat bereits Mercer[5] vorgeschlagen, Baumwollgewebe dadurch transparent zu machen, daß man sie in eine Mischung eintauchte, die durch Zusammenrühren von 0,56 l einer 31,5 proz. Natronlauge mit etwa 600 g Schnee oder zerkleinertes Eis hergestellt wird und deren Temperatur bei —17,78° C liegen soll. Auch ist in dem E.P. 20 714/1896, S. 2,

---

[1] Lehnes Frb.-Zg. 1911. S. 43 und 62.

[2] Vgl. Löwenthal: Handb. d. Färberei 1921. Bd. I, S. 120—122 und Hall: Cotton-Cellulose 1924. S. 49 ff.

[3] J. Soc. Chem. Ind. 1903, S. 70; Z. f. Farben u. Textil-Ind., Buntweb. 1903. S. 315.

[4] Vgl. Parnell, 1886. S. 184.   [5] Vgl. ebenda S. 202.

Zeile 11—15 und 20/21 darauf aufmerksam gemacht worden, daß man Natronlauge von 10—20° Bé bei Temperaturen von unter 0° C zur Anwendung bringen kann (vgl. auch D.R.P. 37 658 Kl. 8, S. 1, Sp. 1). Über die Beziehungen zwischen Temperatur und Laugenkonzentration sind vielfache Versuche gemacht worden, aus denen sich ergeben hat, daß die Mercerisationswirkung verdünnter Laugen erst bei niedriger Temperatur eintritt (vgl. z. B. D.R.P. 340 824, Kl. 8, S. 1, Zeile 35 ff.), während tiefe Temperaturen bei der Verwendung von Laugen, die auch bei gewöhnlicher Temperatur mercerisierend wirken, bei genügender langer Einwirkungsdauer zu besonderen Transparenteffekten führen (vgl. D.R.P. 340 824, Kl. 8, S. 2, Zeile 28 ff.).

An sehr vielen Stellen der einschlägigen Literatur wird zur Ausführung der Mercerisation eine Konzentration der Lauge von etwa 30° Bé empfohlen. Über die Verwendung sehr verdünnter Laugen ist wenige Zeilen vorher berichtet worden. Man ist aber in Einzelfällen weit über die Konzentration von 30° Bé und auch bei höheren Temperaturen hinausgegangen. So wird z. B. im Verfahren des D.R.P. 133 456, Kl. 8, Natronlauge von 27—50° Bé und in dem des D.R.P. 141 394 Natronlauge von 45° Bé $^{1}/_{2}$ Stunde lang und in letzterem Falle bei Kochtemperatur angewendet. Man hat aber auch schon mit noch höheren Alkalikonzentrationen gearbeitet, und zwar unter Anwendung höherer Temperatur, weil diese hoch konzentrierten Lösungen nur in der Wärme bestehen. So haben Knecht und Harrison[1] Versuche mit 16-fach normaler Lösung von Natron und Kali unter anderem auch bei 80° C unternommen. Diese Lösungen enthielten 64 vH NaOH bzw. 90 vH KOH. Noch höher in der Konzentration geht das F.P. 618 170, das alkalische Laugen von 50—125° Bé bei Temperaturen von 60—100° C vorschlägt.

Es soll beiläufig darauf hingewiesen werden, daß die zuletzt erwähnte Arbeit von Knecht und Harrison auch Angaben über die vergleichsweise Wirkung von Natrium-, Kalium- und Lithiumhydroxyd, sowie über Tetramethylammoniumhydroxyd und Hydrazin als Mercerisationsmittel enthält. Die wissenschaftlichen Untersuchungen über die Beziehungen zwischen Laugenkonzentration und Schrumpfungsgrad sowie Laugenabsorbtion, Erhöhung der Zerreißfestigkeit, der Farbaufnahmefähigkeit u. a. m. sind auch unter Berücksichtigung der neuesten Arbeiten in Hall, Cotton-Cellulose 1924 besprochen. Ein Eingehen auf diese Untersuchung ist hier nicht beabsichtigt, weil es zu weit von dem behandelten Thema abliegt.

---

[1] Vgl. J. Soc. Dyers and Colour. 1912. S. 224; Chem. Zg. Repert. 1912. S. 561.

Verhalten der Baumwolle gegen Säuren.

Schon Mercer hat in seinen ersten Untersuchungen darauf hingewiesen[1], daß Schwefelsäure bestimmter Konzentration die gleichen Veränderungen der Baumwollfaser wie Natronlauge hervorrufe. Die Wirkungen der Säure sind abhängig von der Konzentration und der Dauer. Schwache wie auch starke Säuren zerstören die Faser, aber die Einwirkung einer Säure von 61,59 bis 70,85 vH für wenige Minuten bei normaler Temperatur erreichen eine Veränderung der Faser ohne Schwächung. (Bezüglich der Ansichten von Mercer über die Einwirkung der Schwefelsäure ist das Kapitel „Entwicklung der Mercerisation" zu vergleichen.)

Konzentrierte Mineralsäuren wirken im allgemeinen sehr kräftig und schnell auf Baumwollfaser ein; ihr Einfluß ist nach Art der Säuren, der Wärme und der Länge der Einwirkung sehr verschieden. Nach Schwalbe[2] wirken auch sehr verdünnte Mineralsäuren in der Wärme hydrolysierend auf Baumwolle ein. Konzentrierte Schwefelsäure läßt die Baumwolle zuerst quellen und verwandelt sie dann in eine gallertartige Masse, aus der ein Niederschlag von Amyloid fällt, wenn sie mit Wasser verdünnt wird. Bei der Bildung von sogenannten vegetabilischem Pergament wird ungeleimtes Papier 5—20 Sekunden in Schwefelsäure von 1,7 spez. Gew. eingetaucht und dann gewaschen. Vermutlich wurden bei dieser Behandlung die Fasern zunächst in Celluloseester der Schwefelsäure übergeführt, die bei Berührung mit Wasser Cellulose zurückbildet, welche die Zwischenräume der Fasern verklebt. Das Papier hat an Umfang verloren, aber an Dichte gewonnen und seine Stärke um das 3—4fache zugenommen. Bei der gleichen Behandlung von Baumwollfasern wird ihre Affinität für basische Farbstoffe erhöht.

Nach Mercer soll Baumwolle durch eine nur wenige Minuten dauernde Einwirkung von Schwefelsäure von (49,5—55,5° Bé) nicht geschwächt, sondern in ähnlicher Weise wie durch starke Alkalien verändert werden[3]. Die in neuester Zeit aufgekommene Glasappretur verwendet kalte Schwefelsäure von 54—56° Bé und kurze Einwirkungsdauer.

In den Konzentrationen von 62 vH aufwärts wirkt Schwefelsäure auf Baumwolle nicht nur hydrolysierend, sondern auch quellend[4]. Schwächere Schwefelsäure greift die Faser in der Kälte erst

---

[1] Vgl. Parnell, 1886. S. 196 ff.
[2] Vgl. Lehnes Frb.-Zg. 1913. S. 435.
[3] Vgl. Parnell, 1886, S. 196 und D.R.P. 85 564.
[4] Vgl. Lehnes Frb.-Zg. 1913. S. 435.

dann an, wenn sie noch stark genug ist, ihr unter Wärmeentwicklung Wasser zu entziehen. Man kann nach C. Koechlin (Bull. de Mulhouse 1888, September-Protokoll) Baumwolle ohne Gefahr bei 15° C mit Schwefelsäure von 1,16—1,26 spez. Gew. tränken, erst bei Behandlung mit Schwefelsäure von 1,345 spez. Gew. ist nach 3 Stunden eine Veränderung erkennbar.

Behandelt man Baumwollgarn 15—20 Minuten in einer Mischung von 3 Vol. Schwefelsäure 98 vH und 4 Vol. Essigsäure 40 vH bei 10—15° C, so erhält man nach J. Schneider[1] ein Garn von größerer Stärke und weichem vollem Griff mit erhöhter Affinität für direkte Farben.

Salzsäure wird besonders stark zerstörend, wenn sie auf der Faser eintrocknet. Baumwolle wird von Salzsäure spez. Gew. 1,18 in der Kälte nicht verändert, aber von einer Säure von spez. Gew. 1,195 angegriffen und von einer Säure von 1,185 mercerisiert[2]. Salzsäure über 1,2 spez. Gew. löst Baumwolle leicht innerhalb 10 Sekunden. Die Baumwolle ist innerhalb von 1—2 Tagen vollständig hydrolysiert und gibt 96 vH der theoretischen Ausbeute an Dextrose.

Heiße starke Salpetersäure zerstört Baumwolle unter Bildung von Oxalsäure und einer oxydierten in Alkalien löslichen Cellulose. Durch ein Gemisch von Salpeter- und Schwefelsäure entstehen Nitrocellulosen, d. h. Salpetersäure-Äther. Kalte starke Salpetersäure wirkt quellend und mercerisierend auf Baumwolle, ohne daß ihr Aussehen und die Struktur verändert wird[3]. Nach Koechlin soll bei der Einwirkung von kalter starker Salpetersäure auf Baumwolle, diese Anziehungskraft für basische Farbstoffe gewinnen. Es soll sich dabei Cellulosedinitrat bilden, ohne daß die Faser leicht entzündlich oder geschwächt würde. Bei der Behandlung von Baumwolle mit Salpetersäure spez. Gew. 1,41 soll ein labiler Dinitrat entstehen, das durch Wasser zerlegt wird. Auch schon durch 15 Minuten lange Behandlung mit kalter Salpetersäure 1,41 spez. Gew. verliert Baumwolle bedeutend an Länge und gewinnt an Festigkeit. Schwächere Salpetersäure bewirkt kaum eine Verkürzung, schwächt aber im Gegensatz zu der stärkeren Säure die Faser. Das Verhalten nitrierter Baumwolle gegen basische und direkte Farbstoffe ist abhängig von der Bildung von Oxycellulose[4]. Nach Hanausek[5] zeigt die Festigkeit stärker nitrierter Baum-

---

[1] E.P. 3645/1907. Chem.-Zg. Repert. 1910. S. 211.

[2] Knecht: J. Soc. Dyers and Colour. 1915. S. 8; Chem.-Zg. Repertorium 1916. S. 58.

[3] Vgl. C. Piest: Z. angew. Chem. 1909. S. 1215.

[4] Z. angew. Chem. 1901. S. 510.

[5] Lehnes Frb.-Zg. 1896. S. 23.

wolle eine Abnahme im Vergleich zu nicht nitrierter Baumwolle. Nitrierte Baumwolle verquillt nicht mit 70 vH Schwefelsäure.

Nach den Untersuchungen von Knecht[1] wird Baumwolle, wenn sie wenige Minuten in Salpetersäure von 68,63 vH eintaucht, gelatinös. Nach dem Waschen ist sie eingeschrumpft und hat an Festigkeit und Affinität für Farbstoffe zugenommen. Budnikow hat gleiche Untersuchungen vorgenommen[2] mit Salpetersäure von 61,92—64,8 vH bei einer Temperatur von 10—15° C und gefunden, daß bei einer Einwirkungsdauer von 15—30 Sekunden die Fasern aufschwellen, wobei die Cuticula weich und durchsichtig wird. Das Lumen wird verengt und der Glanz erhöht. Außerdem hat die Faser eine erhöhte Affinität für saure und direkte Farbstoffe.

Nach Scheurer[3] wirkt Phosphorsäure beim Eintrocknen schwächend auf die Baumwollfaser. Am stärksten Meta- und Pyrophosphorsäure, weniger Orthophosphorsäure.

Organische Säuren greifen die Baumwolle viel weniger an als Schwefel-, Salz- und Salpetersäure und üben beim Kochen in nicht allzu starker Lösung keine nachteilige Wirkung aus. Beim Trocknen, Dämpfen oder Verhängen mit Oxalsäure, Milchsäure, Weinsäure oder Zitronensäure kann die Faser eine bedeutende Schwächung erleiden[4]. Oxalsäure wirkt am stärksten. Wasserhaltige Essigsäure Ameisensäure wirken nicht schwächend auf die Baumwollfaser, wohl aber ganz konzentrierte Säuren. Nach Croß und Brown und Traquair[5] reagiert Eisessig bei —100—105° C mit Cellulose, unter geeigneten Bedingungen bilden sich Acetylcellulosen. Rhodanwasserstoffsäure wirkt beim Dämpfen und beim Verhängen an der Luft kaum, hingegen sehr stark bei dreitägigem Verhängen in Luft von 40—50° C. Verdünnte Lösungen von Ameisensäure können ohne merkliche Einwirkungen auf dem Gewebe getrocknet werden. Konzentrierte Säure löst nur bei Gegenwart von Schwefelsäure oder Chlorzink.

Es sind im vorstehenden die in Betracht kommenden Arbeiten nur insoweit berücksichtigt worden, als sie dazu dienen konnten einen allgemeinen Überblick über das Verhalten der Baumwolle gegenüber den zur Mercerisation in erster Linie verursachten Reagentien zu ermöglichen. Genauere Angaben über die in Rede stehenden Reaktive und ihre praktische Anwendungsweise finden sich in den Spezialkapiteln.

[1] J. Soc. Dyers and Colour. 1896. S. 89.
[2] Dyer and Calico Printer. 1924. S. 56.'
[3] Bull. de Mulhouse 1904. S. 211.
[4] Scheurer: Bull. de Mulhouse 1893. S. 240; 1904. S. 211.
[5] Chem.-Zg. 1905. S. 528.

III. Das Bleichen der Faser.

In Parnell 1886, S. 185 wird empfohlen, die Gewebe vor dem Mercerisieren zu bleichen (vgl. auch E.P. 12 296/1850), ohne sie jedoch mit schwachen alkalischen Lösungen zu kochen. Walter Crum hat beobachtet, daß heiße alkalischen Lösungen, selbst wenn sie stark verdünnt sind, die Baumwollfasern zum Zusammenkleben bringen und ihre Poren schließen und dadurch die Netzfähigkeit verringern, während starke alkalische Lösungen die Poren öffnen. Das gleiche bewirken auch Hypochlorite im Überschuß. Man soll derart bleichen, daß man 1 Stunde in kochendem Wasser einweicht, auswringt, 5—6mal spült, in einem Bad von Kalkmilch und Hypochlorit nicht über 76,7° C auswringt, absäuert und wie gewöhnlich wäscht.

Beim Mercerisieren unter Streckung soll nach dem Auswaschen der Lauge und Spülen gebleicht werden (E.P. 4452/1890).

Beim Mercerisieren von Geweben unter Spannung soll die Mercerisation während der Bleichung, d. h. wenn diese zur Hälfte beendet ist, oder auch vor dem Bleichen vorgenommen werden (E.P. 4452/1890).

In gespanntem Zustand mercerisierte Garne und Gewebe können abgekocht bzw. gebleicht und dann gepannt getrocknet werden (D.R.P. 113 929, Kl. 8).

Man soll rohe Gewebe aus Baumwolle der Mercerisation unter rollendem Druck unterwerfen (D.R.P. 128 284, Kl. 8).

Man soll nach dem Mercerisieren kalt bleichen (E.P. 3218/1897).

Das Bleichen erfolgt nach dem Mercerisieren und Absäuern (D.R.P. 120 576, Kl. 8).

Man bleicht Vorgarn, das in Schnurenform mercerisiert und gewaschen worden ist, vor oder nach dem Trocknen (D.R.P. 124 135, Kl. 8).

Mercerisierte Fadenbruchstücke werden vor dem Wiederverspinnen gebleicht (D.R.P. 129 843, Kl. 8).

Bleichung und Erzeugung eines steifen Apprets wird durch Behandlung von abgekochter Baumwolle mit Natronlauge von etwa 45° Bé während $^1/_2$ Stunde ausgeführt (D.R.P. 141 394, Kl. 8).

Man soll Baumwolle vorher stark bleichen, bevor man sie zur Erzeugung von Appret zunächst mit gelatinierend wirkenden Mitteln, wie z. B. Schwefelsäure von 49,9° Bé, etwa 10 Minuten lang behandelt und dann auswäscht (D.R.P. 129 883, Kl. 8).

Man soll stark wirkende Bleichverfahren vor der Mercerisation unter Spannung anwenden, um einen steifen Appret zu erhalten. Es wird vorgeschlagen, Chlorkalk oder Natriumhypochlorit von

2° Bé bei 40° C, dann Verhängen oder Auswaschen mit Dampf, Wasser, Soda oder Seife, außerdem Kaliumpermanganat, Wasserstoffsuperoxyd und Wasserglas, oder Natronlauge von 32° Bé bei 95° C $^1/_2$ Stunde (D.R.P. 133 456, Kl. 8).

Das Bleichen der Garne erfolgt nach dem Spülen und Trocknen (D.R.P. 376 541, Kl. 8).

Das Bleichen wird mit dem Mercerisieren zugleich ausgeführt, wenn man eine Lauge von etwa 20° Bé anwendet, die 1—20 g wirksames Chlor im Liter enthält (D.R.P. 433 733, Kl. 8).

Zum gleichzeitigen Bleichen und Mercerisieren wird Baumwolle mit kochender konzentrierter Natronlauge behandelt (D.R.P. 133 456, Kl. 8).

Vor dem Aufbringen von Laugen, die Metallbeizen gelöst enthalten, kann die Ware gebleicht werden (E.P. 23 741/1896).

Garne, die mit Lauge behandelt worden sind, in der Stärke oder Gelatine gelöst sind, können nach dem Auswaschen, ohne an Glanz oder Steifheit einzubüßen, gebleicht werden (E.P. 27 529 [1898]).

Vor dem Mercerisieren wird in einer Lösung gebleicht, die Türkischrotöl und Hypochlorite enthält (E.P. 24 163/1899).

Man kann zunächst die Baumwolle zum Teil mit einem Gemisch von Türkischrotöl und Hypochloriten bleichen und dann mit Lauge unter Zusatz von Hypochloriten mercerisieren (E.P. 24 163/1899).

Das Bleichen der mercerisierten Ware findet gewöhnlich nach dem letzten Auswaschen statt; man soll es zur Ausführung einer kontinuierlichen Arbeitsweise zwischen das erste Auswaschen mit heißem Wasser und das Absäuern mit verdünnter Salzsäure 2 bis 5° Tw verlegen (E.P. 4251/1907).

Das Bleichen der Ware findet im kontinuierlichen Betrieb als Breitgewebe nach dem Mercerisieren und Auswaschen statt. Als Bleichmittel verwendet man Chlor unter Druck, wobei das Gewebe mit alkalischen Lösungen berieselt wird, um eine Bildung von Hypochloriten auf der Faser zu vermitteln (E.P. 193 819).

Das Bleichen der Ware findet vorteilhaft nach der Mercerisation mit Lauge und vor dem Behandeln mit starken Säuren statt (Am.P. 1 141 872).

Das Bleichen soll zusammen mit dem Mercerisieren stattfinden durch Anwendung von starker Natronlauge, die mit Peroxyd versetzt ist. Man wendet dieses Verfahren auf fertig zugeschnittene Kragen u. ä. m. an (Am.P. 1 576 292).

Die Baumwolle kann vor dem Aufbringen von Salpetersäure von 65—75 vH oder darüber zwecks Herstellung von Wolleffekten gebleicht werden (Ö.P. 92 343).

Die einseitig mit Lauge behandelte und aufgewickelte Baumwolle soll nach dem Auswaschen kalt gebleicht werden (E.P. 3218/1897).

Bei der Erzielung von Leineneffekten auf Baumwolle mit Schwefelsäure von 53—53,5° Bé soll man vor der Einwirkung der Schwefelsäure und nach dem Abkochen mit Sodalösung chloren (E.P. 232 451).

Bei der Einwirkung eines Gemisches von Schwefelsäure und Salzsäure zur Erzeugung von Wolleffekten auf Baumwolle soll man die Baumwolle abkochen, bleichen, trocknen, mercerisieren, wieder trocknen und dann mit Säure behandeln, oder mercerisieren, abkochen, bleichen, trocknen und dann mit Säuren behandeln (Am.P. 1 518 931).

Bei der Einwirkung eines Gemisches von Schwefelsäure und Salzsäure zur Erzeugung von Wolleffekten auf Baumwolle soll man die Baumwolle abkochen, bleichen, trocknen, mercerisieren, wieder trocknen und dann mit Säure behandeln oder mercerisieren, abkochen, bleichen, trocknen und dann mit Säuren behandeln (Am.P. 1 519 376).

Das Bleichen soll durch Abkochen mit einem Sodabad von 7° Bé 2 Stunden lang erfolgen (E.P. 14 283/1900).

Bevor man Baumwolle mit Schwefelsäure von 51—53° Bé bei 14—16° C behandelt, soll man sie durch Abkochen von allen Unreinlichkeiten befreien, bleichen und hierauf trocknen (Am.P. 1 616 749).

Das Bleichen der Garne, die unter Spannung mercerisiert werden sollen, kann vor oder besser nach dem Mercerisieren erfolgen. Man benutzt dazu eine Lösung von unterchlorigsaurem Natron, die $^3/_4$ bis 1° Bé spindelt, in der die Garne einige Stunden verbleiben, dann wird gespült und hierauf mit $^1/_2$° Bé starker Salzsäure abgesäuert, dann wird gespült und mit Natriumthiosulfat oder Bisulfit nachbehandelt[1].

Bei der Behandlung der Jutefaser mit Alkalilauge, um sie wollähnlich zu machen, soll man ungebleichte Fasern anwenden und die nach der Alkalibehandlung nicht vollkommen ausgewaschene Faser mit Bleichmitteln behandeln (F.P. 613 973).

Man kann das Bleichen mit dem Mercerisieren kombinieren, wenn man Mischungen aus Lauge, Phenolen und Oxydationsmitteln wie Permanganat auf Baumwolle einwirken läßt (E.P. 252 360).

---

[1] Gardner: Mercerisation 1912. S. 95.

IV. Vorbehandlung der Faser vor dem Mercerisieren.

Das Kapitel IV hat sich inhaltlich nicht streng von dem Kapitel III trennen lassen, denn die im Kapitel III behandelten Bleichverfahren könnten auch, sofern sie vor der Mercerisation erfolgen, im Kapitel IV, als Vorbehandlung, besprochen werden. Es wird sich jedenfalls empfehlen, soweit Bleichverfahren in Betracht kommen, diese beiden Kapitel zu Rate zu ziehen. Es sind in dem vorliegenden Kapitel u. a. auch Maßnahmen besprochen, wie die Entwässerung bzw. Anfeuchtung der Faser vor dem Mercerisieren.

Es ist wichtig, daß das Gewebe vor dem Mercerisieren leicht netzfähig ist, was ungebleichte Gewebe für gewöhnlich nicht sind. Mercer schlug deshalb vor, die Gewebe in kochendem Wasser für 1 Stunde einzuweichen, auszuwringen, 5—6mal mit Wasser auszuwaschen und das noch etwas feuchte Gewebe zu mercerisieren[1].

Um beim Mercerisieren mit Schwefelsäure ein weißeres Produkt zu erhalten soll man das baumwollene Gewebe vorher in Milch eintauchen und trocknen[2].

Bei der Behandlung von Papier mit Schwefelsäure von 66,53 bis 70,85 vH soll man vorteilhaft das Papier vorher mit einer Gelatinelösung vorbehandeln und dann trocknen[3].

Ungebleichtes Gewebe wird zuerst abgekocht, dann abgequetscht, oder im Hydroextraktor entwässert und dann gelaugt (E.P. 13296/1850).

Man kann Garne gebleicht oder ungebleicht mercerisieren (E.P. 13 296/1850).

Rohfasern werden abgekocht, vom Wasser durch Pressen oder durch einen Hydroextraktor befreit und dann mercerisiert (E.P. 13 296/1850).

Vor dem Mercerisieren soll die Baumwolle entfettet sein. Sie soll etwas feucht mercerisiert werden (D.R.P. 85 564, Kl. 8.)

Für die Mercerisation unter hoher Spannung wird das Makogarn roh oder vorbehandelt (ausgekocht), benetzt verwendet (D.R.P. 97 664, Kl. 8).

Das nicht stark gezwirnte Garn wird vor dem Mercerisieren gasiert (Schweiz.P. 23 715).

Vor dem Mercerisieren wird die Baumwolle ausgekocht oder genetzt (Ö.P. 3226).

Vor dem Mercerisieren soll die Ware von Fett befreit und noch feucht sein (E.P. 3218/1897).

---

[1] Parnell, 1886. S. 185/186.   [2] ebenda S. 197.   [3] ebenda S. 203.

Das Vorgarn (Bänder, Strähne, Vorgespinst) wird vor dem Mercerisieren zu einer Schnur stark zusammengedreht mercerisiert und nach dem Mercerisieren wieder aufgedreht (D.R.P. 124 135, Kl.8).

Kurzstapelige, lose versponnene Baumwolle wird vor dem Mercerisieren mit einem starken Draht versehen und nach der Behandlung wieder aufgedreht (D.R.P. 128 475, Kl. 8).

Kurzfaserige Baumwolle wird auf der Kämmaschine vorgearbeitet, hieraus locker gedrehte Garne hergestellt und vor dem Mercerisieren gasiert (D.R.P. 138 222, Kl. 8).

Das Garn wird vor dem Mercerisieren angefeuchtet oder naß gemacht (E.P. 12 669/1898).

Garne werden vor der Mercerisation auf eine durchlöcherte Trommel aufgewickelt, in heißes Wasser und dann in Natronlauge eingebracht (E.P. 25 163/1902).

Vor dem Verweben der Einzelfäden zu Garn sollen die aufgespulten Fäden zur besseren Aufnahme der Lauge abgekocht werden (E.P. 243 380).

Die aufgespulten und abgekochten Fäden gelangen in noch feuchtem Zustand zur Mercerisation, wobei der Überschuß des Wassers durch Zentrifugen entfernt wird (E.P. 243 380).

Vor dem Mercerisieren wird das Garn genetzt oder abgekocht und das überschüssige Wasser nicht durch Zentrifugieren, sondern durch Walzen in gespanntem Zustand entfernt (Schweiz.P. 111 540).

Vor dem Mercerisieren wird die Ware zur Erhöhung der Netzfähigkeit mit Benzin, sulfonierten oder oxydierten Ölen (Olein, Türkischrotöl), Benzol, Äthyl- oder Methylalkohol, Naphtha, Terpentinöl oder Petroleum zur Erhöhung der Netzfähigkeit behandelt (Am.P. 621 477).

Man soll Tüll vor dem Mercerisieren mit Appreturmitteln behandeln (F.P. 426 060).

Vor dem Behandeln von Baumwolle mit Natronlauge von 45° Bé in der Hitze soll die Ware abgekocht werden (D.R.P. 141 394).

Das Garn wird vor dem Mercerisieren mit Lauge ausgekocht, gespült und getrocknet (D.R.P. 98 601, Kl. 8).

Vor dem Mercerisieren mit einer Natronlauge von 36—40° Bé behandelt man mit einer 20—50 vH Lösung von Türkischrotöl (D.R.P. 110 184, Kl. 8).

Vor dem Mercerisieren mit Lauge von 30—40° Bé kann man die Ware mit Türkischrotöl o. dgl. vorbehandeln und dann trocknen (D.R.P. 110 184, Kl. 8).

Vor dem Mercerisieren mit Lauge soll man die Ware mit Glycerin imprägnieren (D.R.P. 110 184, Kl. 8).

Vor dem Mercerisieren unter Spannung wird die Ware mit gelatinierend wirkenden Mitteln wie Säuren, Kupferoxydammoniak, Natronlauge und Schwefelkohlenstoff vorbehandelt. Man erzielt dadurch ein Appret (D.R.P. 129 883, Kl. 8).

Um einen harten Appret zu erzielen, soll man die Ware zunächst bis zur oberflächlichen Veränderung der Baumwolle bleichen und dann unter Spannung mercerisieren. Als Bleichmittel werden vorgeschlagen: Chlorkalk oder Natriumhypochlorit 2° Bé bei 40° C, dann verhängen, oder mit Dampf, Wasser oder einer starken Soda- oder Seitenlösung auskochen. Man kann auch Kaliumpermanganat, Wasserstoffsuperoxyd und Wasserglas, oder Natronlauge von 32° Bé bei 95° C $^{1}/_{2}$ Stunde lang anwenden (D.R.P. 133 456, Kl. 8).

Zur Entfernung der Fettstoffe aus der zu mercerisierenden Ware wird die Lauge mit Äthylalkohol, Methylalkohol, Benzol oder seinen Homologen, Anilinöl, Petroleum, Terpentinöl oder Gemischen überschichtet (D.R.P. 134 449, Kl. 8).

Zur Erhöhung des Glanzes werden vor dem Aufbringen der Lauge die Garne oder Gewebe mit einer Lösung von Konnyaku (Conophallusart) in Wasser unter Zusatz von Alkohol und Glycerin gebracht, um den Flor mechanisch am Faden anzuleimen (D.R.P. 257 609).

Vor dem Mercerisieren werden die Garne mit einer 2 vH Lösung Buchoel, Soda und Seife gekocht und zentrifugiert (D.R.P. 376 541, Kl. 8).

Zur Erhöhung des Glanzes wurde vor dem Mercerisieren das Garn gesengt (D.R.P. 257 609, Kl. 8).

Zur Erzielung von hartem Griff soll man die Faserstoffe vor dem Mercerisieren mit Lauge von 15—40° Bé mit Steifmitteln wie Stärke, Stärkepräparate, Gelatine, Leimsubstanzen u. dgl. vorbehandeln, ausquetschen und laugen (Ö.P. 458).

Fasern, die mit Salpetersäure behandelt werden sollen, werden vorher von Schlichten und Ölen gereinigt (D.R.P. 109 607, Kl. 8).

Vor der Behandlung mit starker Schwefelsäure soll man die Gewebe mit über 30 vH (80—100 vH) Wasser netzen, wobei man Transparent-, Wollen- oder Leineffekte erhält (D.R.P. 431 751, Kl. 8).

Zur Vermeidung der Schrumpfung beim Mercerisieren soll man die Ware zunächst mit Glycerin vorbehandeln und dann mit Lauge von 23—50° Bé (E.P. 27 020/1897).

Vor dem Mercerisieren soll man mit Sodalösung von 7° Bé etwa 2 Stunden abkochen, dann wird zentrifugiert und nur ein Teil des Wassers entfernt (E.P. 14 283/1900).

4*

Baumwollfasern werden zu Vorgespinst verarbeitet in Form von Kardenband, mercerisiert, ausgewaschen, noch feucht versponnen und dann mit Walzen o. dgl. gedehnt (E.P. 12 551/1910).

Vor dem Mercerisieren soll man aus der Baumwolle die fettigen und wachsartigen Stoffe entfernen. Insbesondere zum Entfernen der natürlichen Wachse wird eine Behandlung mit Schwefelkohlenstoff, Petroläther, Benzol, Tetrachlorkohlenstoff vorgeschlagen (E.P. 25 206/1911; vgl. auch D.R.P. 134 449, Kl. 8).

Vor dem Mercerisieren wird die Ware mit Alkalien abgekocht, um die Unreinlichkeiten zu entfernen (E.P. 193 819).

Man kann die Faser zwecks Erhöhung der Aufnahmefähigkeit der Lauge gegenüber mit folgenden Flüssigkeiten vorbehandeln: Alkohol, Holzgeist, Aceton, Äther, Pyridin, Chinolin oder andere heterocyklische Basen (D.R.P. 430 085, Kl. 8).

Man soll beim Mercerisieren mit Alkalisulfiden zur Erhöhung der Netzfähigkeit die Fasern mit folgenden Stoffen vorbehandeln: Äthyl- (Methyl-)Alkohol, sulfurierte oder oxydierte Öle, Benzin, Benzol, Solventnaphtha oder Naphthaöl, Terpentinöl oder Petroleum (Am.P. 621 477).

Vor dem Mercerisieren mit heißer konzentrierter Natronlauge unter Zusatz von Kupferoxydammoniak soll man mit konzentrierter Natronlauge vorbehandeln (Am.P. 682 494).

Vor der Behandlung der Baumwolle mit starken Mineralsäuren soll man mit heißer konzentrierter Natronlauge unter Zusatz von Kupferoxydammoniak vorbehandeln (Am.P. 682 494).

Vor dem Mercerisieren mit Kupferoxydammoniak soll man mit heißer konzentrierter Natronlauge vorbehandeln (Am.P. 682 494).

Vor dem Mercerisieren mit Natronlauge soll man zur Erzielung wollähnlicher Effekte mit Schwefelsäure 49—51° Bé, oder Phosphorsäure von 55—57° Bé, oder Salzsäure vom spez. Gew. 1,19 bei Temperaturen unter 0° C oder mit Salpetersäure von 43—46° Bé oder mit Chlorzinklösung von 66° Bé bei 60—70° C oder mit Schweizers Reagens bei kurzer Einwirkungsdauer behandeln, waschen und dann ohne Streckung mit Natronlauge mercerisieren (Am.P. 1 439 518).

Man soll Baumwolle in Form von fertig geschnittenen Kragen od. dgl. vor der Anwendung einer mit Peroxyd versetzten Natronlauge mit Soda abkochen (Am.P. 1 576 292).

Zur Erzielung einer gleichmäßigen Mercerisation soll die Ware vollkommen trocken in die Lauge hineinkommen (F.P. 469 242).

Um die Netzfähigkeit der Faser zu erhöhen und eine gleichmäßige Mercerisierung zu erreichen, soll man der Baumwolle zunächst wasseranziehende Eigenschaften verleihen und sie dann trocknen, ehe man sie in die Lauge einbringt (F.P. 469 242).

Vor dem Mercerisieren soll die Ware gebäucht und dann mit Seifenlösungen, löslichen Ölen u. dgl. angefeuchtet werden, ehe man sie in das Mercerisierbad einbringt (F.P. 469 242).

Beim Mercerisieren gespannter Baumwolle soll man die Ware trocken oder feucht in das Laugenbad einbringen. Die Ware muß aber vorher gut entfettet werden (D.R.P. 85 564, Kl. 8).

Vor der Behandlung von Gespinsten oder Geweben mit starker Salpetersäure werden sie zunächst von Schlichten und Ölen gereinigt (D.R.P. 109 607, Kl. 8).

Um Baumwolle ein wollähnliches Aussehen zu verleihen, soll man sie in roher, gebleichter oder mercerisierter Form der Einwirkung von Salpetersäure zwischen 65—75 vH oder darüber für längere Zeit unterwerfen (Ö.P. 92 343).

Sofern man Baumwolle in einseitig mit Lauge imprägniertem und aufgewickeltem Zustand mercerisieren will, soll sie vorher entfettet und feucht sein (E.P. 3218/1897).

Man soll zur Erzeugung von Transparenteffekten die Baumwolle vor der Behandlung mit Schwefelsäure unter $50\,^1/_2{}^\circ$ Bé und bei Temperaturen unter -4° C zunächst alkalisch mercerisieren (E.P. 103 432).

Man kann Baumwolle, die man mit Schwefelsäure von wenigstens $50\,^1/_2{}^\circ$ Bé zur Erzielung von Transparenteffekt und hartem Griff behandelt, vorher mercerisieren (E.P. 103 432).

Vor der Behandlung der Baumwolle mit Schwefelsäure von 49,5—50,5° Bé, soll man zur Erzielung von Wolleffekten die Baumwolle mercerisieren (E.P. 103 432).

Man soll zur Erzeugung von Wolleffekten auf Baumwolle diese zunächst mit oder ohne Streckung mit Natronlauge mercerisieren und dann mit Schwefelsäure von etwa $50\,^1/_2{}^\circ$ Bé nachbehandeln (Am.P. 1 392 264).

Bevor man Baumwolle mit Salpetersäure von nicht unter 65 vH behandelt, soll man sie mit wässerigen Lösungen oder Kleistern der hochmolekularen Kohlehydrate, insbesondere Stärke oder Stärkeprodukte imprägnieren und dann trocknen (D.R.P. 392 655).

Um auf Baumwolle weiche Transparenteffekte zu gewinnen, soll man sie mit Schwefelsäure behandeln, der man Ammoniumsulfat zugesetzt hat. Die Baumwolle muß vorteilhaft vorher gut gebleicht und mercerisiert sein (E.P. 195 620).

Bevor man Gewebe zur Erzielung von Crêpe- oder Transparenteffekten mit Schwefelsäure unter Zusatz von Formaldehyd behandelt, soll man sie mechanisch durch Kalandern oder Schreinern vorbehandeln, auch mit Schlichten oder Füllstoffen füllen bzw. mercerisieren (E.P. 200 881).

Bevor man Gewebe aus Baumwolle mit pergamentierend wirkenden Mitteln, z. B. Schwefelsäure 64,26 vH, behandelt, soll die Ware heiß geprägt oder kalandert werden (E.P. 230 530).

Man soll das Gewebe vor der Einwirkung einer Schwefelsäure von 53—53,5° Bé zwecks Erzielung von Leineneffekten mit 1 vH Sodalösung abkochen, chloren und dann trocknen (E.P. 232 451).

Bevor man Baumwolle zur Erzeugung von Wolleffekten mit einer Mischung von Schwefelsäure und Salzsäure behandelt, soll man sie abkochen, bleichen, trocknen, mercerisieren und wiederum trocknen, oder mercerisieren, abkochen, bleichen und trocknen. Überdies empfiehlt sich die Entfernung der natürlichen Gummi- und Wachsstoffe und der Webeschlichten von der Faser (Am.P. 1 518 931).

Bevor man Baumwolle zur Erzeugung von Transparenteffekten mit einer Mischung von Schwefelsäure und Salzsäure behandelt, soll man sie abkochen, bleichen, trocknen, mercerisieren und wiederum trocknen, oder mercerisieren, abkochen, bleichen und trocknen. Außerdem empfiehlt sich die Entfernung der natürlichen Pflanzengummi- und Wachsstoffe und der Webeschlichte von der Faser (Am.P. 1 519 376).

Bevor die Baumwolle zur Erzeugung von Transparent- und Wolleffekten mit einer Mischung von Schwefelsäure und Salpetersäure behandelt wird, soll man sie bleichen oder mercerisieren (F.P. 516 650).

Vor dem Behandeln von Baumwolle mit Schwefelsäure zwischen 40—51° Bé soll man bleichen (F.P. 519 745).

Zur Herstellung von Pergamenteffekten auf Baumwolle mit Schwefelsäure über 51° Bé soll man gebleichte Ware anwenden (F.P. 519 745).

Vor der Einwirkung von Schwefelsäure zwischen 50—60° Bé unter Zusatz von Glycerin, soll man die Gewebe bleichen oder mercerisieren (F.P. 519 745).

Vor der Behandlung der Baumwolle zur Erzeugung von Transparenteffekten mit Hilfe von Schwefelsäure, die mit Alkohol u. dgl. versetzt ist, soll man die Ware bleichen oder mercerisieren (F.P. 551 443).

Die Einwirkung von Schwefelsäure unter 51° Bé wird viel intensiver und verleiht der Baumwolle neue Eigenschaften, wenn man sie vorher mercerisiert und zweckmäßig auch bleicht. Man erhält keine Transparenz, sondern weiche Wolleffekte (D.R.P. 290 444).

Zur Herstellung von wollähnlicher Baumwolle soll man sie zunächst mit Schwefelsäure von 49—51° Bé behandeln, waschen und dann ohne Spannung mercerisieren (D.R.P. 294 571).

Um hochtransparente seidenglänzende Effekte auf Baumwolle zu erzielen, behandelt man die Baumwolle vor dem Mercerisieren zunächst mit einer Schwefelsäure von 49—50$^1/_2$° Bé 1—3 Minuten und nach dem Trocknen mit einer solchen von 52—54° Bé vor (D.R.P. 360 326).

Bei der Behandlung von Baumwolle zunächst zweimal mit Schwefelsäure steigender Konzentration und dann mit Lauge, kommt die Ware naß in das Laugenbad (D.R.P. 360 326, Kl. 8).

Bei der Behandlung von Baumwollgeweben aus Garnen, deren Feinheit die englische Garnnummer 80 nicht übersteigt, unter Anwendung der Kaltmercerisation nach D.R.P. 340 824, soll man zur Erzielung von erhöhten Leineneffekten mit Schwefelsäure von über 50$^1/_2$° Bé vorbehandeln (D.R.P. 391 490).

Um Transparenz-, Woll- oder Leineneffekte auf Baumwolle zu erhalten, soll man vor der Mercerisation die mindestens 30 vH Wasser enthaltende, mit Schwefelsäure oder anderen zur Mercerisierung geeigneten anorganischen Säuren behandeln (D.R.P. 431 751).

Um aus Garnen oder Geweben aus Baumwolle, deren Feinheit die englische Garnnummer 60 nicht übersteigt, leinenähnliche Produkte herzustellen, soll man sie vor der Mercerisation unter Spannung mit Schwefelsäure von 49—50$^1/_2$° Bé bei etwa 0 bis 5° C vorbehandeln und waschen (D.R.P. 433 982).

Bevor man Baumwolle zur Erzeugung von alkalibeständigen Wolleffekten mit Salpetersäure behandelt und hierauf denitriert, soll man sie der bekannten alkalischen Mercerisation unterwerfen (D.R.P. 444 189, Kl. 8).

Vor der Einwirkung eines heißen Gemisches von starker Natronlauge und Kupferoxydammoniak soll das Gewebe gut gesengt und 2 Stunden in einem Sodabad von 7° Bé abgekocht werden, dann wird ausgewrungen, zentrifugiert und naß in das Mercerisationsbad eingegangen (E.P. 14 283/1900).

Vor der Behandlung von kurzstapeliger Baumwolle zur Erzeugung von Seidenglanz auch mit Hilfe von conc. Salpetersäure von 35° Bé bei 5° C soll man das Gewebe vorher heiß mit einem Gemisch von Natronlauge von 45° Bé und starkem Kupferoxydammoniak vorbehandeln (E.P. 14 283/1900).

Um unter Anwendung von Schwefelsäure zwischen 50—52° Bé und bei einer nur sekundenlangen Einwirkung auf die Faser Leineneffekte zu erzielen, soll man das Gewebe vorher mercerisieren (E.P. 213 353).

Vor der Behandlung der Baumwolle mit Schwefelsäure von 51—53° Bé soll man sie durch Abkochen von allen Unreinlichkeiten befreien, bleichen und trocknen (Am.P. 1 616 749).

Um bei der Behandlung von Baumwolle mit Chlorzinklösung keine Sandpapiereffekte, sondern weiche Transparenzeffekte zu erhalten, soll man sie vor der Behandlung mit Chlorzinklösung mercerisieren (E.P. 225 680).

Vor der Behandlung von gemischten oder mit Reserven bedruckten baumwollenen Geweben zwecks Herstellung von Crêpeeffekten mit Hilfe von Natronlauge, soll man das Gewebe ausspannen (D.R.P. 30 966).

Bei dem Aufbringen von Ätznatronlösung von 15—32° Bé bzw. von Schwefelsäure von 49,5—55,5° Bé. in gespanntem Zustand zwecks Beeinflussung der Farbaufnahmefähigkeit, soll die Baumwolle vorher gut entfettet und in etwas feuchtem Zustand sein. Man kann aber die Stoffe entweder trocken oder feucht mit Lauge behandeln (D.R.P. 85 564).

Wenn man zur Erzielung von Crêpeeffekten auf Baumwolle Natronlauge von 30—50° Bé, auch verdickt mit einer Druckmaschine aufbringt, so kann das Gewebe roh, weiß, glatt mordanciert, glatt gefärbt oder vorher bedruckt sein (D.R.P. 89 977, Kl. 8).

Beim Mercerisieren von Wolle oder Seide mit Natronlauge über 36° Bé oder mit Natronlauge beliebiger Konzentration unter Zusatz von 25—100 vH Glycerin soll man mit der trockenen Ware in das Bad eingehen (D.R.P. 113 205, Kl. 8).

Zur Erzeugung von Seidenglanz soll man möglichst Garne aus Makobaumwolle nehmen, die aus langfaseriger, gekämmter, nicht gekardeter Baumwolle gesponnen sind und nicht zu harte Drehung haben[1].

Man kann Baumwollstränge ohne Spannung feucht in einer Lauge von 10—12° Bé $^1/_4$—$^1/_2$ Stunde bei 15—20° C mercerisieren; falls sie trocken und ungekocht sind bei 20—30° C[2].

Garne, die unter Spannung mercerisiert werden sollen, werden vorher gesengt oder gasiert und mit Sodalösung oder schwacher Natronlauge abgekocht, gespült und geschleudert. An Stelle des Auskochens kann man die Garne mit 2—3 vH Türkischrotöl netzen. Das Nichtabkochen verschmutzt die Natronlauge[3].

Zum Mercerisieren werden die feuchten, ausgekochten oder genetzten Garne, die nur mäßig feucht sein sollen, genommen, die vor dem Mercerisieren zentrifugiert wurden[4].

---

[1] Gardner: Mercerisation 1912. S. 87.　[2] ebenda S. 90.
[3] ebenda S. 91.　[4] ebenda S. 92.

Zur Mercerisierung von Geweben unter Spannung benutzt man zunächst Ware aus reiner Makobaumwolle, dann auch Artikel aus amerikanischer Baumwolle, auf denen durch Appreturen gute Effekte erzielt wurden[1].

Beim Mercerisieren von Geweben unter Spannung kann man die Ware gleich nach dem Sengen mercerisieren oder die gesengte Ware in normaler Weise vorkochen, trocknen und mercerisieren, oder die gesengte Ware im Jigger oder Foulard mit Diastafor behandeln und dann mercerisieren[2].

Für schwarze Ware ist es nicht üblich, die Waren nach dem Entschlichten zu reinigen, andererseits ist es in vielen Betrieben Gebrauch, mit der trockenen, ungereinigten Ware in die Mercerisierlauge einzugehen[3].

Man soll Gewebe vor der Mercerisation auf Überbreite recken[4].

Beim Mercerisieren von Geweben soll man entschlichtete und gereinigte und noch nasse Ware in die Lauge einbringen[5].

Beim Mercerisieren von Geweben unter Spannung soll man mäßig feuchtes Gewebe in die Lauge einbringen[6].

Rohware wird selten direkt mercerisiert, sondern die Ware wird fast allgemein vorher gewaschen. Zur Vermeidung von Erwärmungen wird die Ware vor dem Mercerisieren getrocknet[7].

Mercerisieren von Rohbaumwolle mit oder ohne Spannung (Hall, Botton-Cellulose 1924, S. 71, 72, 80).

Man kann Rohfaser zur Mercerisation anwenden, wenn man Mischungen aus Natronlauge, Phenolen und eventuell Oxydationsmittel auf Baumwolle einwirken läßt (E.P. 252 360).

V. Das Aufbringen der Lauge.

Es ist bereits im Vorwort auf die Gründe hingewiesen worden, die zu einer Begrenzung des räumlichen Inhaltes dieses Buches geführt haben, das sich in erster Linie nur mit chemischen Fragen befassen soll. Aus diesem Grunde sind in diesem Kapitel nur solche Maßnahmen zum Aufbringen von Lauge berücksichtigt, die sich zwanglos als zweckmäßige Ausführungsformen eines chemischen Verfahrens ergeben. Dagegen sind solche Maßnahmen, zum Aufbringen von Lauge für die besondere apparative Einrichtungen erforderlich sind und die als solche ohne ein bestimmtes chemisches Verfahren Gegenstand einer Erfindung sind, nicht berücksichtigt.

---

[1] Gardner: Mercerisation 1912. S. 106.   [2] ebenda S. 106.
[3] Herzinger: Veredelung der Baumwollfaser 1926. S. 18.
[4] ebenda S. 18.   [5] ebenda S. 19.   [6] ebenda S. 21.   [7] ebenda S. 94.

Man soll die Natronlauge mit Hilfe einer Grundiermaschine aufbringen (E.P. 13 296/1850).

Zum Aufbringen der Lauge kann man einen Bottich mit Walzen benutzen, wobei die letzten beiden Walzen zum Ausquetschen der Lauge bestimmt sind (E.P. 13 296/1850).

Man bringt die Lauge durch Pflatschen, Eintauchen od. dgl. auf (E.P. 13 296/1850).

Die Ware wird in die Lauge eingetaucht, oder mit der Lauge gesättigt, oder durchgezogen (E.P. 20 314/1889).

Baumwollene Gewebe oder Ketten werden in kontinuierlichem Verfahren behandelt, d. h. man läßt sie langsam durch die Lauge laufen, dann kommen sie unter Quetschwalzen oder eine Wringeinrichtung, die den größten Teil des Bades mechanisch entfernen, und gelangen dann in die Waschvorrichtung (E.P. 20 314/1889 und E.P. 4452/1890).

Kontinuierliches Verfahren für Garne unter Anwendung von Schwefelsäure oder Chlorzink. Eine Reihe von Gefäßen mit Leitwalzen und Walzen zum Aufwickeln (D.R.P. 21 380, Kl. 8).

Bei der Herstellung von Crêpeeffekten auf gemischten Geweben soll man das Gewebe durch die konzentrierte Lauge hindurchziehen oder verdickte Ätznatronlösung auf das Gewebe auftragen (D.R.P. 30 966, Kl. 8).

Aufbringen von Laugen oder Säuren auf Garne in Form von Strähnen, Bobinen oder Bündeln (D.R.P. 37 658, Kl. 8).

Einbringen von Laugen und Säuren in die Ware unter Anwendung von Luftleere (D.R.P. 37 658, Kl. 8).

Das Aufbringen der Schwefelsäure geschieht zweckmäßig zwischen zwei Walzen mit veränderlichem Druck, die in die Säure eintauchen (D.R.P. 64 457, Kl. 8).

Beim Mercerisieren läßt man die Stückware auf einer Klotzmaschine, Crêpemaschine oder einem Jigger durch die Natronlauge laufen, quetscht die überschüssige Lauge aus und bringt auf eine Spannmaschine (D.R.P. 97 664, Kl. 8).

Die Lauge wird während des Zentrifugierens durch ein im Innern der Trommel befindliches Rohr aufgebracht (Schweiz.P. 14 078).

Man kann die Lauge auf das Gewebe mit Hilfe eines Drucktuches aufbringen, das aus beliebigem vegetabilischem oder animalischem Stoff oder aus Metall besteht. Das Drucktuch wird in das zu mercerisierende Gewebe eingewickelt (D.R.P. 114 192, Kl. 8).

Das Aufbringen der Laugen oder Säuren erfolgt durch Aufspritzen oder Durchführen (D.R.P. 128 284, Kl. 8).

Nach dem Mercerisieren von Vorgespinst wird die Lauge mit Hilfe von kochendem Wasser und Dampf ausgewaschen (Ö.P. 94 199).

Das Aufbringen der Lauge erfolgt bei Geweben, die auf einem perforierten Hohlzylinder aufgewickelt sind, durch Hindurchpressen von innen heraus (E.P. 16 840/1896).

Das Aufbringen der Lauge auf Garne auf der Haspel erfolgt von innen auf einer Zentrifuge (E.P. 7093/1897).

Das Aufbringen der Lauge in die gespannte Ware erfolgt unter Anwendung der Luftleere (E.P. 26 247/1897).

Zum Aufbringen der Lauge bedient man sich eines Haspels (E.P. 7688/1898).

Das Aufbringen der Lauge mit Klotz- oder Pflatschmaschine (D.R.P. 117 733, Kl. 8).

Aufbringen der Lauge, Abschleudern des Überschusses in einer Zentrifuge (E.P. 120 576, Kl. 8).

Einseitiges Aufbringen von Lauge unter 0° C auf baumwollene Stückware, Halbwolle u. dgl. ohne Einschrumpfen, mit einer Mercerisier- und Gummiwalze (D.R.P. 131 134, Kl. 8).

Die Lauge wird durch die Ware im Kreisprozeß hindurchgesaugt (E.P. 10 246/1898).

Das Aufbringen der Lauge auf Garne geschieht, nachdem sie auf eine durchlöcherte Trommel aufgewickelt worden sind (E.P. 25 163/1902).

Das Aufbringen der Lauge auf lose Faser wird in einer doppelwandigen Zentrifuge ausgeführt (E.P. 4528/1907).

Das Aufbringen der Lauge auf aufgespulte Fäden erfolgt mit der Zentrifuge (E.P. 243 380).

Man bringt die Lauge auf die Fasern in einem geschlossenen Kessel zunächst unter Vakuum, dann unter Druck. Wärme begünstigt das Eindringen (E.P. 131 212).

Das Aufbringen der Lauge von 30—50° Bé geschieht durch Passieren, dann wird der Überschuß der Lauge zwischen Walzen ausgedrückt (D.R.P. 83 314, Kl. 8).

Die Lauge wird beim Mercerisieren von Vorgespinst zweckmäßig durch die Fasern durchgesaugt oder durchgepreßt (E.P. 12 551/1910).

Um Baumwollgarne zur Erhöhung der Zerreißfestigkeit mit starker Schwefelsäure zu behandeln, werden sie mit Hilfe von Leitwalzen durch mit Säure gefüllte Behälter in bestimmter Tiefe durchgeführt (D.R.P. 21 380, Kl. 8).

Das Aufbringen der Lauge erfolgt auf die breitgespannten Stoffe durch Aufgießen (D.R.P. 85 564, Kl. 8).

Zum Aufbringen von starker Salpetersäure auf Gespinste oder Gewebe werden sie auf Walzen aus Aluminium oder Porzellan gewickelt (D.R.P. 109 607, Kl. 8).

Das Aufbringen von Salpetersäure zwischen 65—75 vH und darüber geschieht durch Eintauchen in die Säure, in der das Gewebe ohne Spannung schwimmt (Ö.P. 92 343).

Das Aufbringen der Lauge geschieht einseitig durch Aufsprühen ohne Anwendung eines Überschusses und unter Aufwickeln auf eine Walze (E.P. 3218/1897).

Das lokale Aufbringen der Schwefelsäure von 70—80 vH zwecks Erzielung von Kantenschutz an Kragen erfolgt unter Durchpressen oder Durchsaugen der Schwefelsäure (E.P. 219 085).

Die zur Behandlung von Geweben zwecks Versteifung gebrauchte Schwefelsäure von 70—80 vH wird durch mechanische Kraft durch das Gewebe hindurchgepreßt. Dauer der Behandlung 1 Minute (E.P. 245 485).

Zur Erzielung von Leineneffekten auf Baumwolle soll man Schwefelsäure von 53—53,5° Bé anwenden, die man durch Druckapparat und eine Waschmaschine auf das Gewebe aufbringt (E.P. 232 451).

Das Aufbringen von Schwefelsäure unter Zusatz von Alkohol u. dgl. zur Erzeugung von Pergamenteffekten erfolgt im kontinuierlichen Betrieb mit einer Foulardiermaschine, die mit Heiz- und Kühleinrichtungen versehen ist und mit Einrichtungen zum Wiedergewinnen der Säure und Waschen mit fließendem Wasser gekuppelt ist (F.P. 551 413).

Bei der Erzeugung von Crêpeeffekten auf gemischten Geweben wird das Gewebe durch konzentrierte Natronlauge (30—50° Bé) passiert, der Überschuß der Lauge zwischen Walzen ausgedrückt und einige Zeit verhängt (D.R.P. 83 314, Kl. 8).

VI. Behandlung der Faser während und nach der Mercerisierung.

Auch für dieses Kapitel gelten die Einschränkungen, die am Eingang des Kapitels V näher ausgeführt worden sind. Es sind also diejenigen Behandlungsmethoden, die für sich genommen ein abgeschlossenes Verfahren bilden, oder die in ihrer Ausführung bestimmte apparative Einrichtungen erfordern, nicht in diese Zusammenstellung aufgenommen worden.

Man soll während oder gleich nach der Mercerisation die Ware strecken, um das Eingehen derselben zu verhüten (E.P. 4452/1890).

Die Streckung soll beim Waschen, Berieseln usw. fortgesetzt werden, so lange bis die Cellulose unbildsam geworden ist (E.P. 4452/1890).

Starkes Strecken nach dem Mercerisieren mittels hydraulischem Hebeldruck bis zur Erreichung der ursprünglichen Länge oder darüber hinaus. Weiteres Ausrecken während des Auswaschens (D.R.P. 97 664, Kl. 8).

Während der Mercerisation des Stranggarnes wird zentrifugiert (Schweiz.P. 14 078).

Nach dem Mercerisieren läuft die abgequetschte Ware zwischen zwei kannelierten, eventuell mit elastischem Belag versehenen Walzen hindurch, wobei durch die Knetwirkung die Spannung im Gewebe aufgehoben wird (Ö.P. 778).

Das zu mercerisierende Gewebe ist um einen Zylinder gewickelt (D.R.P. 111 370, Kl. 8).

Zur Ausführung einer kontinuierlichen Mercerisation unter Spannung wird die mit Natronlauge getränkte, straff gehaltene Ware über einen sich drehenden Zylinder mit großem Querschnitt und zweckmäßig rauher Oberfläche geführt und vor dem Verlassen durch Spritzröhren gewaschen (D.R.P. 111 370, Kl. 8).

Statt starrer Spannung wird elastische Spannung angewendet (D.R.P. 127 161, Kl. 8).

Während der Mercerisierung erfolgt rollende Pressung bzw. rollender Druck (D.R.P. 128 284, Kl. 8).

Das Mercerisieren erfolgt bei auf Hohlwalzen aufgespannter Ware unter rollendem Druck (E.P. 16 840/1896).

Die Ware ist während der Mercerisation in aufgerolltem Zustand (E.P. 3218/1897).

Rollen der Fäden beim Mercerisieren, um das Schrumpfen zu vermeiden (E.P. 14 201/1897).

Die Mercerisation erfolgt unter Druck, wobei das Gewebe mit Lauge getränkt wird, während es auf eine Walze aufgerollt wird, gegen die sich eine zweite Walze anpreßt, die mit Hebeln und Gegengewichten versehen ist (D.R.P. 117 733, Kl. 8).

Beim einseitigen Mercerisieren verhindert der Druck einer Gummiwalze das Eingehen der Ware (D.R.P. 131 134, Kl. 8).

Die Mercerisationslauge wird durch die Ware hindurchgesaugt (E.P. 10 246/1898).

Die Mercerisation von losen Fasern wird in einer Zentrifuge mit durchlochten Wandungen ausgeführt (E.P. 4528/1907).

Nach dem Mercerisieren aufgespulter Fäden wird zentrifugiert (E.P. 243 380).

Die als vorläufiges Gespinst verarbeitete mercerisierte Ware wird nach der Mercerisation in den Faserzustand zurückgeführt und nochmals versponnen (Ö.P. 9037).

Das Strecken von Baumwolle, die mit starker Schwefelsäure behandelt worden ist, läßt sich praktisch kaum durchführen (D.R.P. 129 883, Kl. 8).

Bei der Behandlung von Baumwolle mit Lauge unter Zusatz von British Gum, löslichem Wasserglas oder Natriumaluminat soll man zur Vermeidung des Eingehens rollenden Druck anwenden (E.P. 11 313/1897).

Nach dem Mercerisieren wird der Ware der krachende Seidengriff durch Behandlung mit Seifenlösung und hierauf folgend mit Essig-, Schwefel-, Ameisen-, Milch- oder Borsäure verliehen; zur Erhöhung des Griffes soll die so behandelte Ware noch durch einen Kalander für Seidenfinish durchgeleitet werden (E.P. 21 940/1913).

Die Behandlung der Ware in einem Gemisch von starker Natronlauge und Kupferoxydammoniak erfolgt in gespanntem Zustand (Am.P. 682 494).

Nach dem Mercerisieren mit heißer konzentrierter Natronlauge unter Zusatz von Kupferoxydammoniak soll man mit kalten konzentrierten Säuren nachbehandeln (Am.P. 682 494).

Man soll gemischte Gewebe aus Baumwolle und Viscoseseide mit einem Gemisch von 943 g Natronlauge von 27,2 vH NaOH und 57 g Formaldehyd unter Spannung mercerisieren (Am.P. 1 343 138).

Man soll gemischte Gewebe aus Baumwolle und Viscoseseide mit einem Gemisch von 950 g Natronlauge von 27,2 vH NaOH und 50 g Phenol unter Spannung mercerisieren (Am.P. 1 343 139).

Man soll gemischte Gewebe aus Baumwolle und Viscoseseide mit einem Gemisch von 865 g Natronlauge von 29,6 vH NaOH und 135 g Glycerin unter Spannung mercerisieren (Am.P. 1346802).

Man soll gemischte Gewebe aus Baumwolle und Viscoseseide mit einem Gemisch von 819 g Natronlauge von 32 vH NaOH und 181 g Monoacetin unter Spannung mercerisieren (Am.P. 1 346 803).

Zur Erzeugung von Wolleffekten auf Baumwolle soll man nach dem Mercerisieren vorteilhaft bleichen und dann mit einer Lösung von Chlorzink von 66° Bé bei einer Temperatur von 60—70° C behandeln (Am.P. 1 439 516).

Während der Mercerisation mit Hilfe von Alkalien oder Säuren findet rollender Druck statt, worauf die Ware auf eine Walze aufgewickelt wird (D.R.P. 128 284, Kl. 8).

Die Ware wird zwecks Mercerisation einseitig mit Natronlauge besprüht und auf eine Walze aufgewickelt, auf der sie etwa 12 Stunden verbleibt (E.P. 3218/1897).

Baumwollene Waren, die mit Schwefelsäure von 52—60° Bé während 1—50 Minuten behandelt worden sind, werden mit Natronlauge von 8—15° Bé während 10—15 Minuten, dann mit 3 vH Boraxlösung und schließlich mit Weichmachungsmitteln, wie Glycerin, Calciumchlorid, Glukose oder Seife nachbehandelt (E.P. 144 083).

Gewebe, die mit Schwefelsäure von 70—80 vH etwa 1 Minute behandelt und dann ausgewaschen bzw. neutralisiert wurden, werden mit Aluminiumacetat und Seife nachbehandelt (E.P. 245 485).

Zur Erzeugung von Wolleffekten wird Baumwolle zunächst mit Schwefelsäure von etwa 50,5° Bé behandelt, gewaschen und dann ohne Strecken alkalisch mercerisiert (Am.P. 1 392 264).

Man kann Baumwolle, die man mit einer Lösung von Zellstoff in einer Salpetersäure von nicht unter 65 vH behandelt und dann ausgewaschen hat, denitrieren (D.R.P. 389 547).

Bei der Behandlung von Baumwolle mit Lösungen von Zellstoff in Salpetersäure von nicht unter 65 vH soll man das Auswaschen der mit dieser Lösung getränkten Faser nicht mit Wasser sondern mit etwa 10 vH Lösungen von Säuren, Basen oder Salzen vornehmen (D.R.P. 392 122).

Zur Erhöhung der Transparenz und Weichheit von Baumwolle, die mit Schwefelsäure unter Zusatz von Ammoniumsulfat behandelt worden ist, soll man mercerisieren, auswaschen und unter Spannung trocknen (E.P. 195 620).

Nach dem Behandeln von Baumwolle mit Salpetersäure (Wollen- und Leineneffekte) soll man waschen und dann mit unverdünntem oder verdünntem Pyridin od. dgl., auch unter Zusatz von Ammoniak nachbehandeln (E.P. 221 516).

Bei der Erzeugung von Crêpe- oder Transparenzeffekten durch Einwirkung von Schwefelsäure unter Zusatz von Formaldehyd oder Derivaten soll man hinterher mercerisieren und mechanisch durch Schreinern, Kalandern u. dgl. nachbehandeln (E.P. 200 881).

Baumwollene Gewebe, die zuerst heiß gepreßt oder kalandert und dann mit pergamentierend wirkenden Mitteln, z. B. Schwefelsäure über 64,26 vH behandelt worden sind, soll man zur Erreichung eines weichen Griffs mit verdünnter Schwefelsäure von 59,70—64,67 vH nachbehandeln. Man kann auch das Gewebe zuerst pergamentieren, dann pressen und zum Schluß mit verdünnter Schwefelsäure nachbehandeln (E.P. 230 530).

Zur Erzielung von Leineneffekten soll man nach der Behandlung mit Schwefelsäure von 53—53,5° Bé auswaschen, unter Spannung trocknen und mercerisieren (E.P. 232 451).

Baumwolle, die man zur Erzielung von Woll- oder Transparenzeffekten mit Mischungen von Schwefelsäure und Salzsäure behandelt hat, soll man hinterher mercerisieren (Am.P. 1 518 931 und Am.P. 1 519 376).

Bei der Behandlung von Geweben mit einer Mischung von gleichen Teilen konz. Schwefelsäure und Eisessig kann man unter Spannung arbeiten und nach dem Auswaschen trocknen, pressen und kalandern (Am.P. 1 546 211).

Nach der Behandlung von Baumwolle mit einer Mischung von Schwefelsäure und Salpetersäure zur Erzielung von Transparenz und Wolleffekten soll man stark spannen und gegebenenfalls mercerisieren (F.P. 516 650).

Nach der Kaltmercerisation (D.R.P. 340 824) von Baumwollgeweben, deren Garne die englische Garnnummer 80 nicht übersteigen, und die hierbei Leineneffekte liefern, soll man zur Erhöhung des Effekts mit Schwefelsäure von über $50\,^1/_2\,°$ Bé nachbehandeln (D.R.P. 391 490).

Bei der Behandlung von Baumwollgeweben mit Schwefelsäure von spez. Gew. 1,530—1,535, in welche die mindestens 30 vH Wasser enthaltende Ware eingetaucht wird, soll man zur Erzielung möglichst weicher Wolleffekte hinterher mercerisieren (D.R.P. 431 751).

Vor der Behandlung der Baumwolle mit einer zur Mercerisation zu schwachen Lauge von 15—22° Bé bei 30—35° C soll man die Faser zunächst etwa 2 Minuten mit Schwefelsäure von 51—53° Bé bei 14—16° C vorbehandeln, waschen und trocknen. Zweck ist die Erzielung von Wolleffekten (Am.P. 1 616 749).

Durch die Behandlung von baumwollenen Geweben mit Chlorzinklösung erhält man Sandpapiereffekte, die in weiche Transparenzeffekte übergehen, wenn man die Ware einer alkalischen Mercerisation unterzieht (E.P. 225 680).

Wollgarn, das man in Strangform mit einer starken Lösung von Bisulfit behandelt, wird dieser Behandlung unter Spannung ausgesetzt (D.R.P. 233 210, Kl. 8).

Zur Erzielung eines möglichst hohen Glanzes soll während der Natronlaugebehandlung eine möglichst hohe Spannung angewendet werden[1].

Die Mercerisation von Geweben unter Spannung erfolgt im Mercerisierfoulard unter sehr starkem Druck mit einer Natronlauge von 30° Bé. Das schwere Gewebe passiert den Foulard, wird aufgerollt, bleibt einige Stunden so liegen, wird nochmals foulardiert und kommt dann auf Spannrahmen. Das schwere

---

[1] Gardner: Mercerisation 1912. S. 89.

Gewebe kann auch zwei nebeneinander stehende Foulards passieren und dann direkt auf den Spannrahmen gehen. Bei leichten Geweben passiert es ein dreiwalziges Foulard und geht dann direkt auf den Spannrahmen[1].

Nach dem Mercerisieren unter Spannung werden Gewebe für helle Nuancen entweder noch ausgekocht oder ausgekocht und gebleicht. Zum Auskochen benutzt man natronlaugehaltige Spülflotte von 2° Bé und läßt 4 Stunden unter Druck kochen, dann wird abgesäuert oder erst gebleicht, abgesäuert und gespült[2].

Die Laugenbehandlung unter rollendem Druck geschieht in der Weise, daß man die Ware auf einer Art von Padding- oder Krabbmaschine mit Lauge tränkt und sie sodann entweder ohne die Lauge daraus zu entfernen oder die laugenfreie Ware der Spannung aussetzt[3].

Beim Mercerisieren von feinen Geweben, Strick- und Wirkwaren, Spitzen u. dgl. wird das Mercerisiergut in Sand eingebettet und in dieser Weise fixiert der Mercerisierung unterworfen[4].

Zur Erhöhung der Quelleffekte bei der Mercerisation ohne Schädigung der Faser soll man zum Mercerisieren gekühlte Lauge verwenden, und die Streckung unter Kühlung der Ware durch Kühlwalzen oder Kühlflächen vornehmen, worauf unter Spannung heiß ausgewaschen wird (E.P. 262 154).

Bei der Mercerisation mit gekühlter Lauge und Streckung unter Kühlung soll man die Fixierung der gestreckten Ware durch trockene Hitze bewirken (E.P. 267 470).

Nach der Behandlung baumwollener Gewebe mit Schwefelsäure von 66,53 vH soll man nach dem Auswaschen bzw. Neutralisieren und Auswaschen kalandern, um die Poren des Gewebes zu schließen (E.P. 22 566/1892).

Nach dem Hydratisieren von Baumwolle mit starker Schwefelsäure oder Natronlauge bei niedriger Temperatur und nach erfolgtem Auswaschen soll man am Spannrahmen trocknen (E.P. 18 119/1890).

VII. Die zur Mercerisation verwendeten Agenzien, ihre Temperatur, Zusammensetzung, Konzentration, Dauer der Einwirkung usw.

Es werden in Parnell, Life and Labours of John Mercer, 1886, S. 178, vorgeschlagen, zur Erreichung von Mercerisiereffekten Natronlaugen von 22,3—27 vH NaOH zu verwenden.

---

[1] Gardner: Mercerisation 1912. S. 107.   [2] ebenda S. 108.
[3] Herzinger: Veredelung der Baumwollfaser 1926. S. 21.
[4] ebenda S. 120/122.

Empfohlen wird auch der Zusatz von zinnsaurem Natrium zu den Mercerisierlaugen[1].

Auch sehr starke Lösungen von Soda in der Hitze sollen gegenüber Baumwolle ohne jede Wirkung sein[2].

Für die Mercerisation baumwollener Gewebe wird bei gewöhnlicher Temperatur eine Konzentration von 20,15—24,6 vH NaOH empfohlen[3].

Natronlauge von 4,3 vH soll selbst in 42 Stunden nur eine sehr geringe Änderung der Baumwolle bewirken[4].

Auch Natronlauge von 29,3 vH wird durch den Mercerisierprozeß stark geschwächt. Um demnach die Lauge auf etwa 20,15° vH zu halten, muß man mit einer Lauge von 27 vH anfangen[5].

Die Einwirkung der Lauge soll bei höheren Temperaturen geringer sein als bei niedrigen. Bei Kochtemperatur soll der angestrebte Effekt nicht erreicht werden[6].

Nach Mercer soll die beste Temperatur zur Behandlung bei 15,5° C liegen. Bei niedrigeren Temperaturen werden die Gewebe leicht steifer und härter[7].

Auswaschen mit verdünnter Lauge von 8,78 vH soll den Mercerisiereffekt verschwinden lassen, sofern mit einer Lauge mercerisiert wurde, die unter 22,3 vH NaOH lag[8].

Für die Herstellung von Crêpeeffekten soll man bessere Resultate mit einer Lauge von 27 vH als von 31,5 vH NaOH erreichen. Dagegen nimmt man zur Erhöhung der Farbaufnahmefähigkeit besser eine Natronlauge von 31,5 vH[9].

Dünne Schwefelsäure führt ebenso wie starke leicht zu einer Zerstörung der Faser. Es wird empfohlen, Schwefelsäure von 61,59—70,85 vH bei gewöhnlicher Temperatur nur wenige Minuten anzuwenden. Für die Erhöhung der Farbaufnahmefähigkeit soll man eine Schwefelsäure von 63,43 vH bei einer Temperatur von 10—15,55° C benutzen und zwar 1 Minute unter Führung durch Leitwalzen[10].

Schwefelsäure von 61,59 vH soll nur eine sehr geringe Wirkung haben[11].

Schwefelsäure von 64,26 vH bei 10° C angewandt, gibt nach dem Waschen und Trocknen ein Produkt wie Handschuhleder, das auf den ursprünglichen Umfang ausgereckt werden kann. Schwefelsäure von 66,09—66,53 vH liefert ein steifes, weißes Pro-

---

[1] Parnell: 1886. S. 178/179.   [2] ebenda S. 183.
[3] Parnell: 1886. S. 183.   [4] ebenda S. 183.   [5] ebenda S. 183.
[6] ebenda S. 184.   [7] ebenda S. 184.   [8] ebenda S. 183.
[9] ebenda S. 189.   [10] ebenda S. 196.   [11] ebenda S. 196.

dukt. Mit Schwefelsäure von 66,95—70,85 vH bei 10° C wird das Gewebe halbdurchscheinend[1].

Schwefelsäure von nicht mehr als 66,53 vH verwandelt Papier in eine schleimige Masse; stärkere Säure in eine zarte zusammenhängende Masse. Bei noch stärkerer Einwirkung entsteht Dextrin[2].

Zum Mercerisieren kann man auch starke Lösungen von Zinkchlorid (200° Tw) bei 37,78° C oder höher anwenden. Die Lösung soll $2^1/_2$ Äquivalente Wasser auf 1 Äquivalent Chlorzink enthalten. Zinknitrat ist ohne Einwirkung[3].

Starke Lösungen von Chlorcalcium sollen bei Kochtemperatur eine geringe Einwirkung auf Baumwolle haben. Verwendbar sind auch Mischungen von Zink- und Calciumchlorid, Arsensäure, Phosphorsäure und Zinntetrachlorid in der Hitze[4].

Die Wirkung der Natronlauge soll durch Auflösen von Zinkoxyd stark erhöht werden. Die Wirkung soll nur in der Kälte und nicht in der Hitze eintreten[5].

Zur Erzielung von durchscheinenden Produkten aus Papier oder baumwollenen Geweben soll man sie nur für wenige Augenblicke in tief gekühlte Natronlauge eintauchen, die man aus 0,57 l einer 31,5 proz. Natronlauge mit etwa 600 g Schnee oder zerkleinertem Eis erhält und deren Temperatur unter minus 17,8° C liegt[6].

Für durchscheinendes Papier wird eine Schwefelsäure von 66,53 bis 70,85 vH bei 10° C empfohlen[7].

Baumwolle ist vollkommen löslich in einer gesättigten Lösung von Kupferoxydhydrat in Ammoniak (spez. Gew. 0,920). Ein Überschuß von Ammoniak erhöht die lösende Wirkung nicht. Eine Mischung von Kupfersulfat mit Ammoniak hat nicht die gleiche Wirkung[8].

Die Lösung von Kupferoxyd (nicht Oxydhydrat) in Ammoniak wirkt viel schwächer als die des Oxydhydrates[9].

Eine gesättigte Lösung von Kupferoxydhydrat in Ammoniak (spez. Gew. 0,920) und mit 2 Teilen Wasser verdünnt wirkt in der Kälte während 10 Minuten stark auf Baumwolle; beim Erwärmen auf 37,78° C wird die Einwirkung dieser Lösung stark geschwächt[10].

Behandelt man ein Baumwollgewebe eine Nacht lang mit 13,3 proz. Natronlauge, dem man eine ammoniakalische Lösung des Kupferoxyds zugesetzt hat, so absorbiert das Gewebe eine reichliche Menge Kupfer; es wird blau und steif, aber nicht gummiartig[11].

---

[1] Parnell: 1886. S. 197/198. [2] ebenda S. 198/199.
[3] ebenda S. 200. [4] ebenda S. 200/201. [5] ebenda S. 201.
[6] ebenda S. 202. [7] ebenda S. 203. [8] ebenda S. 215.
[9] ebenda S. 215. [10] ebenda S. 216. [11] ebenda S. 216.

Die Stärke der Lauge soll 27—31,5 vH NaOH sein, die Temperatur 15,5° C oder darunter (E.P. 13 296/1850).

Beim Aufbringen der Lauge unter Verwendung von Walzen in einem Bottich bei gewöhnlicher Temperatur soll die Lauge 17,81—22,3 vH NaOH stark sein (E.P. 13 296/1850).

An Stelle von Natron- oder Kalilauge kann man 62,06 proz. Schwefelsäure bei 15,5° C oder darunter anwenden, oder auch Chlorzink von 145° Tw bei 65,5—71,1° C (E.P. 13 296/1850).

Für Halbwolle oder Halbseide soll das Alkali nicht stärker als 17,81 vH und die Temperatur nicht über 10° C sein (E.P. 13 296/1850).

Man kann die Natronlauge auch in einer Konzentration von 8,78 vH NaOH anwenden (E.P. 13 296/1850).

Zum Mercerisieren soll man Natrium- oder Kaliumhydroxyd unter Zusatz von Zinkoxyd anwenden (E.P. 20 314/1889).

Die Stärke der Natronlauge soll nach Lowe 11,06—34,2 vH, für gewöhnlich 17,81—24,5 vH betragen (E.P. 20 314/1889).

Bei einer Lauge von 17,81—24,5 vH NaOH bei 15,5° C beträgt die Dauer der Mercerisation für gewöhnlich 2 Minuten. Sie kann aber zwischen 1—15 Minuten schwanken (E.P. 20 314/1889).

Die Dauer des Mercerisierens unter Anwendung von Spannung soll 20 Minuten betragen (E.P. 4452/1890).

Zum Mercerisieren von Garnen wird Schwefelsäure oder Chlorzink vorgeschlagen (D.R.P. 21 380, Kl. 8).

Mercerisieren von Garnen mit Schwefelsäure spez. Gew. 1,6 (68,70 vH). Dauer des Eintauchens 2 ¹/₂ Sekunde, Tiefe des Eintauchens 0,3—0,6 m. Temperatur 15° C (D.R.P. 21 380, Kl. 8).

Zum Verdichten von Baumwolle vor dem Gaufrieren soll man eine Natronlauge von 23,50—30,0 vH NaOH anwenden (D.R.P. 28 696, Kl. 8).

Bei der Herstellung von Crêpeeffekten aus gemischten Geweben soll die Stärke der Natronlauge 10,30—25,20 vH betragen, auch kann man konz. Schwefelsäure dazu anwenden (D.R.P. 30 966, Kl. 8).

Bei der Behandlung gemischter Gewebe mit Laugen zur Herstellung von Crêpeeffekten soll die Temperatur zur Schonung der animalischen Faser etwa 0° C sein, um die Eintauchdauer auf 5 bis 10 Minuten erhöhen zu können (D.R.P. 37 658, Kl. 8).

Bei dem zuletzt erwähnten Verfahren soll man mit Schwefelsäure von 61,12—64,0 vH bei sehr niedriger Temperatur 5—10 Minuten behandeln. Bei Verwendung von Schwefelsäure von 65,5—66,95 vH oder sogar von 96 vH muß man sehr schnell operieren (D.R.P. 37 658, Kl. 8).

Zum Hydratisieren der Baumwolle soll man Schwefelsäure von der Dichte 1,530—1,560, bei 4—8° C, oder auch Phosphorsäure nehmen (D.R.P. 64 457, Kl. 8).

Man kann zum Hydratisieren der Baumwolle bei 4—8° C Kali- oder Natronlauge von 1,350—1,400 spez. Gew. anwenden (D.R.P. 64 457, Kl. 8).

Die Säure wird nach dem Mercerisieren durch Eindampfen konzentriert (D.R.P. 64 457, Kl. 8).

Hydratisieren von gemischten Geweben aus Cellulose und animalischen Fasern mit Schwefelsäure von 1,530—1,560 Dichte bei 4—8° C (D.R.P. 64 457, Kl. 8).

Zum Mercerisieren von gemischten Geweben unter Spannung wird kalte Natronlauge von 15—32° Bé oder Schwefelsäure von 49,5—55,5° Bé bei kurzer Einwirkung vorgeschlagen (D.R.P. 85 564, Kl. 8).

Mercerisieren der Baumwollfaser vor dem Verspinnen (D.R.P. 85 564, Kl. 8).

Mercerisieren unter hoher Spannung (D.R.P. 97 664, Kl. 8).

Für Mercerisation unter Spannung wird eine Natronlauge von 25—30° Bé etwa 10 Minuten angewendet (D.R.P. 97 664, Kl. 8).

Man kann auf Streckwalzen feine Gewebe in doppelter Lage mercerisieren (D.R.P. 111 370, Kl. 8).

Man kann bei Temperaturen unter 0° C gespannte Baumwolle mit so schwachen Laugen (12° Bé), die bei normaler Temperatur unwirksam sein würden, mercerisieren. Man tränkt zuerst bei gewöhnlicher Temperatur und kühlt die getränkte Faser (D.R.P. 112 773, Kl. 8).

Bei Anwendung von verdünnten Laugen (12° Bé) unter 0° C hört die mercerisierende (schrumpfende) Wirkung der Lauge bei Erhöhung der Temperatur auf (D.R.P. 112 773, Kl. 8).

Kalte, schwache Lauge (12° Bé) wirkt unter 0° C mercerisierend (D.R.P. 112 773, Kl. 8).

Beim Herstellen von Crêpeeffekten soll man eine Lauge von 30—50° Bé anwenden (D.R.P. 83 314, Kl. 8).

Verdickte Lauge zum Aufdruck besteht aus 4 l 62,5 proz. Ätznatronlauge und 1 l 75 proz. Lösung von britischem Gummi (D.R.P. 83 314, Kl. 8).

Man kann einer Natronlauge von 30—50° Bé alkalibeständige substantive Farbstoffe wie Erika zusetzen und das Gewebe mit dieser Lösung pflatschen (D.R.P. 89 977, Kl. 8).

Zur Erzielung von sehr hohem Glanz werden die baumwollenen Garne oder Gewebe, die unter Spannung mercerisiert worden sind, nach dem Auswaschen gespannt getrocknet (D.R.P. 113 929, Kl. 8).

Man kann gespannt mercerisierte Garne und Gewebe beim nachfolgenden Färben und Bedrucken gespannt erhalten (D.R.P. 113 929, Kl. 8).

Beim Mercerisieren unter Spannung kann man Garne ohne Spannung laugen, spannen und auswaschen. Statt des Auswaschens kann man Gase anwenden, die sich mit dem Alkali verbinden, wie z. B. Kohlensäure, oder diese beiden Verfahren kombinieren (D.R.P. 120 344, Kl. 8).

Berm Mercerisieren wird dem Einschrumpfen durch elastische Spannung entgegengewirkt (D.R.P. 127 161, Kl. 8).

Für die Mercerisierung unter rollendem Druck wird eine Lauge zwischen 15—45° Bé vorgeschlagen (D.R.P. 128 284, Kl. 8).

Die mit Lauge behandelte Ware wird einer rollenden Pressung oder rollendem Druck unterworfen (D.R.P. 128 284, Kl. 8).

Beim Mercerisieren unter rollendem Druck soll die Lauge 15 bis 45° Bé stark sein (E.P. 16 840/1896).

Zur Erzielung von sehr hohem Glanz soll man schwach gedrehte Garne aus ägyptischer oder Sea-Island-Baumwolle verwenden (19 633/1896).

Man soll Fasern als Copse auf der Haspel oder als Bobbinen mercerisieren (E.P. 20 714/1896).

Man kann unter Spannung eine Natronlauge von 10—20° Bé unter 0° C benutzen oder Natronlauge gewöhnlicher Temperatur und dann abkühlen (E.P. 20 714/1896).

Zum Mercerisieren soll man eine kalte Natronlauge von 30° Bé anwenden (E.P. 28 870/1896).

Das Mercerisieren erfolgt ohne Spannung, darauf Trocknen bei niedriger Temperatur mit Spannung, dann ungespannt waschen (E.P. 28 870/1896).

Man mercerisiert in aufgerolltem Zustand ohne Überschuß an Lauge, Dauer 12—24 Stunden (E.P. 3218/1897).

Mercerisieren von Fäden unter rollendem Druck. Anwendung gekühlter Lauge (E.P. 14 201/1897).

Zum Mercerisieren von Vorgespinst verwendet man Laugen von 6,58—32,8 vH NaOH bei einer Temperatur von minus 17,78 bis 15,55° C (E.P. 17 397/1897).

Das Entfernen der überschüssigen Lauge geschieht durch eine Zentrifuge oder durch Preßwalzen (E.P. 17 397/1897).

Das Mercerisieren von Samt wird mit einer Lösung von Ätznatron (spez. Gew. 1,375—1,385) bei 10—15° C vorgenommen (D.R.P. 117 733, Kl. 8).

Man vermeidet das Einschrumpfen beim Mercerisieren, wenn

man zur Lauge Glycerin, Alkalisilikat, Alkalialuminat und Kohlenwasserstoffe zusetzt (D.R.P. 117 733, Kl. 8).

Man verwendet zum Mercerisieren Natronlauge von 30° Bé während etwa 20 Minuten und trocknet die aufgebrachte Lauge unter Spannung bei 37,5° C (D.R.P. 120 576, Kl. 8).

Beendigung des Mercerisierungsprozesses durch Einbringen in warme Lauge gleicher Konzentration unter Ausrecken (D.R.P. 122 488, Kl. 8).

Baumwollgarn wird bei einer die Festigkeitsgrenze überschreitenden Spannung mercerisiert, also zerrissen gekrempelt und nochmals versponnen (D.R.P. 129 843, Kl. 8).

Kühlen der Lauge vor dem Aufbringen durch komprimierte Kohlensäure, Ammoniak oder schweflige Säure (D.R.P. 131 134, Kl. 8).

Einseitig mit Lauge behandelte und aufgerollte Ware bleibt 1—4 Stunden im Mercerisierprozeß (D.R.P. 131 134, Kl. 8).

Zum Mercerisieren von Garn auf Rahmen gespannt verwendet man eine Natronlauge nicht unter 32° Bé während 6—10 Minuten (E.P. 12 669/1898).

Das Mercerisieren von losen Fasern wird in einer doppelwandigen Zentrifuge mit durchlochten Wandungen ausgeführt (E.P. 4528/1907).

Man benutzt zum Mercerisieren an Stelle von Natronlauge 30 vH Schwefelalkalien, in der Kälte auch unter Zusatz von etwa 10 vH Benzin, sulfurierten oder oxydierten Öle (Olein) Türkischrotöl), Benzol, Äthyl- oder Methylalkohol, Naphtha, Terpentinöl oder Petroleum. Einwirkung 15—30 Minuten. Arbeiten unter Spannung (Am.P. 621 477).

Mercerisieren von Tüll in Stücken (F.P. 426 060).

Man erhält keine Mercerisiereffekte, sondern Transparenzeffekte, wenn man Natronlauge von mindestens 15° Bé unter 0° so lange einwirken läßt, bis der Transparenzeffekt eintritt. Man verwendet z. B. auf —12° abgekühlte Natronlauge von 15° Bé während 5 Minuten, oder auf —8° C abgekühlte Natronlauge von 20° Bé während 2 Minuten, oder auf —10° C abgekühlte Natronlauge von 30° Bé während 1 Minute (Ö.P. 85 599, D.R.P. 340 824).

Man erhält Leineneffekte, wenn man Baumwollgarne nicht unter Garnnummer 80 engl. mit Laugen über 15° Bé unter 0° C behandelt (Ö.P. 95 056, D.R.P. 391 490).

Abhängigkeit der Wirkung der Lauge von der Konzentration und Temperatur (D.R.P. 340 824 und D.R.P. 391 490).

Mit hochkonzentrierter Lauge (45° Bé) wird abgekochte Baumwolle ¹/₂ Stunde gekocht, dann ohne Entfernung der Lauge gestreckt und in gestrecktem Zustand ausgewaschen. Man erhält eine gebleichte Ware mit Appret (D.R.P. 141 394).

Um das Eingehen der Baumwolle beim Mercerisieren zum Teil zu vermeiden, soll man der Lauge (etwa 28° Bé) etwa 10 vH Wasserglas von 41° Bé zusetzen. Weitere Zusätze von Türkischrotöl, Seife und Glycerin erhöhen ·die Wirkung (D.R.P. 98 601, Kl. 8).

Ein Zusatz von Türkischrotöl, Seife oder Glycerin zur Mercerisierlauge vermindert das Einschrumpfen nicht (D.R.P. 98 601, Kl. 8).

Das Mercerisieren auch unter Spannung kann zusammen mit dem Anfärben mit Schwefelfarbstoffen ausgeführt werden. Gehalt des Farbbades an Ätzalkali 10 vH (D.R.P. 99 337, Kl. 8).

Um das Eingehen der Baumwolle beim Mercerisieren mit Lauge von 36—40° Bé zu vermeiden, wird mit einer 20—50 proz. Lösung von Türkischrotöl vorbehandelt (D.R.P. 110 184, Kl. 8).

Zur Vermeidung des Einschrumpfens kann man der Natronlauge Türkischrotöl oder andere sulfurierte Öle zusetzen (D.R.P. 110 184, Kl. 8).

Man soll dem Mercerisierungsbad Glycerin zusetzen (D.R.P. 110 184, Kl. 8).

Zum Mercerisieren mit Lösungen von Alkalisulfiden wird ein Zusatz von Türkischrotöl vorgeschlagen (F.P. 264 539).

Schwefelsäure von 49—51° Bé wirkt in der Kälte lediglich mercerisierend, mit konzentrierter Schwefelsäure wird die Baumwolle steif (D.R.P. 129 883, Kl. 8).

Beim Behandeln von gespannter Baumwolle mit starker Schwefelsäure gelangt die Säure nicht zu den inneren Schichten (D.R.P. 129 883, Kl. 8).

Zur Erzielung von Appret behandelt man Baumwolle zunächst mit erweichenden Mitteln wie konz. Schwefelsäure, Kupferoxydammoniak, Alkalilauge und Kupfersalzammoniak, Alkalilauge und Schwefelkohlenstoff, Chlorzinklösung, Salpetersäure (besonders in der Kälte), stark abgekühlte konzentrierte Salzsäure; nach deren Entfernung unter Spannung mercerisiert wird (D.R.P. 129 883, Kl. 8).

Zum Angelatinieren von Baumwolle verwendet man Schwefelsäure von 49,9° Bé etwa 10 Minuten lang, Salpetersäure von 43° Bé mehrere Stunden lang (bei Anwendung von Kälte in kürzerer Zeit), Salzsäure vom spez. Gew. 1,19 — 2 Stunden lang bei —15° C —, Chlorzinklösung von etwa 100 vH bei höherer Temperatur, Schweizers Reagens in der Kälte 5 Minuten lang, Natronlauge von etwa 30° Bé und darauffolgende Behandlung mit Schwefelkohlenstoff, oder Natronlauge und darauffolgende Behandlung mit Kupferlösung und Ammoniak (D.R.P. 129 883, Kl. 8).

Zur Erzielung von einem steifen Appret wird stark gebleichte Baumwolle unter Spannung mit einer Natronlauge von 27—50° Bé mercerisiert (D.R.P. 133 456, Kl. 8).

Um die Netzfähigkeit der Lauge zu erhöhen, überschichtet man sie oder setzt ihr folgende Zusätze zu: Methyl-, Äthylalkohol, Benzol oder Homologe, Anilinöl, Petroleum, Terpentinöl. Die Lauge wird hierdurch auch vor der Einwirkung der Kohlensäure geschützt (D.R.P. 134 449, Kl. 8).

Baumwollgewebe mit Natronlauge von 30° Bé bei minus 10° C während 1 Minute behandelt, wird transparent (D.R.P. 340 824, Kl. 8).

Man kann Baumwollgewebe zunächst kalt mercerisieren und dann mit Schwefelsäure von über $50^{1}/_{2}°$ Bé behandeln, oder umgekehrt, wobei auch die Schwefelsäure zwecks Verlängerung der Einwirkungsdauer in abgekühltem Zustand angewendet werden kann (D.R.P. 340 824, Kl. 8).

Man kann Gewebe zuerst mit einer Natronlauge von 30° Bé bei —10° C transparent machen und dann gewöhnlich mercerisieren oder umgekehrt, oder zwischen kalten Mercerisierungen normal mercerisieren, wobei auch an Stelle von Lauge Schwefelsäure über $50^{1}/_{2}$ vH auch gekühlt angewendet werden kann (D.R.P. 389 428, Kl. 8).

Zum Mercerisieren benutzt man eine Natronlauge von 18° Bé bei 5° C, der man Kochsalz und Glycerin zusetzt (D.R.P. 376 541, Kl. 8).

Man erhält Leineneffekte, wenn man dicke Baumwollgewebe od. ähnl., deren Garnnummer 80 nicht überschreitet, der Kaltmercerisation unterwirft. Man kann die Behandlung mit kalter Lauge auch mit der von Schwefelsäure über $50^{1}/_{2}°$ Bé auch in gekühltem Zustand kombinieren. Die Kombinationen mit gekühlter Lauge und Säure können auch im Sinne des D.R.P. 295 816 ausgeführt werden (D.R.P. 391 490).

Mercerisierung der Baumwolle mit Rhodancalcium kombiniert mit der gewöhnlichen Mercerisation mit Lauge (D.R.P. 405 517, Kl. 8).

Lösungen von Calciumrhodanid und andere Metallrhodanide lösen Cellulose auf (D.R.P. 405 517, Kl. 8).

Man mercerisiert mit Alkali ohne Spannung, wäscht aus, trocknet und behandelt mit Rhodancalciumlösung, deren Siedepunkt zwischen 110—130° C liegt, etwa 7—10 Sekunden (D R.P. 405 517, Kl. 8).

Die Netzfähigkeit der Mercerisierlauge wird erhöht durch hochmolekulare Alkohole und Ketone, die durch niedrigmolekulare in Lösung gebracht werden (D.R.P. 430 085, Kl. 8).

Zum gleichzeitigen Bleichen und Mercerisieren verwendet man eine Lauge von etwa 20° Bé, die 1—20 g wirksames Chlor im Liter enthält (D.R.P. 433 733, Kl. 8).

Eine Lauge von 9 vH NaOH erhöht die Zerreißfestigkeit, ohne zu mercerisieren. Temperatur 15—50° C (E.P. 131 212).

Beim Mercerisieren von Vorgespinst soll die Lauge eine Temperatur von 4,5° C besitzen (E.P. 175 761).

Wollähnliche Effekte und Transparenzeffekte werden erhalten, wenn man in der Kälte mit Natronlauge von etwa 40° Bé arbeitet (F.P. 364 577).

Um Jute ein wollähnliches Aussehen zu verleihen, soll man sie bei 60° C mit einer Lösung behandeln, die Schwefelnatrium und Wasserglas enthält (F.P. 538 757).

Zum Bleichen und gleichzeitigem Mercerisieren wird Baumwolle mit kochender konzentrierter Natronlauge behandelt (D.R.P. 133,456, Kl. 8).

Die kalte Mercerisation mit Laugen über 15° Bé kann man auch kombinieren mit gewöhnlicher Mercerisation oder mit Behandlung mit Schwefelsäure über $50^1/_2°$ Bé, auch in der Kälte (D.R.P. 389 428, Kl. 8).

Zur Kaltmercerisation (Transparenzeffekte) soll man Natronlauge von 30° Bé bei —10° C 1 Minute einwirken lassen, oder Natronlauge von 28° Bé bei —12° C (D.R.P. 389 428).

Zur Herstellung von Transparenzeffekten soll man Schwefelsäure von 54° Bé anwenden, oder Schwefelsäure von 53° Bé auf —5° C gekühlt, oder Schwefelsäure von 55° Bé (D.R.P. 389 428 Kl. 8).

Zur Erzeugung von Steifheit neben Seidenglanz soll man einer Lauge von 15—40° Bé Steifpräparate, wie Stärke, Stärkepräparate, Gelatine od. ähnl. zusetzen (Ö.P. 458).

Die Herstellung nitrierter Gewebe ist in den D.R.P. 58 133 und 72 969 beschrieben. Zur Vermeidung des Einlaufens soll man die Fasern ohne Spannung auf Walzen aus Porzellan oder Aluminium wickeln und Wolle und Tussahseide mit Salpetersäure von 35° Bé, Baumwolle mit einer Säure von 42—44° Bé 2—5 Minuten behandeln (D.R.P. 109 607, Kl. 8).

Um Transparenz-, Leinen- oder Wolleffekte zu erhalten, behandelt man feuchte Gewebe (mit mindestens 30 vH Wasser) mit starker Schwefelsäure, auch unter Abkühlung. Kombination mit gewöhnlicher Mercerisierung ist vorgesehen (D.R.P. 431 751, Kl. 8).

Zur Kombination von Beizen und Mercerisieren verwendet man Natronlauge von 23,2—24,1 vH, in der Chromalaun oder Ferrichlorid aufgelöst worden ist (E.P. 23 741/1896).

Um beim Mercerisieren ohne Spannung das Einschrumpfen zu vermeiden, soll man der Lauge entweder Wasserglas oder Natriumaluminat, eventuell auch noch Türkischrotöl, Seifen, Glycerin od. ähnl. zusetzen (E.P. 10 784/1897).

Zur Vermeidung des Zusammenschrumpfens dünner Baumwollgewebe beim Mercerisieren soll man der Lauge anorganische oder organische Colloide zusetzen, wie British Gum, lösliches Wasserglas oder Natriumaluminat und rollenden Preßdruck anwenden (E.P. 11 313/1897).

Zur Vermeidung der Schrumpfung beim Mercerisieren soll man auf 2 Teile Natronlauge von 38° Bé 1 Teil Glycerin zusetzen. Man kann auch Natronlauge von 50° Bé anwenden (E.P. 27 020/1897).

Die Herstellung von Eisengarn erfolgt durch Behandlung mit Natronlauge in der Stärke, Gelatine od. dgl. gelöst ist. Bei Anwendung starker Natronlauge wird mit Spannung gearbeitet. Man kann dieser Lösung auch Nitrocellulose zusetzen (E.P. 27 529/1898).

Man kann zu derselben Zeit mercerisieren und bleichen, indem man eine Lauge anwendet, der etwa 5 vH Hypochlorit zugesetzt ist (E.P. 24 163/1899).

Noch feuchte Baumwolle wird etwa 10 Minuten in einem Bad behandelt, bestehend aus Natronlauge von 45° Bé, dem auf 10 Teile 1 Teil Kupferoxydammoniak zugesetzt worden ist, und zwar bei 80° C (E.P. 14 283/1900).

Das mit Natronlauge unter Zusatz von Kupferoxydammoniak in der Hitze behandelte Gewebe wird erst heiß, dann kalt eventuell mit verdünnter Salpetersäure ausgewaschen, dann mit konzentrierter Salpetersäure von 35° Bé bei niedriger Temperatur nachbehandelt (E.P. 14 283/1900).

Man soll die Mercerisation mit Natronlauge von etwa 25° Bé unter Zusatz von Ammoniak bei 85° C ausführen und dann mit verdünnter Säure auswaschen (E.P. 6992/1906).

Man kann Rohbaumwolle, die vollkommen unbehandelt ist, für das Eindringen der Mercerisierlauge geeignet machen, wenn man der Lauge Handelsalkohol oder Holzgeist in bestimmten Mengen zusetzt, welche die Oberflächenspannung herabsetzen, aber die wachsartigen Stoffe der Fasern noch nicht lösen (E.P. 202 057).

Man kann zum Mercerisieren an Stelle von Natronlauge auch Alkalisulfide anwenden, denen man vorteilhaft um ihre Eindringungsfähigkeit zu erhöhen, Zusätze von Äthyl-(Methyl-)Alkohol, sulfurierten oder oxydierten Ölen, Benzin, Benzol, Solventnaphtha, Naphthoöl, Terpentinöl oder Petroleum macht. Man verwendet 30 proz. Sulfidlösungen mit 10 vH Zusatz D.R.P. 130 455 und Am.P. 621 477.

Zur Erzielung von hohem Glanz auf kurzstapeliger Baumwolle soll man sie abgekocht in starke Natronlauge und dann gespannt in heiße konzentrierte Natronlauge, der Kupferoxydammoniak zugesetzt ist, einbringen, dann folgt eine Kochbehandlung mit Salpetersäure, Salzsäure oder Schwefelsäure (Am.P. 682 494).

Man kann Baumwolle auch in drei Phasen zuerst mit konzentrierter Natronlauge, dann mit Kupferoxydammoniak und schließlich mit starken Säuren behandeln (Am.P. 682 494).

Zum Mercerisieren von gemischten Geweben aus Baumwolle oder Leinen und Viscoseseide soll man eine Lösung von etwa 943 Natronlauge von 27,2 vH NaOH und 57 g Formaldehyd anwenden. Durch die Mitverwendung des Formaldehyds soll die Viscoseseide gegen den Angriff der Natronlauge geschont werden (Am.P. 1 343 138).

Um in gemischten Geweben, aus Baumwolle und Viscose bestehend, beim Mercerisieren die Viscose zu schonen, soll man der Natronlauge Phenole zusetzen. Es ist folgende Mischung angegeben: 950 g Natronlauge, 27,2 vH NaOH und 50 g Phenol (Am.P. 1 343 139).

Zum Mercerisieren von gemischten Geweben aus Baumwolle und Viscoseseide soll man 865 g Natronlauge von 29,6 vH NaOH und 135 g Glycerin anwenden. Das Glycerin soll die Viscoseseide schützen (Am.P. 1 346 802).

Zum Mercerisieren von gemischten Geweben aus Baumwolle und Viscoseseide soll man 819 g Natronlauge von 32 vH NaOH und 181 g Monoacetin anwenden. Das Monoacetin soll die Viscoseseide gegen die Einwirkung der Natronlauge schützen (Am.P. 1 346 803).

Zur Erzeugung von Wolleffekten auf Baumwolle soll man nach dem Mercerisieren vorteilhaft bleichen und dann mit einer Lösung von Chlorzink von 66° Bé bei einer Temperatur von 60—70° C behandeln (Am.P. 1 439 516).

Zur Erzielung wollähnlicher Effekte soll man die Baumwolle zuerst mit Schwefelsäure von 49—51° Bé, oder Phosphorsäure von 55—57° Bé, oder Salzsäure vom spez. Gew. 1,19 bei Temperaturen unter 0° C, oder mit Salpetersäure von 43—46° Bé, oder mit Chlorzinklösung von 66° Bé bei 60—70° C, oder mit Schweizers Reagens bei kurzer Einwirkungsdauer behandeln, waschen und dann ohne Streckung mit Natronlauge mercerisieren (Am.P. 1 439 158).

Zur Herstellung von Kragen oder ähnlichen Gegenständen soll man die fertig zugeschnittenen Artikel starker Natronlauge aussetzen, die mit Peroxyd versetzt ist (Am.P. 1 576 292).

Man soll den Mercerisierbädern zur Erhöhung der Netzfähigkeit der Fasern Zusätze von Alkohol, Terpentinöl, Benzin, Petroleum oder ähnliches hinzufügen (F.P. 469 242).

Zur Erhöhung der Zerreißfestigkeit von Baumwollgarnen behandelt man sie mit Vitriolöl vom spez. Gew. 1,4—1,8 bei einer Temperatur von 15° C. Bei Verwendung einer Säure vom spez. Gew. 1,6, soll die Behandlungszeit $2^1/_2$ Sekunde und die Tiefe des Eintauchens 0,3—0,6 m betragen (D.R.P. 21 380, Kl. 8).

Zum Mercerisieren gespannter Baumwolle soll man eine kalte Lauge von 15—32° Bé anwenden, die in kaltem Zustande Seide und Baumwolle nicht angreift. Als Säure verwendet man starke Schwefelsäure von 49,5—55,5° Bé bei kurzer Einwirkung. Die Reaktion ist beendigt, wenn die Faser ein pergamentartiges Aussehen erhält (D.R.P. 85 564, Kl. 8).

Bei der Erzeugung von Glanz auf Baumwolle, Wolle oder Seide soll man die gereinigten Garne auf Walzen aus Porzellan oder Aluminium aufwickeln und mit Salpetersäure von 35—44° Bé während 2—5 Minuten behandeln (D.R.P. 109 607, Kl. 8).

Die Mercerisierung von rohen oder vorgefärbten Geweben mit Alkalien oder Säuren findet unter rollendem Druck statt, wobei der Druck während der Mercerisation und der Neutralisation aufrecht erhalten wird, wobei die Ware aufgewickelt bleibt (D.R.P. 128 284, Kl. 8).

Zur Erzielung wollähnlicher Effekte soll man rohe, gebleichte oder mercerisierte Baumwolle ohne Spannung der Einwirkung von 65—75 vH oder höher konzentrierter Salpetersäure während 2 bis 30 Minuten bei Temperaturen von etwa 20° C unterwerfen (Ö.Pat. 92 343).

Transparenzeffekte auf Baumwolle soll man erzielen, wenn man Schwefelsäure unter $50^1/_2$° Bé bei einer Temperatur von wenigstens —4° C auf Baumwolle einwirken läßt und hierauf alkalisch mercerisiert (E. P. 103 432).

Wollähnliche Effekte auf Baumwolle erreicht man dadurch, daß man die Baumwolle mit Schwefelsäure unter $50^1/_2$° Bé bei Temperaturen unter —4° C behandelt (E.P. 103 432).

Konzentrierte Schwefelsäure verleiht der Baumwolle ein durchscheinendes Aussehen (E.P. 103 432).

Schwefelsäure von 40—60° Bé macht die Baumwolle wasserdicht (E.P. 103 432).

Schwefelsäure von 50—66° Bé kann bei Temperaturen von etwa 0° C zur Herstellung von Crêpeeffekten verwendet werden (E.P. 103 432).

Für die Zwecke der Färberei wird eine Behandlung der Baumwolle mit Natronlauge von 15—32° Bé oder Schwefelsäure von 49,5—55,5° Bé vorgeschlagen (E.P. 103 432).

Man soll Baumwolle auch mit einer Natronlauge von 10 bis 20° Bé bei Temperaturen unter 0° C behandeln (E.P. 103 432).

Zur Erzielung von Transparenzeffekten oder Wolleffekten auf Baumwolle soll man sie mit einer Schwefelsäure von weniger als $50\,^1/_2°$ Bé und zwar bei einer Temperatur unter —0° C behandeln (E.P. 103 432).

Unbehandelte oder mercerisierte Baumwolle, die durch Behandlung mit Schwefelsäure von wenigstens $50\,^1/_2°$ Bé einen Transparenzeffekt und steifen Griff erhalten hat, wird in der gleichen Richtung weiter verändert, wenn man sie mit Natronlauge von 28—30° Bé unter schwacher Spannung mercerisiert (E. P. 103 432).

Schwefelsäure unter $50\,^1/_2°$ Bé erzeugt bei Temperaturen von 0—15° C nur einen leichten Transparenzeffekt, der auch durch eine nachfolgende Mercerisation nicht ausreichend wird (E.P. 103 432).

Für die Erzielung von Transparenzeffekten und Wolleffekten auf Baumwolle soll man sie zuerst mit Schwefelsäure von weniger als 50° Bé und bei wenigstens —4° C behandeln und dann hinterher alkalisch mercerisieren (E.P. 103 432).

Man kann Baumwolle ohne Faserschwächung mit Schwefelsäure unter $50\,^1/_2°$ Bé bei mindestens —4° C 10 Minuten behandeln. Bei Verwendung von Schwefelsäure über $50\,^1/_2°$ Bé soll die Eintauchzeit nur 20 Sekunden betragen (E.P. 103 432).

Man kann Baumwolle mit Schwefelsäure von 49,5—53,5° Bé in ein pergamentähnliches Produkt überführen. Schwefelsäure von 45—50° Bé soll Baumwolle nur in geringem Maße verändern. Zur Erzielung von Pergamenteffekten soll man eine Schwefelsäure von 53—55° Bé anwenden (E.P. 12 559/1914).

Während Schwefelsäure von 51° Bé der Baumwolle bereits nach wenigen Sekunden einen Transparenzeffekt verleiht, kann man Schwefelsäure von 50° Bé 15 Minuten lang einwirken lassen ohne die Cellulose stark zu verändern (E.P. 12 559/1914).

Wolleffekte werden erhalten, wenn man Baumwolle zuerst mercerisiert und hierauf mit einer Schwefelsäure von 49,5—50,5°Bé nachbehandelt (E.P. 12 559/1914).

Um baumwollenen Geweben oder Garnen einen weichen Griff, Glanz und Unbrennbarkeit zu verleihen, soll man sie mit Schwefelsäure von 52—60° Bé 1—50 Minuten behandeln, dann das gebildete Amyloid abwaschen, darauf gelangt die Ware auf Schlagmaschinen zur Entfernung der vorstehenden Fasern; sie wird dann

10—15 Minuten in Natronlauge von 8—15° Bé behandelt, dann mit einer 3 proz. Lösung von Borax und schließlich mit Weichmachungsmitteln wie Glycerin, Calciumchlorid, Glucose oder Seife (E.P. 144 083).

Für den Kantenschutz von Kragen, die aus dem Stück ausgeschlagen werden, soll man eine lokale Imprägnierung des Gewebes an den Schneidkanten mit Schwefelsäure von einer Konzentration zwischen 70—80 vH während etwa 1 Minute vornehmen (E.P. 219 085).

Um aus Geweben Hohlkörper, wie Hüte, Schuhe u. dgl. herzustellen, soll man durch das vorgeformte Gewebe Schwefelsäure von 70—80 vH etwa 1 Minute hindurchpressen, die Säure mit Wasser und Alkali entfernen und dann das Formstück entweder ohne, oder mit Anwendung von Hitze und Druck auf oder in eine Form einbringen. Eine Zwischenbehandlung mit Aluminiumacetat und Seife vor dem Trocknen ist vorgesehen (E.P. 245 485).

Wolleffekte auf Baumwolle soll man erhalten, wenn man vorher mercerisierte gebleichte Baumwolle der Einwirkung von Schwefelsäure von 49,5—50,5° Bé unterwirft. Die erste Mercerisation der Baumwolle kann mit oder ohne Streckung vorgenommen werden (Am.P. 1 392 264).

Man kann Wolleffekte auf Baumwolle in der Weise erzeugen, daß man sie zunächst mit Schwefelsäure von etwa $50\,{}^1/_2{}^\circ$ Bé behandelt, wäscht und hierauf ohne Streckung mit Natronlauge mercerisiert (Am.P. 1 392 264).

Pergamenteffekte auf Baumwolle erzielt man nach Mercer durch Schwefelsäure von 49,5—55,5° Bé. Nach mehreren Autoren soll diese Wirkung nur von einer Schwefelsäure von 53—55° Bé ausgelöst werden (Am.P. 1 392 264).

Bei der Anwendung von Salpetersäure zum Veredeln von Baumwolle soll man das Auswaschen nicht mit Wasser oder Sodalösung, sondern mit Ammoniak in Form von Gas oder wässeriger Lösung vornehmen (D.R.P. 391 499, Kl. 8).

Man soll Mercerisationsflüssigkeiten Pyridin bzw. heterozyklische Verbindungen hinzufügen (E.P. 146 225).

Bei der Einwirkung von konzentrierten Mineralsäuren auf Baumwolle soll man den Säuren damit mischbare Salze des Pyridins, seiner Homologen und Derivate zusetzen, um eine lange Einwirkungsdauer ohne Schädigung der Gewebe zu ermöglichen. Dieser Zusatz soll auch bei denjenigen Verfahren Anwendung finden bei denen die Säureeinwirkung mit der Laugenmercerisation kombiniert ist (D. R.P. 433 180, Kl. 8).

Um Baumwolle eine wollähnliche Beschaffenheit zu verleihen,

soll man sie in eine Lösung von unbehandeltem oder mercerisiertem Zellstoff in Salpetersäure von nicht unter 65 vH bringen, die überschüssige Lösung entfernen und dann auswaschen (D.R.P. 389 547, Kl. 8).

Die Einwirkung von Salpetersäure von 65 vH auf Baumwollgarn soll Schrumpfung unter Festigkeitszunahme und erhöhter Affinität zu direkten Farbstoffen liefern (D.R.P. 389 547).

Säuren hoher Konzentration bringen die Pflanzenfaser nicht nur zum Quellen, sondern lösen sie zu einer viscosen Flüssigkeit, die durch Wasser ausgefällt werden kann (D.R.P. 389 547).

Bei der Behandlung von Baumwolle mit Lösungen von Zellstoff in Salpetersäure von nicht unter 65 vH soll man das Auswaschen der mit dieser Lösung getränkten Faser nicht mit Wasser, sondern mit etwa 10 proz. Lösungen von Säuren, Basen oder Salzen vornehmen (D.R.P. 392 122).

Um der Baumwolle wollähnliche Eigenschaften zu verleihen, soll man sie mit Lösungen von hochmolekularen Kohlehydraten, insbesondere Stärke oder Stärkeprodukte in Salpetersäure von nicht unter 65 vH imprägnieren, abquetschen und in Wasser oder verdünnten Säuren, Basen oder Salzen nachbehandeln. Man kann auch die Faser zunächst mit Stärke oder dergleichen imprägnieren, trocknen und dann mit Salpetersäure von nicht unter 65 vH behandeln (D.R.P. 392 655).

Um möglichst weiche Transparenzeffekte auf Baumwolle zu erzielen, soll man gebleichte und unter Spannung mercerisierte Baumwolle mit Schwefelsäure von 69—82 vH behandeln, der man Ammonsulfat oder andere Ammonsalze zugesetzt hat. Die Effekte werden durch eine anschließende alkalische oder saure Mercerisation erhöht (E.P. 195 620).

Zur Erzielung von Wollen- oder Leineneffekten auf Baumwolle soll man das rohe Gewebe mit 72,5 proz. Salpetersäure bei 0° C 4 Minuten behandeln, waschen und mit reinem oder verdünntem Pyridin oder dergleichen auch unter Zusatz von Ammoniak nachbehandeln, trocknen und schließlich strecken (E.P. 221 516).

Zur Erzielung von Crêpe- oder Transparenzeffekten soll man Schwefelsäure von 58,74—64,26 vH oder darüber unter Zusatz von Formaldehyd oder Polymerisationsprodukten bei 10—21,11° C auf pflanzliche Fasern, gemischte Gewebe oder Kunstseide anwenden. Es wird empfohlen vor oder nach der Behandlung mechanisch zu behandeln, zu schlichten oder zu mercerisieren bzw. andere Säurebäder anzuwenden (E.P. 200 881).

Um beim Pergamentieren von baumwollenen Geweben einen weichen Griff zu erhalten soll man sie zunächst heiß pressen oder kalandern, dann mit Schwefelsäure von 74,24 vH 5 Sekunden behandeln und 1 Minute durch Schwefelsäure von 55,03 vH passieren, dann wird gewaschen und gefinisht (E.P. 230 530).

Zur Erzielung von Leineneffekten soll man baumwollene Ware mit Sodalösung abkochen, chlorieren, trocknen, mit Schwefelsäure von 53—53,5° Bé bei 15° C 14—18 Sekunden behandeln, gut Auswaschen unter Spannung trocknen und gegebenenfalls in üblicher Weise mercerisieren (E.P. 232 451).

Wolleffekte auf Baumwolle werden erzielt durch Schwefelsäure von 49,5—53,5° Bé insbesondere bei der Verwendung von mercerisierten Gewebe und bei einer Säurekonzentration über 50 1/2° Bé. Gleiche Effekte soll man erzielen durch Schwefelsäure zwischen 49—51° Bé und abwechselnde Einwirkung von Schwefelsäure von 49—50 1/2° Bé und Alkalilauge bei Innehaltung von Temperaturen von etwa 0° C (Am.P. 1 518 931).

Die Erzeugung von Wolleffekten auf Baumwolle mit Hilfe von Schwefelsäure läßt sich ohne Beachtung der bisher sehr eng gestellten Arbeitsbedingungen mit großer Sicherheit ausführen, wenn man an Stelle der Schwefelsäure eine Mischung von Schwefelsäure und Salzsäure, oder Phosphorsäure, oder Essigsäure anwendet. Für eine Mischung von 42° Bé verwendet man gleiche Mengen von Schwefelsäure und käuflicher Salzsäure. Für eine Mischung von 34° Bé verwendet man 1 Teil Schwefelsäure von 56° Bé und 2 Teile käuflicher Salzsäure (Am.P. 1 518 931).

Mischungen von Schwefelsäure und Salzsäure zur Erzeugung von Wolleffekten auf Baumwolle soll man anwenden, nachdem die Baumwolle abgekocht, gebleicht, getrocknet, mercerisiert und wieder getrocknet ist, oder nachdem sie mercerisiert, abgekocht, gebleicht und getrocknet wurde (Am.P. 1 518 931).

Zur Erzielung von Transparenzeffekten auf Baumwolle verwendet man eine Mischung von gleichen Teilen Schwefelsäure von 56° Bé und käuflicher Salzsäure, oder einer Mischung von 3 1/2 Teilen der gleichen Schwefelsäure und 1 Teil Salzsäure, die eine Konzentration —50° Bé aufweist. Man kann zur Erhöhung der Wirkung von mercerisierter Ware ausgehen und auch nach der Einwirkung der Säure nochmals mercerisieren (Am.P. 1 519 376).

Pergamenteffekte auf Baumwolle erzielt man durch Schwefelsäure von 49,5—53,5° Bé, insbesondere wenn die Baumwolle vormercerisiert ist und die Konzentration der Schwefelsäure über 50 1/2° Bé ist. Man kann zu einem gleichen Zweck auch wiederholt Schwefelsäure über 50 1/2° Bé und konzentrierte Lauge bei Temperaturen von etwa 0° C anwenden (Am.P. 1 519 376).

Zur Erzeugung von beständigem Finisch auf Baumwolle soll

man sie mit einem Gemisch von konzentrierter Schwefelsäure und einer oder mehreren organischen Säuren, wie Essigsäure, Ameisensäure, Propionsäure, Oxalsäure bei Zimmertemperatur behandeln. Es wird eine Behandlungsdauer von 2 Minuten und eine Mischung von gleichen Volumenteilen von konzentrierter Schwefelsäure und Eisessig vorgeschlagen, wobei man auch mit Spannung arbeiten kann (Am.P. 1 546 211).

Zur Herstellung von Papier für Zwecke der Osmose soll man es 2 Minuten bei Zimmertemperatur mit einer Mischung aus gleichen Volumenteilen von konzentrierter Schwefelsäure und 85 vH Essigsäure behandeln. Man kann es nachher pressen oder kalandern (Am.P. 1 546 211).

Pergamenteffekte erzielt man auf Baumwolle durch Schwefelsäure von 49,5—55,5° Bé, Transparenz- und Wolleffekte durch abwechselnde Behandlung mit Schwefelsäure von 49—51° Bé und konzentrierten Alkalilaugen (F.P. 516 650).

Man kann zur Erzielung von Transparenz- und Wolleffekten mit Schwefelsäure von 49—51° Bé und konzentrierter Alkalilauge die Schwefelsäure ersetzen durch kalte Salzsäure (Dichte 1,19), durch Salpetersäure von 43—46° Bé, durch eine Lösung von Chlorzink, von 66° Bé bei 60—70° C oder durch eine Lösung von Kupferoxydammoniak (F.P. 516 650).

Pergamenteffekte auf gebleichter und mercerisierter Baumwolle erzielt man durch Salpetersäure von 42,3° Bé oder Schwefelsäure von 49° Bé und darüber. Diese Effekte gehen bei starker Spannung in Transparenzeffekte über (F.P. 516 650).

Man erzielt Pergament-, Transparenz- und Wolleffekte auf Baumwolle in etwa 5 Sekunden durch Anwendung einer Mischung von gleichen Teilen Schwefelsäure und Salpetersäure unter 0° C und zwar liefern gleiche Teile von Schwefelsäure von 56,5° Bé und Salpetersäure von 40° Bé einen weichen Pergamenteffekt wie Wolle, gleiche Teile von Schwefelsäure von 57° Bé und Salpetersäure von 41° Bé einen starken Pergamenteffekt, der durch starke Spannung und Mercerisation erhöht werden kann (F.P. 516 650).

Gebleichte Baumwolle wird durch Schwefelsäure zwischen 40 bis 51° Bé unter Erzielung eines Pergamenteffektes verändert (F.P. 519 745).

Schwefelsäure über 51° Bé pergamentiert gebleichte Baumwolle und greift die Faser stark an (F.P. 519 745).

Man erzielt weiche Transparenzeffekte auf Baumwolle durch Anwendung von Schwefelsäure von $50\,{}^{1}/_{2}$ Bé bei niedriger Temperatur und darauf folgende Mercerisation (F.P. 519 745).

Man kann weiche Transparenzeffekte auf Baumwolle dadurch

erzielen, daß man auf mercerisierte Ware Schwefelsäure von 50 bis 60° Bé unter Zusatz von Glycerin einwirken läßt. Temperatur 0 bis 10° C (F.P. 519745).

Zur sicheren Erzielung von Pergamenteffekten auf Baumwolle soll man konzentrierte oder rauchende Schwefelsäure unter Zusatz von Äthylalkohol oder bzw. und Eisessig anwenden. An Stelle des Äthylalkohols wird auch Methyl-, Propyl- oder Butylalkohol erwähnt oder ihre Äther, Hologenderivate, Ester mit Schwefelsäure, Acetylessigsäure, Amylacetat, bzw. Methyl-, Äthyl- oder Propylschwefelsäure (F.P. 551 413).

Um Pergamenteffekte auf Baumwolle zu erzeugen soll man Salzsäure, Phosphorsäure oder Chlorzink in Alkohol auflösen (F.P. 551 413).

Während man durch Schwefelsäure von 49,5—55,5° Bé harte Transparenzeffekte auf Baumwolle erzielen soll und Schwefelsäure von unter 51° Bé ziemlich wirkungslos gegenüber Baumwolle bleibt, kann man auch weiche Wolleffekte mit Schwefelsäure unter 51° Bé (d. h. 49,5—50,5° Bé) erreichen, wenn man Säure dieser Konzentration auf Baumwolle einwirken läßt, die vorher mercerisiert und zweckmäßig auch gebleicht ist (D.R.P. 290 444).

Man soll der Baumwolle wollähnliche Beschaffenheit verleihen, wenn man sie zunächst mercerisiert und vorteilhaft bleicht, und dann mit Phosphorsäure von 55—57° Bé oder mit Salzsäure von spez. Gew. 1,19 bei niedriger Temperatur, oder mit Salpetersäure von 43—46° Bé oder mit Chlorzinklösung von 66° Bé bei 60 bis 70° C, oder mit Kupferoxydammoniak bei kurzer Einwirkungsdauer behandelt (D.R.P. 292 213).

Man kann Baumwollgeweben ein wollähnliches Aussehen verleihen, wenn man sie mit Schwefelsäure von 49—51° Bé behandelt, wäscht und dann ohne Spannung mercerisiert (D.R.P. 294 571).

Die wiederholte Einwirkung von starker Natronlauge oder starker Schwefelsäure ergibt gegenüber der einmaligen keine neuen Effekte, dagegen erhält man solche bei abwechselnder Anwendung von Säure und Alkali, wobei mindestens eine Säurebehandlung zwischen zwei Alkalibehandlungen oder umgekehrt angewendet werden muß. Die erzielten Wirkungen sind bei Schwefelsäure von etwa 50° Bé wollähnlich, bei höher konzentrierter Schwefelsäure transparent (D.R.P. 295 816).

Bei Anwendung von Lauge der üblichen Stärke von etwa 30° Bé soll tiefe Temperatur keine Verbesserung des Mercerisationseffektes bewirken. Laugen von zur Mercerisation ungenügender Konzentration wirken bei tiefen Temperaturen mercerisierend. Laugen unter 30° Bé sollen beim Abkühlen besser wirken; Abkühlung unter 0° lassen keine Verbesserung erkennen. Bei Anwendung von verdünnten Laugen wurde bei 0—10° C ein stärkerer Glanz erzielt als bei höherer Temperatur. Mercerisierend wirkende Laugen also, solche über 15° Bé, geben bei Temperaturen unter 0° C bei genügend langer Einwirkung Transparenzeffekte. Man kann bei der Ausführung mehr oder weniger spannen oder einschrumpfen lassen (D.R.P. 340 824).

Um Baumwolle neuartige Beschaffenheit zu geben soll man sie mit Natronlauge von 30° Bé bei —10° 1 Minute behandeln, waschen und dann unter Spannung mit Natronlauge von 30° Bé in üblicher Weise mercerisieren, oder abgekochtes Baumwollgewebe mit Schwefelsäure von 54° Bé imprägnieren, waschen, in üblicher Weise unter Spannung mercerisieren, waschen und schließlich mit Natronlauge von 25° Bé bei —10° C während 1 1/2 Minute behandeln, dann waschen, bleichen, trocknen, oder vorgebleichtes Baumwollgewebe mit Natronlauge von 32° Bé bei —8° C 1 1/2 Minute imprägnieren, dann unter Spannung normal mercerisieren und mit auf —5° C gekühlter Schwefelsäure von 53° Bé behandeln, oder gebleichtes Baumwollgewebe unter Spannung normal mercerisieren, waschen mit Natronlauge von 25° Bé bei —12° C während 1 1/2 Minute behandeln, sodann mit Schwefelsäure von 53° Bé behandeln, dann mit Natronlauge von 28° Bé bei —10° C (D.R.P. 389 428).

Man soll hochtransparente hochseidenglänzende Effekte auf Baumwolle oder gemischten Geweben erzielen, wenn man das Gewebe zunächst mit schwacher Schwefelsäure von 49—50 1/2 Bé unter Streckung 1—3 Minuten behandelt, dann wird gewaschen und unter scharfer Spannung getrocknet. Hierauf behandelt man mit starker Schwefelsäure von 52—54° Bé unter Spannung bei Zimmertemperatur 3—5 Sekunden. Schließlich mercerisiert man die nasse Ware unter Streckung mit einer Lauge von 36—40° Bé einige Sekunden. An Stelle von Säuren verschiedener Konzentration kann man andere Säuren od. dgl. anwenden. An Stelle von Schwefelsäure von 49—50 1/2° Bé nimmt man Phosphorsäure von 55—57° Bé, Salzsäure spez. Gew. 1,19, Salpetersäure von 43 bis 46° Bé, Chlorzinklösung 66° Bé bei 60—70° C usw. (D.R.P. 360 326, Kl. 8).

Man erhält leinenartige Effekte auf Baumwollgarnen und -geweben, wenn man Garne, deren Feinheit die englische Garnnummer 80 nicht übersteigt, der Kaltmercerisation nach D.R.P. 340 824 unterwirft, oder die Kaltmercerisation mit der Behandlung von Schwefelsäure von über 50 1/2° Bé kombiniert (D.R.P. 391 490).

Zur Erzielung von woll- oder leinenartigen bzw. transparenten

Effekten auf Baumwolle wird das Gewebe mit wenigstens 30 vH Feuchtigkeitsgehalt der Behandlung mit Schwefelsäure von etwa 50° Bé behandelt, auch mit darauf folgender Mercerisierung (D.R.-P. 431 751).

Um auf Baumwollgeweben wollartige oder leinenartige bzw. transparente Effekte zu erzielen, soll man sie mit einem Wassergehalt von wenigstens 30 vH mit anorganischen Säuren, wie Salzsäure, Salpetersäure, Phosphorsäure oder Mischsäure aus Schwefel- und Salpetersäure eventuell unter darauf folgender Mercerisation behandeln (D.R.P. 431 751).

Um Baumwolle ein leinenartiges Aussehen zu verleihen soll man Garne oder Gewebe unter der englischen Garnnummer 60 mit Schwefelsäure von 49—50$^1/_2$° Bé am besten bei einer Temperatur von 0—5° C längere oder kürzere Zeit behandeln, dann wird gewaschen und über 0° C unter Spannung mercerisiert (D.R.P. 433 982).

Die bei der Behandlung von Baumwolle mit konzentrierter Salpetersäure erzielten Wolleffekte sind nicht beständig gegenüber Alkalien. Sie erhalten aber Beständigkeit, wenn man sie nach dem Nitrieren mit den bekannten Denitrierungsmitteln, wie Sulfide oder Sulfhydrate oder Kupfer-, Eisen- oder Zinnchlorür behandelt (D.R.P. 444 189).

Zur Erzielung besonders guter Glanzeffekte soll man Baumwolle in gespanntem Zustand 1—10 Minuten mit Natronlauge von 30—47 vH und dann ohne Waschen ebenso lange mit Schwefelsäure von 6—9 vH behandeln, dann wird gleichfalls unter Spannung mit Wasser ausgewaschen (E.P. 10 708/1898).

Um Leineneffekte zu erzielen soll man mercerisierte oder nicht mercerisierte Gewebe bei normaler Temperatur mit Schwefelsäure von 50—52° Bé behandeln unter Innehaltung einer kürzeren Einwirkungsdauer als es für die Erzielung von Wolleffekten erforderlich ist. Die Einwirkungsdauer der Schwefelsäure beträgt gewöhnlich je nach der Fadenstärke 7—11 Sekunden (E.P. 213 353).

Um auf Baumwolle Wolleffekte zu erzeugen soll man sie abkochen, bleichen, trocknen für 2 Minuten bei 14—16° C in Schwefelsäure von 51—53° Bé einbringen, waschen, trocknen, $^1/_2$ Stunde bei 30—35° C mit Natronlauge von 15—22° Bé behandeln, dann waschen und trocknen. Alles soll ohne Spannung vorgenommen werden (Am.P. 1 616 749).

Um aus Jute od. dgl. ein wollähnliches Material herzustellen, behandelt man sie in einer bestimmten Menge einer Natronlauge von 16—18° Bé, der man 1 kg Schwefelnatrium für 5 kg Jute zugesetzt hat. Nachdem eine Kräuselung eingetreten ist, wird ge-

waschen und in verdünnter Schwefelsäure von 1—2° Bé nachbehandelt (F.P. 584 643).

Zum Pergamentieren von Cellulose wird sie zunächst durch
Behandlung mit 25 proz. Natronlauge und dreitägiges Lagern in
einem geschlossenen Behälter in Alkalicellulose, und darauffolgende
Einwirkung von Dämpfen von Schwefelkohlenstoff in Viscose verwandelt. Dann wird getrocknet; zum Schluß bei 100° C. Man
bringt hierauf in 5 proz. Essigsäure, wäscht und erhält ein Produkt,
das sich mit heißen Preßwalzen mustern läßt (D.R.P. 115 856).

Zur Herstellung möglichst dichter Gewebe, wie sie für Laufmäntel von Fahrrädern notwendig sind, wurden die dicht gewebten
Stoffe mercerisiert, mit Bleiacetat getränkt und aus diesem durch
Schwefelsäure Bleisulfat niedergeschlagen, dann wird das Gewebe
getrocknet, gestreckt und kalandert, worauf man Kautschuk-
lösung aufbringt. Bei Verwendung von Seide erfolgt statt der
Mercerisation eine Behandlung mit Zinnchlorür (D.R.P. 116 590).

Man soll Garnen ohne Schwächung einen starken Seidenglanz
verleihen, wenn man das Garn oberflächlich in Viscose verwandelt,
trocknet und in einer Salzlösung kocht, um die Viscose in Zellstoff zurück zu verwandeln (D.R.P. 181 466).

Man soll auf Baumwolle hochtransparente, hochseidenglänzende
Effekte erzielen, wenn man sie ohne Überführung in Alkalicellulose
entweder zuerst mit unverdünntem oder verdünntem Schwefel-
kohlenstoff und dann mit Natronlauge oder etwa mit einer
Mischung dieser beiden Einwirkungsmittel behandelt. Die Baum-
wolle kann vorher mercerisiert oder hydrolysiert sein mit starken
Mineralsäuren, Chlorzinklösung, Kupferoxydammoniak od. dgl.
(D.R.P. 425 330, Kl. 8).

Man soll Transparenz- und Seideneffekte auf Baumwolle erzielen, wenn man sie mit einer Lösung von Cellulose in Kupferoxydammoniak behandelt, säuert, wäscht und dann mit kaustischem Soda mercerisiert (D.R.P. 441 526, Kl. 8).

Bei der Behandlung von Baumwolle mit Schwefelkohlenstoff
und Alkalilauge und zwar ohne Überführung der Baumwolle in
Alkalicellulose soll man Temperaturen unter 5° C, d. h. vorteilhaft
zwischen 0 und minus 25° C anwenden (Ö.P. 101 300).

Zur Veredelung von Baumwolle soll man sie der Einwirkung
einer Monohalogenfettsäure in Gegenwart von Alkali aussetzen
(Ö.P. 105 039).

Zur Veredelung von vegetabilischen Textilfaserstoffen soll man
sie bei Gegenwart von Alkali der Einwirkung einer Monohalohydrins, eines Polyalkohols, z. B. Monochlohydrins aussetzen (Ö.P.
105 040).

Um bei weißen oder mit zarten Farben gefärbten Baumwollwaren eine schmutzige Färbung oder einen leicht gelblichen Ton fortzubringen, soll man sie mit Lösungen von Salzen des Hydroxylamins tränken und dann abkochen, dämpfen oder finishen (E.P. 20 827/1899).

Zur Erzielung von Finisch auf Baumwolle behandelt man mit einer 10 proz. Natronlauge und dann mit Kohlenstofftetrachlorid oder mit Schwefelkohlenstoff, dann wird mit verdünnter Schwefelsäure nachbehandelt, man läßt hierauf Schwefelsäure von 68,70 bis 77,17 vH einwirken (E.P. 189 968).

Sandpapiereffekte bzw. Glasbattist od. dgl. soll man dadurch herstellen, daß man gebleichtes oder ungebleichtes baumwollenes Gewebe mit einer Lösung von Chlorzink von 82—104° Tw imprägniert, dann vorzugsweise einige Stunden lang liegen läßt, hierauf auf emaillierten Trockenzylindern trocknet (etwa 30 Sekunden), dann mit starken organischen oder schwachen anorganischen Säuren behandelt und schließlich auswäscht. Um weiche Transparenzeffekte zu gewinnen soll man das Gewebe vor oder nach der Behandlung mit Chlorzinklösung mit oder ohne Spannung mercerisieren (E.P. 225 680).

Die Verseidung der Baumwolle soll man derart erreichen, daß man sie mit den Estern einwertiger Alkohole, wie Dialkylsulfat, Halogenalkyle oder Halogenaralkyle bei Gegenwart von Alkalien behandelt, wobei die Baumwolle auch vorher mit Schwefelsäuren und Alkalien oder nur mit Alkalien vormercerisiert sein kann (E.P. 234 847).

Zur Veresterung von Baumwolle zwecks Herstellung von Effektfäden wird vorgeschlagen, sie nach erfolgter Alkalisierung mit Chloriden oder Anhydriden von aliphatischen oder aromatischen Carboxylverbindungen zu behandeln wie Acetylchlorid, Essigsäureanhydrid, Benzoylchlorid, Benzoesäureanhydrid, Phthalsäureanhydrid, o- und p-Toluolsulfochlorid. Diese Veresterungsmittel wirken in gleicher Weise auch auf bereits veränderte Baumwolle, d. h. mit Säuren oder Alkalien mercerisierte Baumwolle und Cellulosekunstseiden ein, wobei sie die Affinität gegenüber substantiven Farbstoffen vernichten und das Aussehen der Faser in gewisser Weise verändern (D.R.P. 346 883, D. R.P. 396 926, E.P. 241 854).

Um Celluloseseiden, d. h. also Kupferseide, Viscoseseide oder denitrierte Nitroseide um 30—100 vH in ihrer Zerreißfestigkeit zu erhöhen soll man sie mit 1—5 proz. Natronlauge unter Spannung behandeln. Man kann auch gemischtes Gewebe verwenden, die Baumwolle, Seide oder Wolle enthalten (E.P. 253 853).

Um die Zerreißfestigkeit von Celluloseseiden, wie auch von Acetatseide um 40—100 vH zu erhöhen, soll man sie mit der Lösung eines Cellulose-Thiourethans behandeln, bei dem mindestens 1 Wasserstoffatom der Aminogruppe durch ein Alkoholradikal substituiert ist. Man kann das Imprägnierungsmittel in wässeriger Lösung oder unter Anwendung eines leicht verdunstenden Lösungsmittels benutzen (E.P. 253 854).

Um die tinktoriellen Eigenschaften von Baumwolle zu verändern hat man sie alkalisiert und feucht oder trocken mit Säurechloriden wie Thionylchlorid, Sulfurylchlorid, Pyrosulfurylchlorid, Chlorsulfonsäure, Phosphoroxychlorid hehandelt, wodurch sie basische Farbstoffe anziehen. Man soll bei der Verwendung von Phosphortrichlorid, Phosphoroxychlorid oder einer organischen Phosphorverbindung zu dem gleichen Zweck das benutzte Alkali in alkoholischer Lösung anwenden. So behandelte Fasern ziehen basische Farbstoffe an und stoßen substantive Farbstoffe ab (E.P. 255 453).

Um Celluloseseiden, d. h. aus regenerierter Cellulose bestehende Seiden wie Kupferseide, Viscoseseide, denitrierte Nitroseide für basische Farbstoffe empfänglich, dagegen für substantive Farbstoffe unempfänglich zu machen, soll man sie zunächst mit alkoholischer Natronlauge und dann mit Phosphortrichlorid, Phosphoroxychlorid oder einer organischen Phosphorverbindung behandeln. Dieses Verfahren ist auch für Seiden aus Celluloseestern, oder Celluloseäthern wie Acetatseide von Bedeutung (E.P. 261 792).

Beim Pergamentieren oder Vulkanisieren von Baumwollfasern oder Papier bereitet es Schwierigkeiten, das hydrolisierend wirkende Agens, z. B. Chlorzink, aus der Faser zu entfernen. Man soll deshalb nach oberflächlichem Abpressen den verbleibenden Rest des Chlorzinks durch Alkalien, Silikate, Phosphate, Oleate, Resinate, Caseinate, Albuminate, Pyridin, Amine, Tungoel in unlösliche inerte Substanzen umwandeln. Eine Vorbehandlung der Faser mit Tungöl oder Latex ist vorgesehen (E.P. 260 374).

Zur Erzeugung von Seidenglanz auf Baumwolle wird sie in gespanntem Zustand etwa 5 Minuten bei 20° C mit einer Natronlauge von 22—27 vH behandelt, dann durch Ausquetschen oder Zentrifugieren von dem Überschuß an Alkali befreit und mit Dämpfen oder Lösungen von Schwefelkohlenstoff behandelt. Schließlich wird die gebildete Viscose in der üblichen Weise, d. h. durch Erhitzen auf 70° C, durch Ammoniumsalze oder Glaubersalz zersetzt und dann gebleicht (Am.P. 657 849).

Zur Erzeugung von Seidenglanz auf Baumwolle soll man sie in gespannter Form entweder hintereinander einer Lösung von

Rohviscose und einem Mercerisationsbad von Natronlauge von 37,5° Bé unterwerfen oder aber eine Mischung von 1 Teil Rohviscoselösung und 2 Teilen Natronlauge von 37,5° Bé auf die gespannte Ware zur Einwirkung bringen (Am.P. 889 861).

Zur Herstellung von Leinendamast wird Baumwolle mit einer Viscoselösung, die 2 Mol. Natronlauge auf 1 Mol. Cellulose enthält, imprägniert, ausgequetscht, die Ware auf einen Spannrahmen gebracht mit einem warmen Luftstrom von etwa 50° C getrocknet, kalandert und ohne Waschen durch Schwefelsäure von 5—10 Minuten so hindurchgezogen (Am.P. 1 564 943).

Zur Umwandlung von Cellulose, d. h. zur Hydratisierung derselben durch Überführung in Viscose, soll man die Cellulose z. B. auch Textilien einer Natronlauge von 6—11 vH, auch zusammen mit Schwefelkohlenstoff unterwerfen und das Alkali durch konzentrierte neutrale Salzlösungen entfernen. Die Anwendung niedriger Temperaturen wird empfohlen (F.P. 499 717).

Um Baumwolle oder Papier schwer benetzbar oder wasserdicht zu machen soll man sie mit fein zerteiltem Thionylchlorid oder Chlorschwefel behandeln (F.P. 554 395).

Zur Herstellung von Crêpeeffekten soll man entweder gemischte Gewebe aus Baumwollfäden und Seidenfäden der Einwirkung von konzentrierter Natronlauge unterwerfen, oder Baumwollgewebe zunächst mit einem Schutzpapp von gummi- oder gallertartigem Schleim der Fettkörper oder einer harzigen Lösung von Kautschuk oder Guttapercha auch im Druckwege teilweise reservieren und dann mit Natronlauge von 15—32° Bé behandeln. Die Verwendung von verdickter Natronlauge als Druckmittel ist vorgesehen, ebenso auch die von konzentrierter Schwefelsäure zum Kontrahieren der Fäden (D.R.P. 30 966).

Um auf gemischten Geweben oder Geweben aus Baumwolle Crêpeeffekte herzustellen, soll man sie ohne oder mit Verwendung von mechanisch wirkenden Reservagemitteln mit auf etwa 0° C gekühlter Natronlauge von 15—32° Bé oder Schwefelsäure von 49—66° Bé behandeln. Durch die Anwendung kalter Kontraktionsmittel wird die tierische Faser geschont (D.R.P. 37 658).

Zur Herstellung von Crêpeeffekten soll man als Reservage Eiweißstoffe verwenden, die sich durch Hitze oder Metallsalze (Alaun, Chrom, Chromate) koagulieren lassen. Die Illuminierung der Reservagen ist vorgesehen. Die Natronlauge kann gleichfalls illuminiert aufgedruckt oder gefärbt werden. Als Reservage gegenüber der Albuminreserve ist Zinnsalz vorgeschlagen. Es wird Natronlauge von 30—50° Bé angewendet (D.R.P. 83 314, Kl. 8).

Zur Erzeugung von weißen oder gefärbten kreppartigen Mustern oder Effekten auf baumwollenen Geweben od. dgl werden die mit der Ätzlauge von 30—50° Bé imprägnierten Gewebe naß und so zeitig mit Neutralisationsmitteln wie Säuren, geeigneten Salzen oder Oxyden mit oder ohne Zusatz von Zeugdruckfarben überdruckt, daß das Ätzalkali teilweise oder ganz neutralisiert wird bevor die zusammenziehende Wirkung der Ätzalkalilauge an den bedruckten Stellen stattgefunden hat. Die Illuminierung der reservierten und nicht reservierten Stellen ist vorgesehen (D.R.P. 89 977, Kl. 8).

Zur Erzeugung von Crêpeeffekten auf Wolle soll man die Stoffe mit verdickten Bisulfiten oder Rhodansalzen bedrucken und dämpfen, wobei die frei werdende Säure die bedruckten Stellen zusammenzieht; während die nicht bedruckten Stellen gekräuselt werden (D.R.P. 101 915, Kl. 8).

Topische haltbare seidenartige Glanzeffekte auf Baumwolle auf dem Wege der Druckerei erzielt man in der Weise, daß man auf im Sinne des D.R.P. 97 664 gespanntes Baumwollgewebe verdickte kaustische Lauge mit oder ohne Zusatz von Beiz- oder Farbstoffen aufdruckt oder eine chemische entfernbare Reserve aufdruckt und die Lauge aufklotzt (D.R.P. 103 041).

Beim Behandeln von gemischten Geweben, die aus Rohseide und Baumwolle bestehen, mit Natronlauge, der Traubenzucker zugesetzt wurde, tritt eine Entbastung der Rohseide ein unter Mercerisierung der Baumwolle aber ohne Einschrumpfen der Baumwolle (D.R.P. 110 633).

Beim Behandeln von gemischten Geweben, die aus Rohseide und Baumwolle bestehen, mit Natronlauge, der Glycerin zugesetzt wurde, tritt eine Entbastung der Rohseide ein unter Mercerisierung der Baumwolle, aber ohne Einschrumpfen (D.R.P. 117 249).

Beim Behandeln von gemischten aus Rohseide und Baumwolle bestehenden Geweben mit Schwefelnatrium unter Zusatz von Traubenzucker oder Glycerin tritt eine Entbastung der Rohseide unter Mercerisierung der Baumwolle ohne Einschrumpfung ein (D.R.P. 130 455, Kl. 8).

Baumwolle kann man auch mit Schwefelnatrium und zwar unter Einschrumpfen mercerisieren (D.R.P. 130 455, Kl. 8).

Bei der Mercerisation von Wolle oder Seide soll man entweder Laugen zwischen 36—50° C bei normaler Temperatur oder höchstens bis 40° C 5—10 Minuten anwenden oder Laugen beliebiger Konzentration unter Zusatz von Glycerin (D.R.P. 113 205, Kl. 8).

Man kann Wolle dadurch mercerisieren, daß man sie mit Bisulfitlösung bei höherer Temperatur bis zur gummiartigen Erweichung behandelt, wobei man sie entweder gespannt erhält oder nach erfolgter Spannung wieder streckt. Die Wolle wird durch längeres Kochen mit Wasser, Abkühlen, Waschen mit kaltem Wasser oder mit Substanzen, die das Bisulfit zerstören oder binden, fixiert (D.R.P. 233 210, Kl. 8).

Beim Mercerisieren von Wolle mit Bisulfitlösungen von etwa 40° Bé soll man die imprägnierte Ware unter Streckung mit überhitztem und gespanntem Dampf behandeln und dann die Wolle durch Auswaschen mit heißem oder kaltem Wasser fixieren (D.R.P. 256 851, Kl. 8).

Bei der Herstellung von gemusterten Effekten auf Baumwolle mit Hilfe von Schwefelsäure soll man von bereits mercerisierter Baumwolle ausgehen und eine Schwefelsäure anwenden, die mehr als $50\,{}^1/_2{}°$ Bé stark ist (D.R.P. 280 134, Kl. 8).

Zur Erzeugung von Glanz auf Seide soll man sie in gespanntem Zustand mit hoch konzentrierten Fettsäuren, deren Anhydriden oder Gemischen, wie Ameisensäure, Essigsäureanhydrid, Essigameisensäureanhydrid, auch unter Zusatz von Glycerin unterwerfen (D. R. P. 295 070, Kl. 8).

Zur Schonung von Seide und Wolle in gemischten Geweben soll man der Mercerisierlauge Sulfitcelluloseablauge oder Zellpech zusetzen (D.R.P. 357 831, Kl. 8).

Beim Mercerisieren von Baumwolle, die mit Acetatseide zusammen verwebt ist, soll man eine Natronlauge von 1,24—1,30 spez. Gew. benutzen und zwar auch unterhalb 15° C, um eine Verseifung der Acetatseide zu vermeiden, auch soll man möglichst kurz mit kalter Lauge behandeln, eventuell unter Streckung, waschen und mit verdünnter kalter Säure absäuern. Die Celluloseseiden sollen die Einwirkung des Alkalis nicht aushalten (D.R.P. 398 583, Kl. 8).

Beim Mercerisieren von Cellulosekunstseide ohne Spannung zwecks Erzeugung eines matten Aussehens soll man sie mit einer Lösung von 1,5—2,8 vH Gelatine auch unter Zusatz von Aluminiumsalzen schlichten und trocknen. Die Behandlung mit einer Natronlauge von spez. Gew. 1,300 soll 3 Minuten bei 33—36° C erfolgen (D.R.P. 412 164, Kl. 8).

Hydratcellulosen bilden sich aus Cellulose durch Ätzalkalien, wobei die maximale Wirkung bei einer Laugenkonzentration von 15—24 vH liegt. Konzentrische Schwefelsäure von 80 vH, ebenso Salpetersäure von 70 vH Gehalt mercerisieren Baumwolle, wobei die Farbaffinität durch Säure stärker gesteigert wird als durch konzentrierte Laugen[1].

[1] Gardener: Mercerisation 1912. S. 62. Zeitschr. f. angew. Chem. 1909. S. 197.

Mercerisierende Wirkungen auf Baumwolle werden auch ausgeübt durch Baryumquecksilberjodid, Jodkalium, Schwefelnatrium, die eine geringere Schrumpfung und Quellung der Faser als Lauge hervorrufen und eine Erhöhung der Farbstoffaufnahmefähigkeit[1].

Gemische von Lauge und Salzlösungen, wie z. B. Wasserglas, Chlorcalcium und Natriumchlorid wirken gleichfalls mercerisierend[2].

Zur Erhöhung der Farbstoffaufnahmefähigkeit wird Baumwolle mit Laugen von 1—41° Bé behandelt (Chem.-Cbl. 1904, S. 1625).

Durch Zusatz von Kochsalz oder Sodalösung zur Mercerisierlauge soll die Faser mehr Ätznatron aufnehmen als aus reiner Lauge[3].

Die Baumwolle schrumpft am meisten durch eine Natronlauge von 35° Bé. Die Temperatur soll 15—20° C nicht überschreiten. Die Dauer der Einwirkungszeit spielt für das Ergebnis keine Rolle, sondern die Anwendung einer möglichst hohen Spannung während oder nach der Behandlung mit Natronlauge[4].

Das Mercerisieren von Garnen aus Baumwolle ohne Spannung gibt wollähnliche Effekte neben Erhöhung der Farbaffinität[5].

Garne aus Baumwolle werden, falls sie feucht sind, ohne Spannung $^{1}/_{4}$—$^{1}/_{2}$ Stunde in Natronlauge von 10—12° Bé bei 15 bis 20° C umgezogen. Ist das Garn trocken und ungekocht, so erhitzt man das Laugenbad auf 25—30° C[6].

Man verwende zum Mercerisieren von Garnen unter Spannung Natronlauge von 30° Bé, die gekühlt sein kann, aber nicht über 15—18° C besitzen soll[7].

Beim Mercerisieren von Geweben soll man zur Erhöhung der Netzfähigkeit der Natronlauge auf 100 l Natronlauge 30° Bé 1 l Alkohol zusetzen[8].

Für die Mercerisation von Geweben unter Spannung wird die Natronlauge vielfach gekühlt. Ihre Temperatur soll 15° C nicht übersteigen[9].

Beim Mercerisieren von Baumwollwaren mit seidenen Effektfäden wird eine Lauge verwendet, die auf 100 l 30 grädige Natronlauge 4 l Glycerin enthält. Die Temperatur soll 14—15° C nicht übersteigen; am besten ist sie 10—12° C. Wenn die Ware vom

---

[1] Gardner: Mercerisation 1912. S. 62. Chem. Zentralbl. 1904. S. 1625.

[2] D. R.P. 98 601; Gardner: Mercerisation 1912. S. 62.

[3] Ber. d. Dtsch. Chem. Ges. 1908. S. 3269. Gardner: Mercerisation 1912. S. 75/77.

[4] Gardner: Mercerisation 1912. S. 88/89.   [5] ebenda S. 90.

[6] ebenda S. 90.   [7] ebenda S. 92.   [8] ebenda S. 107.   [9] ebenda S. 108.

Foulard kommt, darf sie nicht aufgerollt werden, sondern sie läuft direkt in den Spannrahmen. Das erste und zweite Spülwasser darf nicht warm, sondern muß kalt sein. Das Absäuern muß sehr gründlich sein[1].

Beim Mercerisieren von Baumwollgeweben mit gefärbten baumwollenen Effektfäden sollen für diese Färbungen Schwefel- oder Küpenfarbstoffe genommen werden. Die Lauge soll 28 bis 30° Bé und möglichst kalt 10—12° C warm sein. Das Gewebe soll nach der Passage in Natronlauge nicht aufgerollt werden, sondern direkt auf den Spannrahmen gehen und nicht mit warmem, sondern kaltem Wasser gespült werden[2].

Zum Mercerisieren von Geweben soll man Natronlauge von 25—30° Bé verwenden. Man kann in der Konzentration auf 35 bis 40° Bé heraufgehen. Die Temperatur soll 15—20° C betragen. Die Verwendung tieferer Temperaturen bis 0° C hat keine Vorteile[3].

Man kann beim Mercerisieren von baumwollenen Geweben im ersten Kasten einer Krabbmaschine mit heißer scharfer Natronlauge behandeln und im zweiten Kasten mit Natronlauge von 30° Bé bei gewöhnlicher Temperatur, dann werde ein Bad in reinem Wasser gegeben und unter Spannung die laugenhaltige Ware getrocknet[4].

Während der Mercerisation entwickelt sich Hitze, weshalb die Imprägniertröge mit Kühleinrichtungen versehen sind[5].

Ungleichmäßig mercerisierte Ware kann durch mehrmaliges Mercerisieren verbessert werden[6].

Eine vollkommene Durchdringung der Baumwolle mit Natronlauge wird bewirkt, wenn der Stoff imprägniert und ausgepreßt und dann nochmals imprägniert und ausgepreßt wird[7].

Eine abgekühlte Lauge von 22° Bé soll die gleiche Wirkung haben wie eine Lauge von 33° Bé bei gewöhnlicher Temperatur. Es soll in gewissen Betrieben mit Laugen von 2° C gearbeitet werden[8].

Man hat zum Mercerisieren auch schon Natronlauge von 50 bis 75° (Bé?) bei 15—20° C verwendet[9].

Wirkwaren werden mit Natronlauge von 10—15° Bé ohne Spannung behandelt, um ihnen den Charakter von wolligen Artikeln zu verleihen[10].

Während zur Behandlung von Baumwolle im wesentlichen

---

[1] Gardner: Mercerisation 1912. S. 109.   [2] ebenda S. 110.
[3] Herzinger: Veredelung der Baumwollfaser 1926. S. 19.
[4] ebenda S. 21.   [5] ebenda S. 78.   [6] ebenda S. 79.
[7] ebenda S. 80.   [8] ebenda S. 92.   [9] ebenda S. 93.
[10] Löwenthal: Handb. d. Färberei 1921. Bd. I, S. 117.

keine stärkeren Laugen als 45—50° Bé auch bei Kochtemperatur angewendet worden sind (vgl. D.R.P. 133 456 und 141 394), hat man unter anderem auch 16 fach normale Laugen von Natron und Kali bei 80° C auf Baumwolle einwirken lassen[1].

Man soll zur Erhöhung der Festigkeit von Baumwolle wie auch zur Erzielung von Wolleffekten Laugen bei 60—100° C anwenden, die 50—125° Bé stark sind (F.P. 618 170).

Um der Jutefaser wollähnliche Eigenschaften zu verleihen, soll man sie kardieren und bei 25—30° C mit einer Alkalilauge von 30° Bé behandeln. Bei dieser Behandlung tritt eine starke Selbsterhitzung bis zur Entwicklung von Wasserdämpfen auf (F.P. 613 973).

Man soll bei der Mercerisation gekühlte Lauge zur Erhöhung der schwellenden Wirkung und zur Verminderung der Schwächung der Faser anwenden. Die Streckung gleichfalls unter Abkühlung durchführen und das Gewebe durch heißes Wasser oder trockene Hitze fixieren (E.P. 262 154 und E.P. 267 470).

Zur Erzielung von besonders hohen Zerreiß- und Wolleffekten soll man auf Baumwolle bei 50—100° C, oder höher, Laugen (Natron oder Kali) von 50—125° Bé in Anwendung bringen (F.P. 618 170).

Bei der Herstellung von Alkalicellulose soll man Cellulose bei 50—90° C in eine 55—75 proz. Lösung von Natronlauge für 1 bis 20 Minuten zur Einwirkung bringen und bei 50—90° C abpressen bis der Preßkuchen die 3 fache Menge der Cellulose an Natronlauge enthält. Der Preßkuchen hat dann etwa folgende Zusammensetzung. Natron 40—50 vH, Cellulose 30—35 vH und Wasser 20—25 vH (E.P. 237 685).

Man soll die Natronlauge bei der Mercerisation unter Zusatz von ein- oder mehrwertigen Phenolen und eventuell auch von Oxydationsmitteln wie Permanganaten anwenden, um zu gleicher Zeit zu bleichen und zu mercerisieren (E.P. 252 360).

Um Papierstoffgarnen und Cellulosefäden einen wollartigen Griff zu verleihen, soll man sie mit Alkalisulfiden in der Wärme oder Kälte behandeln (D.R.P. 326 806, Kl. 8).

Um Jute ein wollähnliches Aussehen zu verleihen, soll man sie in einem Bade von 16—18° Bé starker Natronlauge behandeln, der man Schwefelnatrium zugesetzt hat. Nachher wird gewaschen und abgesäuert (F.P. 584 643).

Zur Herstellung einer Lederimitation behandelt man baumwollene Web- und Wirkware ohne Spannung mit einer Natron-

---

[1] Vgl. J. Soc. Dyers and Colour. 1912. S. 224 und Chem.-Zg. 1912. Repertorium S. 561.

lauge von 20—30° Bé, worauf gewaschen und getrocknet wird. Man kann diese Behandlung mehrmals wiederholen und aus dem behandelten Gewebe Doppelware herstellen (E.P. 26 593/1908).

Als Netzmittel soll man an Stelle von Pyridinbasen, hydrierte heterocyclische Basen auch unter Zusatz von Salzen von Fett-säuren, Oxyfettsäuren und Sulfofettsäuren eventuell auch unter Zusatz von hydrierten Fetten verwenden (E.P. 224 882).

Zur Herstellung von Buchbinderleinwand soll man baumwol-lene Gewebe bei etwa 17° C etwa 3—7 Sekunden der Einwirkung einer Schwefelsäure von 66,53 vH unterwerfen, auswaschen bzw. vor dem Auswaschen mit Natronlauge neutralisieren und dann kalandern um die Poren zu schließen (E.P. 22 566/1892).

Zur Herstellung von Filtertüchern soll man baumwollene Ge-webe entweder zuerst mit konzentrierter Salpetersäure und dann mit konzentrierter Schwefelsäure behandeln oder mit einem Ge-misch von Salpeter- und Schwefelsäure. Man kann auch derart verfahren, daß man die Garne vor dem Verweben mit einer Misch-säure behandelt, auswäscht, wobei eventuell abgekocht werden kann, und dann feucht verwebt (E.P. 12 867/1898).

Zum Hydratisieren der Cellulose soll man sie mit Schwefel-säure von spez. Gew. 1,530—1,560 behandeln oder falls ein weiches Produkt gewünscht wird mit Natronlauge von spez. Gew. 1,530—1,400. Die Schwefelsäure soll man 5—30 Sekunden bei einer Temperatur von 4—8° C anwenden. Nach dem Hydrati-sieren wird unter Spannung getrocknet und mit einer konzentrierten Lösung von Seide in Kali- oder Natron oder in Kupferoxydhydrat oder Nickeloxydhydrat in Ammoniak behandelt (E.P. 18 119, 1890).

Zum Überziehen von Baumwollfäden mit Cellulose, soll man sie mit einer Lösung von Cellulose in Chlorzinklösung tränken, und durch geeignete Mittel, z. B. schwache Säuren aus der aufge-nommenen Celluloselösung die Cellulose in und auf der Baumwoll-faser fällen (E.P. 943/1894).

Um Baumwolle den Charakter von Rohseide zu verleihen, soll man sie zuerst mercerisieren und dann mit einer Lösung von Cellu-lose, Celluloid, Rohseite, Albumin oder Gelatine und Härtungs-mitteln überziehen (E.P. 8076/1901).

Zum Schlichten, Beschweren od. dgl. von Baumwolle soll man eine Viscoselösung benutzen, deren Gehalt an Alkali ebenso hoch ist, wie der der Cellulose (E.P. 25 245/1911).

Um Schrumpfwirkungen auf Seide hervorzurufen, soll man sie mit Schwefelsäure (1,375—1,400), Salzsäure (1,130—1,145), Sal-petersäure (1,270—1,330) oder Orthophosphorsäure (1,450—1,500) bei Temperaturen zwischen 5—45° C behandeln. In gemischte Geweben behält die Baumwolle und Wolle ihre natürliche Läng (E.P. 5533/1895).

Zur Herstellung von Kreppeffekten stellt man Gewebe aus mer cerisierten und unmercerisierten Baumwollfäden her und merceri siert das fertige Gewebe (E.P. 2915/1898).

Zur Erzielung von Kreppeffekten werden unter Spannung mer· cerisierte Baumwollfäden mit unmercerisierten verwebt und das Gewebe mercerisiert. Reserven auf den Fäden finden Verwendung (E.P. 27 361/1898).

VIII. Auswaschen und Trocknen.

Im Sinne der Ausführungen, die eingangs der Kapitel V und VII stehen, sind also solche Auswasch- und Trockenverfahren, die für sich eine abgeschlossene Erfindung bilden oder den Hauptgegenstand einer anderen Erfindung, z. B. eines Verfahrens zur Regenerierung von Lauge, bilden oder die zu ihrer Ausführung eine bestimmte apparative Einrichtung benötigen, nicht in diese Zusammenstellung mit aufgenommen worden.

Das Auswaschen der mercerisierten Ware geschieht entweder in Wasser oder mit verdünnter Natronlauge[1].

Die Zersetzung der Alkali-Celluloseverbindung kann auch durch die Kohlensäure der Luft erfolgen[1].

Zur Entfernung des gesamten Alkali aus der mercerisierten Baumwolle soll man verdünnte Schwefelsäure anwenden[2].

Man soll nach dem Mercerisieren zunächst mit Wasser, dann mit verdünnter Schwefelsäure und schließlich wieder mit Wasser auswaschen (E.P. 13 296/1850).

Das Auswaschen erfolgt in einem Bottich mit Leitwalzen; zuerst mit Wasser, dann mit verdünnter Schwefelsäure und am Schluß wieder mit Wasser (E.P. 13 296/1850).

Das Abpressen der Lauge aus mercerisierten Garnen vor dem Waschen erfolgt durch Quetschapparate oder durch Hindurchziehen durch ein in einer Metallplatte befindliches Loch (E.P. 13 296/1850).

Garne werden nach dem Mercerisieren ausgewrungen, gewaschen, gesäuert und nochmals gewaschen (E.P. 13 296/1850).

Nach dem Mercerisieren wird das Alkali abgequetscht, gewaschen, in verdünnter Schwefelsäure behandelt und nochmals gewaschen und das Wasser abgepreßt oder durch einen Hydroextraktor entfernt (E.P. 13 296/1850).

---

[1] Parnell: 1886. S. 189.   [2] ebenda S. 190.

Auswaschen der Lauge nach dem Auswringen mit möglichst wenig warmem Wasser, z. B. durch Berieseln, um konzentrierte Waschwässer zu erhalten. Für die leichtere Regeneration wird fraktioniertes Auswaschen und getrenntes Auffangen der Waschwässer empfohlen (E.P. 20 314/1889).

Die Regeneration der Natronlauge geschieht durch Konzentration auf 31,5—36,5 vH (E.P. 20 314/1889).

Beim Mercerisieren unter Streckung wird nach dem Waschen und Spülen mit verdünnten Säuren nachbehandelt (E.P. 44 52 [1890]).

Auswaschen nach dem Mercerisieren mit Schwefelsäure, zuerst Wasser, dann verdünnte Sodalösung (D.R.P. 21 380, Kl. 8 und D.R.P. 37 658, Kl. 8).

Das Trocknen von Baumwollgeweben nach der Behandlung mit Schwefelsäure und Auswaschen erfolgt auf Changierrahmen unter beständiger Spannung und Diagonalbewegung, um die erweichten Cellulosefäden zu glätten und zu polieren (D.R.P. 64 457, Kl. 8).

Das Auswaschen gemischter Gewebe nach der Mercerisierung unter Spannung erfolgt durch Überspritzen mit Wasser, nach Aufhören der Spannung wird neutralisiert (D.R.P. 85 564, Kl. 8).

Entfernen der Lauge beim Mercerisieren unter hoher Spannung durch Zentrifugieren oder Ausquetschen. Auswaschen mit wenig Wasser mit Spritzrohren. Nachwaschen mit warmem Wasser (D.R.P. 97 664, Kl. 8).

Erleichtern des Auswaschens auf Zylindern durch Anwendung von Stahlkratzen (D.R.P. 111 370, Kl. 8).

Statt Auswaschen der Lauge Neutralisieren mit Kohlensäure (D.R.P. 120 344, Kl. 8).

Beim Auswaschen soll man rollenden Druck anwenden (D.R.P. 128 284, Kl. 8).

Das Auswaschen beim Mercerisieren unter rollendem Druck erfolgt zunächst mit Wasser, dann mit Schwefelsäure und dann mit einer Druckpumpe durch den Walzenmantel. Es wird in der Zentrifuge vorgetrocknet und auf der Spannrahmen-Trockenmaschine unter Breitspannung getrocknet (D.R.P. 128 284, Kl. 8).

Zum Absäuern nach dem Auswaschen wird verdünnte Essigsäure verwendet (E.P. 19 633/1896).

Zur Vermeidung des Schrumpfens soll man das mercerisierte Gewebe zunächst über die ursprüngliche Größe ausrecken. Man kann dann ohne Spannung auswaschen (E.P. 20 714/1896).

Das Auswaschen der Lauge aus stark gezwirnten Fäden geschieht mit verdünnten Säuren an Stelle von Wasser (E.P. 20 714 [1896]).

Vor dem Waschen wird während des Trocknens bei 30—40° C stark ausgereckt (E.P. 28 870/1896).

Auswaschen der Lauge und Trocknen unter Zentrifugieren (E.P. 7093/1897).

Nach dem Auswaschen von mercerisiertem Vorgespinst Strekken durch Walzen mit verschiedener Geschwindigkeit (E.P. 17 397 [1897]).

Auswaschen der Lauge erfolgt in einer Zentrifuge oder zwischen Preßwalzen unter Spannung (E.P. 17 397/1897).

Das Auswaschen der Lauge und Neutralisieren erfolgt unter Anwendung der Luftleere (E.P. 26 247/1897).

Das Auswaschen und Trocknen findet auf einem rotierenden Haspel, eventuell unter Anwendung einer besonderen Trockenkammer statt (E.P. 7688/1898).

Das Auswaschen erfolgt mit Wasser unter Druck, dann mit Essigsäure von 8° Bé, schließlich nochmals mit Wasser unter Druck (D.R.P. 117 733, Kl. 8).

Auswaschen der Lauge in ungespanntem Zustand, nachdem das gelaugte Garn in gespanntem Zustand getrocknet worden ist (D.R.P. 120 576, Kl. 8).

Das Auswaschen geschieht unter Ausrecken nach dem Gegenstrom-Waschprozeß zunächst mit warmer Lauge gleicher Konzentration, dann sukzessive mit Laugen fallender Konzentration (D.R.P. 122 488, Kl. 8).

Waschwasser und Säuren werden durch die Ware im Kreislauf hindurchgesaugt (E.P. 10 246/1898).

Anstatt die Lauge aus mercerisiertem Garn auszuwaschen, unterwirft man es der Einwirkung von Kohlensäure für 6—10 Minuten, trocknet mit Dampf und wäscht zum Schluß (E.P. 12 669 [1898]).

Man soll mercerisiertes Garn nach dem Trocknen in gespanntem Zustand oder nach vorhergehender Streckung in trockenem Zustand mit Dampf von etwa 1,5 Atm Spannung 40 Minuten lang behandeln (E.P. 5703/1899).

Das Auswaschen von Garnen kann man auch vornehmen, wenn sie zwecks Mercerisierung auf einer durchlöcherten Trommel aufgewickelt sind (E.P. 25 163/1902).

Das Auswaschen wird in der Mercerisierzentrifuge vorgenommen, die insbesondere für lose Fasern bestimmt ist (E.P. 4528/1907).

Zur Entfernung der Lauge wird die Ware während des Durchgehens durch Quetschwalzen doppelseitig mit Dampf behandelt (E.P. 15 352/1907).

Das Auswaschen der Lauge aus abgespulten Fäden erfolgt vor dem Verspinnen in einer Naßspinnmaschine (E.P. 243 380).

Die Operation des Auswaschens von ohne Spannung gelaugten
Geweben läuft parallel mit der Erhöhung der angewendeten Ausreckung (F.P. 399 904).

Nach dem Auswaschen trocknet man am rotierenden Haspel
(D.R.P. 98 601, Kl. 8).

Das Auswaschen bei einer unter Vorbehandlung mit Türkischrotöl mercerisierten Ware erfolgt mit Waschwasser, dem man auf
1 l 20—30 g Glycerin zusetzt. Hierdurch soll das Schrumpfen vermindert werden (D.R.P. 110 184, Kl. 8).

Dem letzten Spülbad kann man zur Vermeidung des Seiden-
griffes etwa 2 vH Türkenöl (saures Türkischrotöl) zusetzen (D.R.P.
376 541, Kl. 8).

Das Auswaschen der mercerisierten Ware erfolgt sukzessive
unter sukzessivem Ausrecken (E.P. 21 397/1900).

Das Auswaschen der Lauge aus mercerisiertem Vorgespinst erfolgt mit kochendem Wasser und mit Dampf (E.P. 175 761).

Das Auswaschen nach dem Mercerisieren in der Kälte findet
mit kaltem Wasser und mit Schwefelsäure statt (E.P. 364 577).

Das Auswaschen der Lauge findet im Gegenstromprinzip statt,
und zwar mit kochendem Wasser. Man kann das Auswaschen
durch Durchsaugen des Waschwassers beschleunigen (F.P. 464 730).

Das Auswaschen der mit Schwefelnatrium und Natriumsilicat
behandelten Jute wird mit 2 vH Schwefelsäure bei 40° C ausgeführt (F.P. 538 757).

Nach dem Aufbringen einer Lauge von 30—50° Bé wird verhängt und in Salzsäure gewaschen (D.R.P. 83 314, Kl. 8).

Beim Behandeln von Baumwolle mit Natronlauge unter Zusatz
von Kupferoxydammoniak in der Wärme wird heiß mit Wasser
ausgewaschen oder mit verdünnter Salpetersäure (E.P. 14 283
[1900]).

Das Auswaschen der Baumwolle nach dem hinter der Mercerisation erfolgenden Bleichen erfolgt mit Salzsäure 2—5° Tw (E.P.
4251/1907).

Das Auswaschen der Mercerisierlauge erfolgt vorteilhaft mit
heißem Wasser (E.P. 4251/1907).

Nach dem Mercerisieren mit heißer konzentrierter Natronlauge
unter Zusatz von Kupferoxydammoniak soll man mit kalter verdünnter Salpetersäure nachwaschen (Am.P. 682 494).

Das Auswaschen der Schwefelsäure aus Baumwollgarnen fin-
det zunächst mit Wasser, dann mit verdünnter Sodalösung (28 g
Soda auf 3,6 l Wasser) statt und schließlich wieder mit Wasser
(D.R.P. 21 380, Kl. 8).

Das Auswaschen von gespannter, mit Alkalien mercerisierter

Baumwolle erfolgt durch Aufspritzen von Wasser, bis die Spannung nachläßt, dann wird von der Spannmaschine abgelöst und in einem besonderen Bade neutralisiert (D.R.P. 85 564, Kl. 8).

Das Auswaschen von Textilfasern nach der Behandlung mit starker Salpetersäure erfolgt mit Wasser, nachher empfiehlt es sich, die gewaschene Ware zu seifen und mit schwacher Essigsäure nachzubehandeln (D.R.P. 109 607, Kl. 8).

Das Auswaschen der mit Alkalien oder Säuren unter rollendem Druck mercerisierten und neutralisierten Ware findet in aufgewickeltem Zustande statt, wobei das Waschwasser mit Hilfe einer Druckpumpe durch die Ware gedrückt wird (D.R.P. 128 284, Kl. 8).

Das Auswaschen der mit Salpetersäure von 65—75 vH zwecks Herstellung von Wolleffekten behandelten Baumwolle findet durch Ausdrücken, Pressen oder Ausschlagen statt (Ö.P. 92 343).

Das Auswaschen der in aufgerolltem Zustand mercerisierten Ware erfolgt in aufgerolltem Zustand (E.P. 3218/1897).

Das Auswaschen erfolgt nach dem Behandeln mit Schwefelsäure mit Natronlauge von 8—15° Bé während einer Zeit von 10 bis 15 Minuten (E.P. 144 083).

Das Auswaschen der Schwefelsäure erfolgt zuerst mit Wasser und darauf mit alkalischem Waschwasser (E.P. 219 085).

Gewebe, die mit Schwefelsäure von 70—80 vH während etwa einer Minute behandelt worden sind, werden mit Wasser und dann mit schwachen Alkalien ausgewaschen (E.P. 245 485).

Zum Auswaschen von Baumwolle, die mit Salpetersäure behandelt worden ist, soll man nicht Wasser oder Sodalösung, sondern Ammoniak als Gas oder in wässeriger Lösung anwenden (D.R.P. 391 499, Kl. 8).

Nach der Behandlung von Baumwolle mit Salpetersäure oder Schwefelsäure soll man die Fasern mit Pyridin, den Homologen des Pyridins oder seinen Derivaten in gasförmiger oder flüssiger Form behandeln, wobei man auch Zusätze von Ammoniak hinzufügen oder das Ammoniak in einer gesonderten Arbeitsphase anwenden kann (D.R.P. 412 333).

Bei der Behandlung von Baumwolle mit Lösungen von Zellstoff in Salpetersäure von nicht unter 65 vH soll man das Auswaschen der mit dieser Lösung getränkten Faser nicht mit Wasser, sondern mit etwa 10 proz. Lösungen von Säuren, Basen oder Salzen vornehmen (D.R.P. 392 122).

Man soll mit Salpetersäure behandelte Baumwolle auswaschen, mit unverdünntem oder verdünntem Pyridin od. dgl., auch unter Zusatz von Ammoniak behandeln, trocknen und dann spannen (E.P. 221 516).

Baumwolle oder Papier, das mit einem Gemisch von konzentrierter Schwefelsäure und Eisessig od. dgl. behandelt worden ist, soll man mit verdünntem Ammoniak auswaschen (Am.P. 1 546 211).

Das Auswaschen der Schwefelsäure, die im kontinuierlichen Betrieb mit Hilfe einer Foulardiermaschine aufgebracht worden ist, erfolgt in Wascheinrichtungen, die mit dieser Maschine gekuppelt sind, in fließendem Wasser (F.P. 551 413).

Das Auswaschen von Baumwolle nach der Behandlung mit Lauge unter Spannung soll erst dann erfolgen, nachdem die gelaugte, unausgewaschene Ware mit starker Schwefelsäure von 6—9 vH behandelt worden ist (E.P. 10 708/1898).

Nach der Behandlung der Baumwolle in gespanntem Zustand mit einem heißen Gemisch von Natronlauge von 45° Bé und starkem Kupferoxydammoniak erfolgt das Auswaschen zur Vermeidung von Spannungen mit heißem Wasser oder mit verdünnter Salpetersäure (E.P. 14 283/1900).

Nach dem Behandeln der Jute mit einem Gemisch von Natronlauge und Schwefelnatrium zwecks Herstellung von wollähnlichem Material wird zunächst mit Wasser und dann $^1/_4$ Stunde mit verdünnter Schwefelsäure von 1—2° Bé ausgewaschen und schließlich mit Wasser nachgewaschen (F.P. 584 643).

Das Auswaschen der Gewebe nach der Behandlung mit starker Chlorzinklösung zur Erzeugung von Sandpapiereffekten erfolgt entweder mit einer starken, kalten organischen Säure oder aber mit einer schwachen anorganischen Säure; zweckmäßig unter Durchsaugen (E.P. 225 680).

Das Auswaschen der 30—50° Bé Natronlauge bei der Erzeugung von Kreppeffekten erfolgt mit verdünnter Salzsäure; nach dem Auswaschen wird auf dem Spannrahmen gewaschen (D.R.P. 83 314, Kl. 8).

Nach dem Aufklotzen von Lauge von 30—50° Bé und Überdrucken mit Säuren zwecks Erzielung von Kreppeffekten wird entweder getrocknet oder auch direkt, ohne zu trocknen, durch Wasser oder durch Säuren die kaustische Natronlauge entfernt (D.R.P. 89 977).

Das Auswaschen von Wolle, die unter Spannung bei erhöhter Temperatur mit starken Bisulfitlösungen behandelt wurde, erfolgt mit heißem oder kaltem Wasser, oder durch Substanzen, welche das Bisulfit zerstören oder binden, wie Chlor, Schwefelsäure, Metallsalze, wie Tonerdesalze, basische Körper, Formaldehyd usw. (D.R.P. 233 210, Kl. 8).

Das Auswaschen soll zwecks Erzielung guter Glanzwirkung unter möglichst hoher Spannung erfolgen[1].

Die Baumwolle soll vor dem Verlassen der Streckrahmen ausreichend entlaugt sein, um ein späteres Einschrumpfen unter Verminderung des Glanzes zu verhindern[2].

Beim Mercerisieren von Baumwollgarn unter Spannung soll man nach dem Abquetschen der Lauge das Garn mit wenig weichem, warmem Wasser bespritzen und abquetschen, die abfließende Lauge soll 10—12° Bé haben, dann wird mit viel heißem, weichem Wasser fertig gespült, abgenommen, schwach abgesäuert und getrocknet[3].

Beim Strecken und Spülen mercerisierter Gewebe muß die Ware nach dem Spülen mindestens die ursprüngliche Breite erhalten und vor dem Absäuern fast ganz frei von Lauge sein, damit der Glanz nicht beeinträchtigt wird[4].

Beim Auswaschen von mercerisierten baumwollenen Geweben mit seidenen Effektfäden soll das erste und zweite Spülwasser nicht warm, sondern kalt sein. Das Absäuern muß gründlich durchgeführt werden[5].

Mercerisierte Baumwollgewebe mit gefärbten baumwollenen Effektfäden sollen nicht warm, sondern kalt ausgewaschen werden[6].

Das Auswaschen der mit Natronlauge getränkten Gewebe erfolgt unter bestimmten Bedingungen mit Dampf (D.R.P. 203 745).

Beim Mercerisieren von Geweben mit der Krabbmaschine ist im ersten Kasten Lauge von 25—40° C, im zweiten Kasten Wasser von 40° C, im dritten Kasten gleichfalls, dann wird auf der Paddingmaschine oder am Jigger neutralisiert mit verdünnter Schwefelsäure, dann spült man auf der Padding in reinem Wasser, schleudert und trocknet am Spannrahmen[7].

Zum Auswaschen der Mercerisierlaugen wird manchmal heißes Wasser oder sogar direkter heißer Dampf verwendet. In diesem Fall findet kein so starkes Schwellen statt, als wenn kaltes Wasser angewendet wird, auch wird das Material rauh im Griff[8].

Beim Waschen der mercerisierten Baumwolle findet ein Einlaufen der Faser statt. Bei Verwendung einer Lauge von 31° Bé wird beim nachherigen Waschen mit kaltem Wasser das Einlaufen immer stärker, bis Wasser und Lauge eine Lösung von 26,3° Bé

---

[1] Gardner: Mercerisation 1912. S. 89.　[2] ebenda S. 90.
[3] ebenda S. 92/93.　[4] ebenda S. 108.　[5] ebenda S. 109.
[6] ebenda S. 110.
[7] Herzinger: Die Veredelung der Baumwollfaser 1926. S. 20/21.
[8] ebenda S. 88.

bilden. Bei diesem Stärkegrad der Lauge erreicht das Einlaufen sein Maximum. Verwendet man jedoch Dampf zum Waschen, so tritt eine Temperaturerhöhung ein und die Einlaufkurve beginnt erst bei 70° C. Man tut also gut, anfangs mit kaltem Wasser zu waschen, und nachdem die große Kontraktion eingetreten ist, mit heißem Wasser oder Dampf[1].

Man hat auch Baumwolle nach dem Mercerisieren ohne Waschen mit Säuren behandelt[2].

Zum Austreiben der Lauge aus der mercerisierten Faser soll man direkten Dampf benutzen, um 97 vH Natron wieder zu gewinnen[3].

Beim Entlaugen und Spülen von mercerisierten Geweben mit Dampf unter Zurückgewinnung der Lauge wird das Gewebe abwechselnd über Kühlwalzen und durch einen Dampfraum geführt (D.R.P. 271 314).

Bei der Mercerisation unter Anwendung gekühlter Lauge und von Kühlwalzen oder Kühlflächen während der Streckung soll man in ausgespanntem Zustand heiß auswaschen (E.P. 262 154).

Bei der Mercerisation mit gekühlter Lauge und Streckung unter Kühlung soll man die Fixierung nicht durch heißes Auswaschen, sondern durch trockene Hitze bewirken (E.P. 267 470).

Man soll vor dem Auswaschen baumwollener Gewebe, die mit Schwefelsäure von 66,53 vH mercerisiert worden sind, die Säure z. B. durch Natronlauge neutralisieren (E.P. 22 576/1892).

Man soll Garne, die der Einwirkung von Mischsäure unterworfen worden sind, vor dem Auswaschen abkochen (E.P. 12 867 [1898]).

IX. Mercerisation mit Lauge allein.

Dieses Kapitel ist zwecks leichterer Übersichtlichkeit in zwei Unterabteilungen eingeteilt worden, von denen in A diejenigen Verfahren berücksichtigt worden sind, zu deren Ausführung auf gewisse maschinelle Einrichtungen ganz allgemein hingewiesen worden ist; dagegen sind im Sinne der Einleitungen zu den Kapiteln V, VI und VIII solche Verfahren nicht besprochen worden, bei denen die Erfindung nicht in erster Linie im chemischen Verfahren, sondern vielmehr in der besonderen Ausgestaltung einer apparativen Einrichtung zu erblicken ist. In dem Kapitel B sind die besprochenen Verfahren rein chemischer Natur.

---

[1] Herzinger: Veredelung der Baumwollfaser 1926. S. 89.
[2] ebenda S. 90.　[3] ebenda S. 90.

A. Verfahren, zu deren Ausführung gewisse maschinelle Einrichtungen erforderlich sind.

Die beiden D.R.P. 85 564 und 97 664 von Thomas & Prevost, d. h. die ersten Verfahren zur Erzeugung von Seidenglanz durch Mercerisation unter Spannung, sind bereits in dem Kapitel I eingehend besprochen worden und dort einzusehen.

D.R.P. 111 370, Kl. 8. James Ashton und Edwin Cuno Kayser in Hyde (England). Verfahren zur Erzeugung von Seidenglanz auf vegetabilischen Geweben. Vom 15. November 1898.

Patentanspruch: Verfahren zur Erzeugung von Seidenglanz, auch topisch, auf Baumwolle und anderen vegetabilischen Geweben auf kontinuierliche Weise dadurch, daß man das mit Natronlauge oder mit gleichwirkenden Agenzien getränkte oder gemäß Patent 103 041 bedruckte, in der Längsrichtung straff gehaltene Gewebe unverzüglich über einen oder mehrere dicht zusammenliegende, sich drehende Zylinder, welche zweckmäßig eine rauhe Oberfläche haben, hinwegführt, in einer Weise, wie dies bei Kontinuiertrockenmaschinen üblich ist, und es noch während seines Aufenthalts auf einem Zylinder wäscht.

Die Kontraktion des gelaugten Gewebes findet auch dann nicht statt, wenn es nicht um den Zylinder gewunden ist, sondern ihn nur zum Teil umfaßt. Die Foulardierwalzen müssen sich mit derselben Geschwindigkeit oder langsamer drehen als die Zugwalzen. Zur Erhöhung der Produktion kann man bei feiner Ware in doppelter Lage mercerisieren und waschen.

D.R.P. 112 773, Kl. 8. J. P. Bemberg, Baumwoll-Industrie-Gesellschaft in Oehde bei Barmen-Rittershausen. Mercerisieren vegetabilischer Fasern in gespanntem Zustand bei einer Temperatur unter 0°. Vom 25. August 1896.

Patentanspruch: Eine Modifikation des in den Patentschriften 85 564 und 97 664 sowie in der englischen Patentschrift 4452/1890 beschriebenen Verfahrens zum Mercerisieren vegetabischer Faserstoffe, dadurch gekennzeichnet, daß die gespannte Faser bei einer Temperatur unter 0° der Einwirkung verdünnter Laugen ausgesetzt wird.

Bei der Anwendung der üblichen starken Laugen ist ein ungleichmäßiges Eindringen der Lauge bzw. des Waschmittels in das Innere der festgedrehten Fasern nicht zu vermeiden. Das wird durch Benutzung einer Lauge von 10—12° Bé vermieden, weil eine solche Lauge bei normaler Temperatur ohne Mercerisationswirkung in die Faser eindringt und erst hinterher beim Abkühlen mercerisierende Wirkungen entfaltet. Daher wird die mit Lauge von 10 bis 12° Bé genetzte Faser auf eine Spannvorrichtung aufgebracht und dann unter 0° C abgekühlt. Man kann auch sofort kalte Lauge aufbringen. Bei gewöhnlicher Temperatur läßt die Spannung der mit kalter Lauge behandelten Faser nach (vgl. a. E.P. 20714/1896).

D.R.P. 113 929, Kl. 8. Herrmann Gaßner in Bludenz (Vorarlberg). Verfahren zur Erzeugung erhöhten Glanzes auf mercerisierten Textilstoffen. Vom 30. März 1898.
Patentansprüche: 1. Verfahren, um bereits mercerisierten Garnen, Zwirnen oder Geweben einen erhöhten Glanz zu verleihen, darin bestehend, daß die mit Spannung mercerisierten Textilstoffe nach dem Auswaschen in ungespanntem Zustande nochmals naß gespannt und in gespanntem Zustande getrocknet werden.

2. Eine Abänderung des unter 1. angegebenen Verfahrens, darin bestehend, daß die nach dem Auswaschen bereits mit oder ohne Spannung getrockneten, mercerisierten Garne, Zwirne oder Gewebe neuerdings angefeuchtet, gespannt und in gespanntem Zustande getrocknet werden.

3. Eine Abänderung des unter 1. angegebenen Verfahrens, darin bestehend, daß die bereits mercerisierten Garne, Zwirne oder Gewebe wiederholt mercerisiert und nach dem in ungespanntem Zustande erfolgten Auswaschen gespannt und in gespanntem Zustande getrocknet werden.

4. Eine Abänderung des unter 1. angegebenen Verfahrens, darin bestehend daß die bereits mercerisierten Garne, Zwirne oder Gewebe statt roh in gespanntem Zustande getrocknet zu werden, vorher gekocht bzw. gebleicht, gefärbt oder bedruckt und nach allen diesen Operationen bzw. nach einer der gegebenenfalls allein vorzunehmenden Operationen in gespanntem Zustande getrocknet werden, wobei in allen diesen Fällen die Waren auch während des Kochens bzw. Bleichens, Färbens oder Bedruckens gespannt erhalten werden können.

D.R.P. 114 192, Kl. 8. Société Anonyme de Blanchiment, Teinture, Impression et Apprêt in St. Julien près Troyes (Aube). Verfahren zum Mercerisieren von Geweben ohne Spannen mittels eines die Mercerisierlauge übertragenden Drucktuches. Vom 1. September 1898.
Patentanspruch: Verfahren zum Mercerisieren von Geweben ohne vorheriges besonderes Spannen derselben, darin bestehend, daß man das Gewebe gleichzeitig mit einem anderen, mit der Mer-

cerisierlauge getränkten, gegen diese unempfindlichen Drucktuch aus Wolle oder mit einem bereits mercerisierten Baumwollgewebe aufwickelt, so daß die Flüssigkeit auf das zu behandelnde Gewebe übertragen wird, während dieses in allen Teilen gut mit dem Drucktuche in Berührung gehalten wird.

Das Drucktuch muß größer als der zu behandelnde Stoff sein, es kann aus vegetabilischem oder metallischem Material sein, z. B. auch aus mercerisiertem Baumwollgewebe oder aus Wolle.

D.R.P. 120 344, Kl. 8. Ernst Willy Friedrich in Chemnitz. Verfahren beim Mercerisieren von vegetabilischen Gespinsten oder Geweben. Vom 27. Februar 1898.

Patentanspruch: Bei dem Mercerisierverfahren zur Erzeugung von Seidenglanz auf Baumwolle durch Strukturänderung der Faser mittels starker Streckung die Zersetzung der Cellulose-Natronverbindung in der Weise, daß durch Waschen der mercerisierten Baumwolle in ungespanntem Zustande mit Wasser nur ein Teil des Alkalis entfernt und der Rest des Alkalis nach Spannung der Ware an Kohlensäure gebunden wird.

Bisher hat man das Waschen der unter Spannung mercerisierten Ware in gespanntem Zustand vorgenommen. Man kann auch das Garn ungespannt durch die Lauge nehmen, den Überschuß an Lauge durch Zentrifugieren entfernen, dann spannen und auswaschen. Nach dem vorliegenden Verfahren wird ein Teil des Alkalis ohne Spannung ausgewaschen, wobei auch die Mercerisation ohne Spannung vorgenommen werden kann. Außerdem gewinnt man einen großen Teil der Lauge in starker Konzentration 5—10° Bé wieder.

D.R.P. 127 161, Kl. 8. A. Römer und E. Hölken in Barmen. Verfahren und Maschine zur Mercerisation von Baumwollfäden unter Erhaltung der Elastizität. Vom 1. Februar 1899.

Patentansprüche: 1. Ein Verfahren zur Ausführung der Mercerisation von Baumwollfäden, darin bestehend, daß das Einschrumpfen wie das Strecken der Fasern oder der Fäden unter elastischer Spannung bewirkt wird, zu dem Zwecke, dem Faden eine möglichst hohe Elastizität zu geben bzw. zu erhalten.

2. Eine Maschine zur Ausführung des in Anspruch 1 charakterisierten Verfahrens, dadurch gekennzeichnet, daß die infolge der Bearbeitung des Garnes eintretende Strangkürzung und dadurch hervorgerufene Bewegung oder Annäherung der einen Garnwalze gegenüber der anderen festliegenden mittels Kettenzuges od. dgl. auf eine Rolle übertragen wird, durch welche ein an einem zweiten

Rollenzug hängendes Gewicht so gehoben wird, daß es bei Nachlaß der Schrumpfung des Garnes wieder streckend auf dieses zurückwirkt.

Bei dieser Arbeitsweise können keine Kräfte auftreten, die zerreißend oder zerrend auf die Faser einwirken. Hierdurch wird das so erhaltene Garn weniger hart und spröde.

D.R.P. 128 284, Kl. 8. F. A. Bernhardt in Zittau i. S. Mercerisieren von Geweben unter rollendem Druck. Vom 15. Juli 1896.

Patentanspruch: Verfahren, um rohe oder geeignet vorgefärbte Gewebe aus Baumwolle oder anderen Pflanzenfasern mittels starker Ätzlaugen oder starker Säuren zu mercerisieren, dadurch gekennzeichnet, daß man die Gewebe während der Mercerisation und der darauffolgenden Neutralisation im aufgewickelten Zustande einem rollenden Druck bis zum Eintreten eines seidenähnlichen Aussehens unterwirft.

Die angewendeten Laugen sollen etwa 15—45° Bé stark sein. Die Behandlung mit dem rollenden Druck wird also ausgeführt, wenn die Ware sich im Mercerisations- oder Neutralisierungszustand befindet, d. h. wenn die Faser dick, gerade und durchscheinend ist. Die Wirkung des Kalanderns in diesem Zustand unterscheidet sich von der des Nachkalanderns in dem fertigen Zustand dadurch, daß der erzielte hohe Glanz gegen Wasser beständig ist.

Schweiz. P. 14 078 vom 18. März 1897. Firma Joh. Kleinewefers Söhne in Crefeld. Vorrichtung zum Mercerisieren der Baumwolle in Strangform (E. P. 7093/1897).

Patentanspruch: Ein Zentrifugalapparat zum Mercerisieren der Baumwolle in Strangform, gekennzeichnet durch eine Flüssigkeit durchlassende Trommel, auf welche die Baumwollstränge lose aufgelegt werden können, und ein inneres Zuleitungsorgan für die Mercerisierflüssigkeit und das Spülwasser.

Dieser Apparat soll es ermöglichen, Baumwolle ohne Eingehen zu mercerisieren. Die Baumwollstränge spannen sich infolge der Zentrifugalkraft, wenn die Trommel in Umdrehung versetzt wird. Die von innen eingeleitete Lauge wird durch die Baumwollstrangdecke getrieben.

Ö. P. 728 vom 3. Juni 1899. Firma F. Schmitt in Böhm.- Aicha. Mercerisierverfahren.

Patentanspruch: Mercerisierverfahren dadurch gekennzeichnet, daß die mit der Mercerisierflüssigkeit getränkte Ware in ungespanntem Zustand zwischen kannelierten Walzen hindurchgeführt und dadurch einer Knetwirkung unterworfen wird, welche die durch die Mercerisierflüssigkeit in der Faser erzeugte Spannung beseitigt. Bei der Ausführung des Verfahrens wird die Ware zunächst zum Zwecke des Imprägnierens mit einer in der Appretur gebräuchlichen Vorrichtung über Walzen durch einen mit der Mercerisierflüssigkeit gefüllten Trog geführt, dann wird die Lauge abgepreßt und auf eine Warmwalze aufgewickelt. Die getränkte Ware läuft dann durch zwei kannelierte Walzen, die mit elastischem Belag versehen sein können. Durch die Knetwirkung wird die Spannung aufgehoben. Dann wird auf eine Walze aufgewickelt und spannungslos gewaschen und getrocknet.

Ö.P. 3226 vom 1. Oktober 1900. Firma Fischer-Rosenfelder in Reutlingen. Verfahren zur Erhöhung des Glanzes mercerisierter Baumwolle.

Patentanspruch: Verfahren zur Erhöhung des Glanzes von in bekannter Weise mercerisierten Baumwollgarnen, dadurch gekennzeichnet, daß dieselben nach dem Waschen und Trocknen einer Dämpfung unter Druck ausgesetzt werden.

Das Verfahren bezweckt, die Arbeitsweise, welche Lowe in dem E.P. 4452/1890 beschrieben hat, zu verbessern. Die Garne und Gewebe sollen erheblich weicher und elastischer werden, als wenn sie einer starken Streckung unterworfen werden. Sie sollen sich auch besser zu Perlzwirn verarbeiten lassen. Man bringt das gut ausgekochte und genetzte Material unter leichter Spannung in Natronlauge ohne besondere Streckung, neutralisiert, wäscht, trocknet und dämpft ungespannt unter $1-1^1/_2$ Atm Druck.

Ö.P. 94 199 vom 10. November 1921. Amos Nelson in Gledstone. Verfahren zum Mercerisieren von Baumwolle (F.P. 543 291).

Patentanspruch: Verfahren zum Mercerisieren von Baumwolle in Form von Vorgespinsten, dadurch gekennzeichnet, daß eine Anzahl von schwach gedrehten Vorgespinsten Seite an Seite aneinandergelegt und so zu einem Strang vereinigt wird, der dem Mercerisieren unterworfen wird.

Beim gewöhnlichen Mercerisieren werden Garne in Strang- oder Zettelform der Mercerisierung unterworfen, dabei hindert der Drall eine vollkommene Durchdringung mit Lauge. Mercerisierung in Strängen bietet gleichfalls Schwierigkeiten. Nach dem neuen Verfahren werden Vorgespinste in Gestalt eines Seiles oder einer Kette gebracht und wie vorbeschrieben verarbeitet. Es wird gelaugt, gewaschen und ohne Schwefelsäurebehandlung gedämpft. Die Lauge soll 4—5° kalt sein. Nach dem Waschen wird getrocknet.

E.P. 19 633/1896. Verfahren zur Herstellung von seidenartigen oder ähnlichen Effekten auf Garnen, Fäden oder Geweben pflanzlichen Ursprunges. Adolf Liebmann, Manchester.

Patentanspruch: Verfahren zur Herstellung von Textilmaterialien von glänzendem oder seidenartigem Aussehen, gekennzeichnet durch die Verwendung von ägyptischer oder Sea-Island-Baumwolle in dem vorbeschriebenen Verfahren.

Dieses Verfahren verwendet die gleichen Maschinen, die zum Mercerisieren unter Spannung üblich sind. Nachdem das Garn mercerisiert worden ist, wird die überschüssige Lauge ausgepreßt und gereckt, so lange es noch Lauge enthält. Man läßt es 5 bis 10 Minuten in ausgerecktem Zustand und berieselt es mit Wasser, dann wird es entspannt und gewaschen. Man kann auch mit verdünnter Essigsäure absäuern. Zur Erhöhung des Glanzes soll mit Seifenlösung und Essigsäure nachbehandelt werden. Die Garne sollen nur einen leichten Drall besitzen und die Gewebe aus schwach doublierten Garnen hergestellt sein. Zum Mercerisieren werden Walzen verwendet, die zwecks Spannung voneinander entfernt werden können.

E.P. 28 870/1896. Verfahren, um Baumwolle ein seidenähnliches Aussehen zu verleihen. Oswald Seyfert, Glauchau.

Patentansprüche: 1. Das Verfahren, um baumwollenen Garnen oder Geweben ein seidenähnliches Aussehen zu verleihen, besteht darin, daß man die Baumwolle mit einer alkalischen Lauge behandelt und sie dann in gestrecktem Zustand bei niedriger Temperatur trocknet.

2. Verfahren zur Herstellung von baumwollenen Garnen und Geweben mit seidenähnlichem Aussehen in der im vorstehenden beschriebenen Weise, darin bestehend, daß man die Baumwolle mit einer Alkalilauge behandelt, sie in gestrecktem Zustand bei niedriger Temperatur trocknet und schließlich ohne Spannung wie vorbeschrieben auswäscht.

Bisher hatte man derart gearbeitet, daß man die Streckung sowohl während der Mercerisation als auch beim Waschen andauern ließ. Man erhält ein weicheres und leicht zu verwebendes Produkt. Das Garn wird in kalte Natronlauge von 30° Bé eingetaucht, ausgewrungen und auf Trockenrahmen gebracht und während des Trocknens gestreckt. Nach dem Trocknen wird bei 30—40° C gewaschen.

E.P. 3218/1897. Verbesserungen beim Mercerisieren von Textilmaterialien. Alexander Georges Boulon, Frankreich.

Patentanspruch: Das Verfahren zur Mercerisation von Textilmaterialien besteht darin, daß man das Textilgut nicht mit einem Überschuß von Lauge imprägniert, während das Gut sich nicht zusammenziehen kann, daß man die Lösung 12—24 Stunden einwirken läßt, bis die Fasern nicht weiter zusammenschrumpfen und sie schließlich durch Auswaschen von der Lauge befreit.

Dieses Verfahren soll vornehmlich auf schlauchförmig gewirkte Waren angewendet werden, denen erhöhte Farbaufnahmefähigkeit ohne Eingehen der Ware verliehen werden soll. Die Ware läuft von einer Walze über zwei Leitwalzen auf eine vierte Walze und wird vorher durch eine Verteilungseinrichtung vor dem endgültigen Aufwickeln mit Natronlauge besprüht. Das Gewebe muß entfettet und noch feucht sein. Nach dem Mercerisieren wird gebleicht und gefärbt, vornehmlich in der Kälte. Man verwendet in erster Linie alkalische Lauge, da Säuren wegen der langen Zeitdauer das Gewebe zerstören.

E. P. 20 714/1896. Verbesserung beim Mercerisieren von pflanzlichen Faserstoffen und bei ihrer Herstellung. Thomas & Prevost, Crefeld.
Die Angaben dieses Patentes decken sich zum Teil mit denen des bereits referierten D.R.P. 85 564 (vgl. Kap. I). Es soll also nur auf folgendes hingewiesen werden. Man soll die vegetabilische Faser in gestrecktem Zustand so lange der Einwirkung von starken Alkalien oder Säuren aussetzen, bis sie ein pergamentartiges Aussehen angenommen hat. Man kann das Garn auch als Copse, auf der Haspel oder als Bobinen mercerisieren. Die Streckung soll vom Aufbringen der Lauge bis zu ihrer Entfernung andauern. Es ist gleichgültig, ob bereits vor der Mercerisierung ausgereckt wurde oder nach dem Aufbringen der Lauge, d. h. vor dem Waschen. Es ist auch unerheblich, ob man bis zum Auswaschen dehnt oder vorher ausreckt und dann ungespannt wäscht.

Natronlauge von 10—20° Bé hat keine Mercerisationswirkung, außer wenn man damit getränkte gespannte Baumwolle unter 0° C abkühlt. Man kann auch bereits kalte Lauge aufbringen.

Bei Anwendung der kalten Lauge kann man die Spannung durch Anwärmen auf 15° C aufheben.

Das Auswaschen stark gedrehter Garne ist schwer ausführbar, man soll deshalb verdünnte Alkalien oder Säuren anwenden.

E. P. 14 201/1897. Thomas & Prevost, Crefeld. Verbessertes Verfahren und Maschine zum Mercerisieren von vegetabilischen Fasern in Form von Fäden, Schnur, Garn u. dgl.

Bei der Behandlung vegetabilischer Fasern in der Form von Fäden wurden sie während der Zeitperiode zwischen der Behandlung mit der Lauge und dem Trocknen der entlaugten Fäden gespannt gehalten entweder bei normaler Temperatur oder darunter, oder so weit ausgereckt, bis sie Seidenglanz zeigten. Anstatt die Fäden wie vorbeschrieben zu behandeln, soll man sie entweder während oder nach ihrer Passage durch die Natronlauge, Wasser und Säuren durch Rollen hindurchgehen lassen, die das Schrumpfen aufheben. Das Strecken kann auch mit Rollen verschiedener Geschwindigkeit erreicht werden.

E.P. 17 397/1897. Verbesserung in der Behandlung von Baumwolle oder anderen vegetabilischen Fasern. Horace Lowe, England.

Die Behandlung der Faser erfolgt vor dem Verspinnen. Da das Mercerisieren bereits fertiger Garne nicht gleichmäßig verläuft, so wird vorgeschlagen, die Baumwolle so wie sie von der Kardiermaschine kommt zu mercerisieren, wo also die Fäden parallel liegen und nicht dicht, so daß sie sich gleichmäßig mit der Natronlauge sättigen. Nach dem Auswaschen läßt man die nassen Fasern durch Walzen laufen, durch die jede Einzelfaser gestreckt wird, bevor sie den plastischen Zustand verliert. Die Fasern werden in Form von Kammzug, Bändern oder Vorgespinst verarbeitet (vgl. hierzu Ö.P. 94 199). Die Konzentration der Lauge beträgt 6,58—32,8 vH NaOH, die Temperatur minus 17,78—15,55° C.

E.P. 26 247/1897. Verbesserungen bei der Herstellung glänzender Effekte auf vegetabilischen Textilmaterialien. William George Heys, England.

Um die Natronlauge möglichst schnell und durchgreifend mit der gespannten Ware in Berührung zu bringen, wird sie mit Hilfe eines Vakuums durch die Ware durchgesaugt. In der gleichen Weise sollen auch die Wasch- und Neutralisierungsflüssigkeiten zur Anwendung gebracht werden. (Das Aufbringen der Lauge in die nicht gespannte Ware unter Anwendung von Vakuum ist in dem D.R.P. 37 658, Kl. 8 beschrieben.)

E.P. 7688/1898. Verfahren zum Mercerisieren von Garnen oder Fäden aus vegetabilischen Fasern. Schiefner, Wien.

Man soll dieses Verfahren ohne Anwendung der komplizierten Streckapparate ausführen. Man vermeidet diese Apparate dadurch, daß man das Mercerisieren, Auswaschen und Trocknen ausführt, während die Ware auf einem Haspel aufgewickelt ist. Die Garne laufen von den Copsen über Rollen durch die Mercerisierbäder und von da aus auf eine Haspel, auf der sie ausgewaschen und getrocknet werden, wobei man die rotierende Haspel in eine Trockenkammer bringen kann. Man kann auch die Lauge auf der Haspel aufbringen.

E.P. 10 246/1898. Verbesserungen im Verfahren und in der Vorrichtung zum Mercerisieren von Garnen und Strängen in gespanntem Zustand. George Heys, England.

Um die Mercerisierung, das Auswaschen und Absäuern möglichst schnell zur Durchführung zu bringen, werden die dazu benötigten Flüssigkeiten mit Hilfe eines Vakuums hindurchgesaugt. Die Flüssigkeiten werden im Kreislauf durch die Apparate geschickt.

E.P. 12 669/1898. Verbessertes Verfahren zum Mercerisieren von baumwollenen Garnen und Geweben. Leonard Schade von Westrum, Magdeburg.

Nach dem neuen Verfahren wird die gut angefeuchtete oder nasse Baumwolle im Zustande einer leichten Spannung auf einen Rahmen gebracht und der Einwirkung einer Natronlauge von nicht weniger als 32° Bé während 6—10 Minuten unterworfen. Man bringt sie dann auf dem Rahmen in eine Kammer, in die Kohlensäure eingeleitet wird, für etwa 10—20 Minuten. Dann wird die Ware mit Dampf getrocknet und gewaschen. Sie kann schließlich kalandert werden (vgl. auch D.R.P. 120 344, Kl. 8).

E.P. 5703/1899. Verbessertes Verfahren zum Lüstrieren von mercerisiertem Garn. Adolf Fischer, Reutlingen.

Um einen stärkeren Glanz auf mercerisiertem Garn zu erzielen, soll man in einem geschlossenen Kessel oder einer Dämpfkammer nach der Mercerisation unter Spannung oder nachdem es nach dem Mercerisieren einer nachfolgenden Streckung unterworfen worden ist, dämpfen. Man verwendet Dampf in einer Spannung von 1,5 Atm. für etwa 40 Minuten und das Garn in trockenem Zustand.

E.P. 25 163/1902. Verbessertes Verfahren zum Mercerisieren von baumwollenen Vorgespinst und Garnen. William Nosmith, England.

Vorgarne hat man dadurch für die Mercerisation geeignet zu machen versucht, daß man ihnen einen hohen Drall verlieh. Um diese Schwierigkeit zu überwinden, soll man in gewöhnlicher Weise versponnenes Vorgespinst oder Garn um eine durchlöcherte Trommel wickeln. Dann taucht man das aufgewickelte Garn in heißes Wasser, um es zu reinigen und es zum Zusammenziehen zu bringen und behandelt es dann mit Natronlauge. Hierbei findet eine vollkommene Durchdringung mit Lauge statt. Man wäscht dann, trocknet und wickelt auf Bobinen.

E.P. 4528/1907. Verbessertes Verfahren zum Mercerisieren von vegetabilischen Fasern oder Textilmaterialien. Ebenezer Bonsfield, England.

Um lose Baumwollfasern zu mercerisieren, hat man viele Schwierigkeiten überwinden müssen, um die Fasern am Gleiten zu verhindern. Man hat u. a. das lose Material zwischen zwei Strecksieben aus Metall angeordnet, die über gekrümmte Flächen geleitet werden, und die Lauge hindurchgesaugt.

Man soll auf einfachere Weise den gleichen Zweck erreichen, wenn man eine Horizontal- oder Vertikalzentrifuge anwendet. Die Zentrifuge besitzt vorteilhaft doppelte, zum Teil durchbrochene Wandungen. In dem Zwischenraum befindet sich das zu mercerisierende Gut. Je schneller die Rotation ist, um so durchgreifender ist auch die Mercerisation. Man wäscht auch unter Rotation aus.

E.P. 15 352/1907. Verfahren und Apparat zur Entfernung von Natronlauge aus damit getränkter Ware. Otto Venter, Chemnitz.

Zur Entfernung der Natronlauge aus mit ihr getränkter Ware behandelt man sie mit Dampf von beiden Seiten, während sie mechanisch mit Quetschwalzen ausgepreßt wird. Auf diese Weise gelingt es, eine Abfallauge von viel höherer Konzentration zu erzielen, als wenn man die Ware, wie bisher üblich, mit Wasser auswäscht.

E.P. 243 380. Verfahren und Einrichtung zur Mercerisation von zerteilten Garnen. Werner Koenigs und Josef Kam, Crefeld.

Um Garne, die aus zwei oder mehr Fäden bestehen, zu mercerisieren, soll man folgendermaßen verfahren. Die Einzelfäden werden parallel aufgespult, abgekocht und zentrifugiert, bis sie noch etwas feucht sind. Dann wird Natronlauge in die Zentrifuge eingebracht. Die Natronlauge wird nach der Einwirkung durch Zentrifugieren entfernt. Die ohne Spannung aufgespulten Fäden schrumpfen zusammen. Die Lauge enthaltenden Fäden werden durch Rollen abgespult, dann durch ein Waschbad unter Spannung hindurchgezogen, zweimal mit Wasser und einmal mit Säuren behandelt und in einer Naßspinnmaschine versponnen.

Schweiz.P. 111 540. Verfahren zum Vorbehandeln von Garn in Strangform vor der Mercerisation, Färbung usw. Ernst Bebié, Spanien.

Baumwollgarn, das abgekocht oder eingenetzt ist, wird vor dem Mercerisieren für gewöhnlich in einer Zentrifuge von dem überschüssigen Wasser befreit. Auf diese Weise kann man, wie sich bei der nachfolgenden Mercerisation zeigt, nie eine gleichmäßige Feuchtigkeit der Ware erreichen, wodurch die Lauge ungleichmäßig aufgenommen wird. Um diesen Übelstand zu beseitigen, wird das Garn nach dem Abkochen und Einnetzen nicht mehr auf die Zentrifuge gebracht, sondern z. B. auf der Mercerisiermaschine oder in einer Zusatzmaschine in gespanntem Zustand ausgequetscht. Die ungleichmäßige Schleuderwirkung der Zentrifuge kann auch durch nachheriges Benetzen und darauffolgendes Auswinden nicht behoben werden.

F.P. 399 904. Verfahren und Apparat zum Mercerisieren von Geweben. Société Heberlein, Schweiz.

Die unterschiedlichen Merkmale des neuen Verfahrens vor den bekannten bestehen darin, daß das Waschen der ohne Spannung gelaugten Gewebe nicht dann vorgenommen wird, nachdem bereits eine Ausreckung in hohem Maße stattgefunden hat, sondern daß man sofort damit beginnt, wenn das Gewebe auf die Spannapparate gelangt, so daß Erhöhung der Spannung und Vollendung des Auswaschens sich parallel nebeneinander vollziehen. Durch diese Art der Arbeitsweise gelingt es, mit einer kleineren Streckkraft auszukommen.

F.P. 424 247. Verfahren zum Mercerisieren von Fasern in Strähnen. Max Friedrich, Deutschland.

Das vorliegende Verfahren betrifft die Mercerisation von Fasern, wobei die Strähnen durch Walzen in einem Mercerisierungsbad in Spannung gehalten werden. Das Neue der Erfindung besteht darin, daß die Spannwalzen während der Rotation einer seitlichen Verschiebung unterworfen werden können. Durch diese seitliche Verschiebung soll der Lauge ein gleichmäßigerer Zutritt zu den Strängen verschafft werden, wodurch auch eine in ihrer Farbaufnahmefähigkeit homogene Ware hergestellt wird.

F.P. 426 060. Verbesserung in der Herstellung von mercersiertem Tüll. Leon Arnould et Société H. David, Frankreich.

Mercerisierten Tüll hat man bisher aus Baumwollfäden hergestellt, die vorher mercerisiert waren. Nach dem neuen Verfahren wird zunächst Tüll aus Baumwollfäden in bekannter Weise hergestellt, dann im Stück mercerisiert und fertig gemacht.

Das Mercerisieren und Fertigmachen können nacheinander mit den bekannten Mitteln vorgenommen werden. Man erzielt auf diese Weise ein Fabrikat von besonders schönem Aussehen, von großer Widerstandsfähigkeit. Man kann die Ware sowohl vor dem Mercerisieren und Fertigmachen, als auch nach dem Mercerisieren und vor dem Fertigmachen oder nach diesen beiden Operationen appretieren.

E.P. 12 551/1910. Verbesserung beim Mercerisieren von Baumwolle oder pflanzlichen Fasern. Copley, England.

Es sind bereits Verfahren besprochen worden, um Baumwolle in Form von Vorgespinst zu mercerisieren. Man hat u. a. (vgl. E.P. 17 397/1897) Bänder mit parallel liegenden Fasern, so wie sie von dem Kardieren kommen, mit Natronlauge gesättigt, das so behandelte Vorgespinst ausgewaschen und dann durch Walzen laufen lassen, durch die jede Einzelfaser gestreckt wird, bevor sie den plastischen Zustand verliert.

Nach dem vorliegenden Verfahren wird gleichfalls Vorgespinst in Gestalt eines Kardenbandes od. dgl. angewendet. Man behandelt dieses mit Natronlauge, die man durch die Faser saugt oder preßt oder durchzentrifugiert und dann auswäscht. Nach dem Auswaschen, d. h. solange das Vorgespinst noch feucht ist, wird es versponnen und durch ein Walzensystem oder eine Streckvorrichtung geführt. Man kann auch zuerst durch Walzen laufen lassen und dann verspinnen. Man kann auch Vorgarn herstellen und in diesem Zustand strecken, insbesondere unter Anwendung von Walzen. Man kann aus diesem Produkt auch Doppelgarne herstellen. Nach diesem Verfahren hat die Mercerisierungslauge freien Zutritt zu den Fasern.

B. Mercerisation mit Lauge allein ohne Betonung bestimmter mechanischer Hilfsmittel.

D.R.P. 117 733, Kl. 8. Gustave Georges Capron in Antwerpen. Verfahren zur Herstellung von mercerisiertem Baumwollsammet. Vom 10. Dezember 1899.

Patentanspruch: Verfahren zur Herstellung von merceristem Baumwollsammet bzw. Geweben, welche nach dem Weben aufgeschnitten werden, dadurch gekennzeichnet, daß man den Sammet oder das Gewebe nach dem Fertigweben, aber vor dem Aufschneiden der Florschlingen mercerisiert.

Die Mercerisation von Sammet mit aufgeschnittener Flordecke liefert keine befriedigenden Resultate. Die Mercerisation kann mit oder ohne Spannung ausgeführt werden. Man soll eine Natronlauge vom spez. Gew. 1,375—1,385 bei 10—15° C anwenden, indem man das Gewebe durch eine Pflatsch- oder Klotzmaschine hindurchführt. Das Hindurchführen wird ein- bis dreimal ausgeführt. Dann wird auf eine Spannvorrichtung gebracht. Das Waschwasser wird durch Röhren unter Druck aufgebracht, dann folgt zur Abstumpfung der Lauge Essigsäure von 8° Bé. Das Einschrumpfen kann man auch durch Zusatz von Glycerin bzw. Alkalisilicat, Natriumaluminat und Kohlenwasserstoffe zu den Laugen aufheben.

D.R.P. 120 576, Kl. 8. Georg Friedrich Dietrich in Glauchau i. Sa. Verfahren zur Fixierung mercerisierter Baumwolle. Vom 9. Juli 1896.

Patentanspruch: Verfahren zum Fixieren der mit Ätzalkalien mit oder ohne Spannung mercerisierten vegetabilischen Fasern in Strang- oder Gewebeform unter Verhinderung des Einschrumpfens der Fasern und Erzielung eines seidenähnlichen Glanzes, dadurch gekennzeichnet, daß man die Fasern ohne vorgängiges Wiederauswaschen des Ätzalkalis einer mehrstündigen Einwirkung mäßiger Wärme aussetzt und sodann in ungespanntem Zustand auswäscht.

Das Auswaschen der Lauge aus der gespannten Faser stößt praktisch auf viele Schwierigkeiten. Nach dem vorliegenden Verfahren kann man sowohl das Mercerisieren als auch das Auswaschen in losem Zustand vornehmen, wenn man nur die gelaugte Baumwolle ohne vorgängiges Wiederauswaschen des Alkalis in gespanntem Zustand trocknet. Durch den Trockenprozeß findet eine Fixierung der durch die Natronlauge angegriffenen gedehnten Faser statt. Man behandelt das Garn etwa 20 Minuten in Natronlauge von 30° Bé, dann wird zentrifugiert. Man bringt es nach Dehnung in eine Trockenkammer von 37,5° C. Nach dem Trocknen wird wie üblich weiter behandelt.

D.R.P. 122 488, Kl. 8. Fr. W. Klein in Düsseldorf. Verfahren zum Mercerisieren von Baumwolle. Vom 23. Oktober 1900. (E.P. 21 397/1900.)

Patentanspruch: Verfahren der Mercerisation der Baumwolle, dadurch gekennzeichnet, daß dieselbe, nachdem sie kalt in üblicher Weise mercerisiert ist, in heißen Natronlaugebädern gespült und sukzessive gestreckt wird, deren Konzentration beginnt mit etwa der ursprünglichen Stärke der zur Mercerisation verwandten Natronlauge und endigt in solch verdünnter Lösung, daß in ihr die Schrumpfkraft der Baumwolle aufhört, wobei entgegen dem Gange der Ware die Waschflüssigkeit sich im Gegenstrom bewegt und die Baumwolle bis zur ursprünglichen Länge und darüber hinaus gespannt wird, die Natronlauge in voller Konzentration wieder gewonnen wird und die zum Spannen nötige Kraft nur die Hälfte der auf den bisherigen Maschinen übliche ist.

Die Mercerisation soll bei Temperaturen von 2—15° C erfolgen. Das Erhitzen der Waschflüssigkeit erfolgt durch geschlossene Rohrschlangen. Aus dem ersten Waschgefäß gelangt die Lauge sofort wieder in den Betrieb zurück.

D.R.P. 124 135, Kl. 8. F. Gros & Bourcart in Remiremont, Vogesen. Verfahren zur Erzeugung seidenartigen Glanzes auf unversponnener Baumwolle. Vom 10. Dezember 1898.

Patentanspruch: Verfahren zur Erzeugung seidenartigen Glanzes auf unversponnener Baumwolle, dadurch gekennzeichnet, daß der Docht von der Vorspinnmaschine bzw. das Band von der Krempel abgenommen, in Schnurform gedreht und unter Spannung mercerisiert werden, worauf die den Schnuren erteilte Drehung aufgehoben wird, um die Baumwolle in einen Zustand zurück zu versetzen, in welchem sie in beliebiger Weise weiter versponnen werden kann.

Man hat bisher Baumwollgewebe und Zwirne mit gutem Erfolg mercerisiert, dagegen nicht Baumwolle während des Spinnereiprozesses, um mercerisierte Vorgarne zu erhalten, weil die üblichen Vorgespinste der durch die Kontraktion beim Mercerisieren verursachten Verschiebung keinen Widerstand entgegensetzen konnten. Durch die Überführung der Baumwolle in Schnurform wird der für die Mercerisation erforderliche Widerstand geschaffen.

D.R.P. 128 475, Kl. 8. Max Schütze in Berlin. Verfahren zur Erzeugung erhöhten Glanzes auf Baumwollgarn. Vom 20. April 1898.

Patentansprüche: 1. Verfahren zur Erzeugung eines erhöhten Glanzes auf Baumwollgarn durch Mercerisieren unter Spannung, dadurch gekennzeichnet, daß das in festgedrehtem Zustande unter Spannung mercerisierte Garn nachträglich wieder mehr oder weniger weit aufgedreht wird.

2. Eine Ausführungsform des unter 1. beanspruchten Verfahrens, darin bestehend, daß das Garn in kontinuierlicher Weise durch eine geeignete Vorrichtung, z. B. durch die Flügel einer Waterspindel stark gedreht, sodann in gespanntem Zustande durch die Bäder (z. B. Lauge und Wasser) geführt und durch eine ähnliche, jedoch entgegengesetzt arbeitende Vorrichtung sofort wieder aufgedreht wird.

Der Zweck des Verfahrens ist in erster Linie, kurzstapelige und lose gesponnene Baumwolle in einen Zustand zu versetzen, um den kontrahierenden Wirkungen der Mercerisation einen ausreichenden Widerstand entgegensetzen zu können. In gewisser Hinsicht liegen dem vorliegenden Verfahren ähnliche Erwägungen zugrunde, wie dem des vorgenannten D.R.P. 124 135.

D.R.P. 129 843, Kl. 8. Oskar Reichenbach in Dresden - Blasewitz. Verfahren zur Herstellung mercerisierter Baumwollgespinste unter Zerreißen. Vom 7. Mai 1901.

Patentanspruch: Verfahren zur Herstellung mercerisierter Baumwollgespinste, dadurch gekennzeichnet, daß Baumwollgarn der Mercerisierung bei einer zur Überschreitung der Festigkeitsgrenze führenden Spannung unterworfen, also zum Zerreißen gebracht und nötigenfalls vollends zerrissen oder zerschnitten, das dadurch erhaltene Material dem Reißwolf od. dgl. überliefert und dem Verspinnungsprozeß von neuem unterworfen wird.

Zur Erzielung von Seidenglanz auf Baumwollgespinsten in höchster Vollkommenheit sollen die Fasern im Zustande der stärksten Spannung vor dem Verspinnen mercerisiert werden. Diese Bedingung kann bei unversponnenen Fasern gar nicht und bei versponnenen nur zum Teil erfüllt werden. Deshalb wird gemäß dem vorliegenden Verfahren der Umweg über fertiges Garn gemacht, um nach Mercerisation und Zerstörung des Garngefüges wieder zu einem Gespinst zu gelangen. (Oe.P. 9037.)

D.R.P. 131 134, Kl. 8. Eusebius Schaeffler in Aue i. Sa. Verfahren und Vorrichtung zum einseitigen Mercerisieren in der Kälte. Vom 1. Dezember 1900.

Patentansprüche: 1. Verfahren zum einseitigen Mercerisieren von Geweben, im besonderen von baumwollener oder halbwollener Stückware, dadurch gekennzeichnet, daß das Gewebe zwischen zwei Walzen, einer Metallwalze und einer Gummiwalze, hindurchgeführt wird, von denen die untere, die Metallwalze, in einen mit stark unter den Nullpunkt abgekühlter Mercerisierlauge gefüllten Trog eintaucht und auf die eine Seite des Gewebes Mercerisierflüssigkeit in dünner Schicht aufträgt.

2. Zur Ausführung des in Anspruch 1 gekennzeichneten Verfahrens dienende Vorrichtung, gekennzeichnet durch einen Trog, in welchem ein System von Röhren, durch das ein Kälte entziehendes, vorher komprimiertes Gas geleitet wird, angeordnet ist, in Verbindung mit einer teilweise in den Trog eintauchenden Metallwalze, durch welche die Mercerisierflüssigksit einseitig in dünner Schicht auf das Gewebe aufgetragen wird (vgl. a. D.R.P. 131 228, Kl. 8).

D.R.P. 138 222, Kl. 8. Henry Ward Kearns in Manchester. Verfahren zur Herstellung seidenartigen Glanzes auf Garnen und Geweben aus gewöhnlicher kurzfaseriger Baumwolle. Vom 6. Mai 1900.

Patentanspruch: Verfahren zur Herstellung seidenartigen Glanzes auf Garnen und Geweben aus gewöhnlicher kurzfaseriger Baumwolle, dadurch gekennzeichnet, daß die Baumwolle vor dem Mercerisieren unter Spannung auf der Kämmaschine vorgearbeitet und das gesponnene Garn oder das aus diesem hergestellte Gewebe durch Gasieren oder Sengen vom Flaum befreit wird.

Die Erzeugung eines hohen seidenartigen Glanzes auf baumwollenen Garnen oder Geweben war bisher nur bei kostspieligen Baumwollsorten, wie bei ägyptischer oder Sea-Island-Baumwolle, möglich. Nach dem vorliegenden Verfahren soll man auch aus der gewöhnlichen amerikanischen Baumwolle oder anderer Baumwolle zu gleichen Wirkungen kommen.

D.R.P. 141 394, Kl. 8. J. P. Bemberg, Baumwoll-Industrie-Gesellschaft in Barmen-Rittershausen. Verfahren zur Erzeugung von Appret auf Baumwolle mittels Alkalilauge unter Spannung. Zusatz zum Patent 133 456 vom 17. August 1898. Vom 22. September 1901.

Patentanspruch: Eine Abänderung des durch Patent 133 456 geschützten Verfahrens zur Erzeugung von Appret auf Baumwolle, dadurch gekennzeichnet, daß zum Bleichen der Baumwolle bis zur oberflächlichen Veränderung der Fasern und zur gleichzeitigen Mercerisation derselben heiße hochkonzentrierte Alkalilauge angewendet wird.

D.R.P. 310 824, Kl. 8. Heberlein & Co. in Wattwil, Kanton St. Gallen, Schweiz. Verfahren, um Baumwolle ein transparentes Aussehen zu verleihen. Vom 12. August 1916 (E.P. 108 671, Am.P. 1 265 082).

Läßt man konzentrierte Alkalien auf die Baumwollfaser einwirken, so erleidet diese gewisse chemische und physikalische Veränderungen, welche je nach den Bedingungen, unter welchen gearbeitet wird, variieren. Die größte praktische Bedeutung hat die Behandlung von Baumwolle mit Natronlauge unter Spannung bei gewöhnlicher Temperatur unter der Bezeichnung „Mercerisation" erlangt, wobei der Zweck des Verfahrens die Erzeugung von Seidenglanz auf der Faser ist.

Es ist auch vielfach untersucht worden, welchen Einfluß die Temperatur beim Mercerisationsprozeß auf den Effekt desselben ausübe, und im allgemeinen der Satz aufgestellt worden, daß der

Mercerisationseffekt bei höherer Temperatur abnehme, bei niedrigerer Temperatur zunehme. So findet sich in Gardner: Die Mercerisation der Baumwolle, 1912, auf S. 88 eine Tabelle, welche über die Schrumpfungsverhältnisse der Baumwolle bei verschiedenen Konzentrationen der Natronlauge bei Temperaturen von $+ 2°$ C bis $+ 80°$ C Aufschluß gibt. Ganz allgemein geht aus den bisherigen Untersuchungen hervor:

1. daß bei Anwendung von Natronlauge von der bei der Mercerisation üblichen Konzentration von ungefähr 30° Bé die Temperatur keinen merklichen Einfluß auf den Grad der Mercerisation ausübt, d. h., daß bei Verwendung von gekühlter Lauge kein besserer Effekt entsteht als bei Verwendung von Lauge normaler Temperatur;

2. daß bei Verwendung von verdünnten Laugen, welche bei normaler Temperatur keinen oder einen ungenügenden Mercerisationseffekt ergeben, durch Herabsetzung der Temperatur ein besserer Effekt entsteht, gleich demjenigen, den man mit Laugen höherer Konzentrationen bei höheren Temperaturen erhält, d. h. also, daß man denselben Mercerisationseffekt erhalten kann wie bei der Mercerisation mit Laugen von gebräuchlichen Konzentrationen bei gewöhnlicher Temperatur, wenn man verdünntere Laugen verwendet und dafür bei tieferen Temperaturen arbeitet.

So erwähnt z. B. Dr. A. Kirchhacker in Lehnes Färberzeitung 1911, S. 71, daß der Mercerisationseffekt um so besser wird, je niedriger die Temperatur ist, wenn es sich um Lauge unter 30° Bé handelt, daß bei höherer Konzentration die Temperatur aber keinen Einfluß mehr besitze. Versuche, die Lauge unter 0° abzukühlen, haben keinen besseren Effekt ergeben. In derselben Zeitschrift, 1911, S. 71, sagt Dr. Franz Erban, die Abkühlung der Mercerisierlauge auf 3—10° C bewirke eine Laugenersparnis.

Auch in der Dissertation von O. Lindemann: „Beiträge zur Kenntnis der Einwirkung von Natronlauge auf Baumwolle" werden die Temperaturverhältnisse studiert und dabei gefunden, daß ein Unterschied bei Anwendung von konzentrierten Laugen bei Temperaturen von 0—25° nicht existiere, daß dagegen bei verdünnteren Laugen bei 0—10° C ein stärkerer Glanz erzielt werde als bei höheren Temperaturen, und daß z. B. bei 0—5° C mit Lauge von 10,3 g NaOH in 100 ccm ein Glanz erzielt werde, der annähernd demjenigen gleichkommt, welcher mittels konzentrierter Laugen hervorgerufen wird.

Die deutsche Patentschrift 112 773 der Aktiengesellschaft J. P. Bemberg beschreibt ein Mercerisationsverfahren bei Anwendung von Laugen unter 0°. Es handelt sich hier aber ausdrücklich um ganz verdünnte Lauge von 10—12° Bé, welche bei normalen Temperaturen noch keine Schrumpfung bewirkt, dagegen bei sehr starker Abkühlung Mercerisationsglanz ergeben soll.

Von einer Mercerisation unter Anwendung von Lauge unter 0° spricht auch die deutsche Patentschrift 131 134 bzw. das Zusatzpatent 131 228 von Eusebius Schaeffler. Es handelt sich hier um eine einseitige Mercerisation von Geweben. Worin die Wirkung der gekühlten Lauge besteht, ist nicht ersichtlich. Es ist anzunehmen, daß die Kühlung deshalb vorgenommen wird, um auf diese Weise Halbwollgewebe unter Schonung der Wollfaser mercerisieren zu können. Von irgendeiner besonderen Wirkung der kalten Lauge auf die Baumwolle ist nicht die Rede.

Während laut den erwähnten Publikationen bisher bekannt war, daß durch Abkühlung von verdünnter Natronlauge auf gegen 0° C annähernd derselbe Effekt erzielt wird, wie bei konzentrierten Laugen von normalen Temperaturen, wurde nun gefunden, daß, wenn man Laugen von solchen Konzentrationen, welche bei normalen Temperaturen einen Mercerisationseffekt ergeben, also von mindestens 15° Bé, auf unter 0° C abkühlt, bei genügend langer Einwirkungsdauer die Baumwolle ein transparentes Aussehen erhält, daß also ein neuartiger Effekt entsteht, welcher ganz verschieden ist von den bisher bekannten Mercerisationseffekten. Wird z. B. ein Baumwollgewebe mit einer Natronlauge von 30° Bé bei —10° C während 1 Minute imprägniert, so nimmt dasselbe ein transparenteres Aussehen an, welches auch nach dem Auswaschen und Trocknen nicht verschwindet. Der erzielte Effekt, welcher nach den bisher bekannten Tatsachen ein überraschender ist und keinesfalls vorauszusehen war, unterscheidet sich vollkommen von demjenigen, welcher beim üblichen Mercerisationsprozeß erzielt wird. Die Konzentration der Lauge, der Grad der Temperatur und die Dauer der Einwirkung können je nach Qualität des Materials und je nach gewolltem Grad des Effektes variiert werden. Variationen in den Effekten lassen sich bei Behandlung von Baumwollgeweben auch erzielen, indem man dieselben bei der Mercerisation spannt oder mehr oder weniger stark einschrumpfen läßt. Ferner lassen sich gleichzeitig gemusterte Effekte auf dem Gewebe erzeugen, indem man Reserven auf das Gewebe aufdruckt, alsdann dasselbe der Einwirkung stark gekühlter Alkalilauge aussetzt.

Erhöhte Transparenteffekte lassen sich erzielen, indem man das bei niedriger Temperatur mercerisierte Gewebe der Einwirkung von Schwefelsäure aussetzt, oder indem man dasselbe zuerst mit konzentrierter Schwefelsäure behandelt und alsdann bei niedriger Temperatur mercerisiert. Man kann auch die Schwefelsäure bei niedriger Temperatur anwenden, wobei ihre Einwirkungsdauer verlängert werden kann. Auch bei diesem kombinierten Verfahren lassen sich gemusterte Effekte erzielen im Sinne des Patentes 280 134. Endlich kann das Verfahren der Kaltmercerisation auch im Sinne des Patentes 295 816 der Erfinderin angewendet werden, indem die Laugenbehandlung einmal oder mehrmals bei niedriger Temperatur erfolgt.

Patentansprüche: 1. Verfahren, um Baumwolle ein transparentes Aussehen zu verleihen, dadurch gekennzeichnet, daß man sie mit Natronlauge von zu Mercerisationszwecken üblichen Konzentrationen, also von mindestens 15° Bé, bei Temperaturen von unter 0° C so lange behandelt, bis der Transparenteffekt eintritt.

2. Verfahren nach Anspruch 1, dadurch gekennzeichnet, daß das Baumwollgewebe mit Reserven bedruckt und alsdann der Einwirkung von unter 0° C gekühlter Lauge ausgesetzt wird, zwecks Erzielung gemusterter Effekte.

3. Verfahren nach Anspruch 1, dadurch gekennzeichnet, daß die bei tiefer Temperatur mercerisierte Baumwolle in bekannter Weise der Einwirkung konzentrierter Schwefelsäure von über $50\,{}^{1}/_{2}{}^{\circ}$ Bé ausgesetzt wird, bzw. Baumwolle in ebenfalls bekannter Weise zuerst mit Schwefelsäure von über $50\,{}^{1}/_{2}{}^{\circ}$ Bé behandelt und alsdann bei niedriger Temperatur mercerisiert wird, um erhöhte Transparenteffekte zu erzielen.

4. Verfahren gemäß Anspruch 3, dadurch gekennzeichnet, daß die konzentrierte Schwefelsäure von über $50\,{}^{1}/_{2}{}^{\circ}$ Bé in für sich bekannter Weise in abgekühltem Zustande zur Verwendung gelangt, um diese Einwirkungsdauer verlängern zu können.

5. Verfahren nach Anspruch 3 bzw. 4, dadurch gekennzeichnet, daß im Sinne des Patentes 280 134 vor der Säure- oder Natronlaugebehandlung eine Reserve aufgedruckt wird und alsdann mit gegebenenfalls gekühlter Schwefelsäure bzw. mit abgekühlter Natronlauge behandelt wird.

6. Verfahren nach Anspruch 1, dadurch gekennzeichnet, daß man im Sinne des Patentes 295 816 bei allen in demselben vorgesehenen Kombinationen die Alkalilauge einmal bzw. mehrmals bei einer Temperatur von unter 0° C anwendet und die zur Anwendung gelangende Schwefelsäure von über $50\,{}^{1}/_{2}{}^{\circ}$ Bé gegebenenfalls in abgekühltem Zustande mehrmals bzw. einmal zur Einwirkung bringt, wobei an Stelle des direkten Aufdrucks gekühlter Säure oder Lauge nur das Reservageverfahren mit nachfolgender Passage durch gekühlte Agenzien zur Anwendung gelangt. Über die Anwendung kalter Lauge über 15° Bé vgl. Parnell 1886, S. 202 und E.P. 20 714/1896, S. 2, Z. 20/21.

D.R.P. 391 490, Kl. 8. Heberlein & Co. A.-G. in Wattwil, Schweiz. Verfahren zur Erzeugung einer neuartigen, leinenähnlichen Beschaffenheit von Baumwollgarnen und -geweben. Vom 29. Oktober 1921 (E.P. 192 227, Am.P. 1 439 519).

Behandelt man nach dem Verfahren des Patents 340 824 der Erfinderin Baumwolle mit Natronlauge von zu Mercerisationszwecken üblichen Konzentrationen bei Temperaturen von unter 0° C, so erhält dieselbe ein transparentes Aussehen. Auf diese Weise gelingt es, feine Baumwollgewebe in ähnlichem Maße zu verändern, wie dies bisher durch die wechselweise Wirkung von Säure und Alkali gemäß dem Verfahren des Patents 295 816 der Erfinderin möglich war.

Es wurde nun die überraschende Beobachtung gemacht, daß gröbere, dickere Baumwollgewebe und entsprechende Garne, wie solche bisher nie für den Transparentartikel verwendet werden konnten, nach dem Verfahren des Patents 340 824 behandelt, kein transparentes Aussehen erlangen, sondern vollständig neuartige Effekte aufweisen. Derartige Gespinste und daraus hergestellte Gewebe werden durch diesen Prozeß durchgreifend verändert; sie erlangen eine gewisse, gegen Wäsche beständige Steifheit, verbunden mit eigenartiger Glanzwirkung, nebst erheblicher Festigkeitszunahme. Diese neuen Eigenschaften äußern sich im ganzen in einer leinenähnlichen Beschaffenheit, welche völlig verschieden ist vom Transparenzeffekt. Wohl war es bisher bekannt, auf Baumwollgeweben sogenannte Leinenappretur zu erzeugen, aber wie bei allen derartigen Appreturen findet dabei nur ein Zusammenleimen der Fasern statt, und schon nach der ersten Wäsche geht der ganze Effekt verloren.

Dieses merkwürdige Verhalten, welches nicht vorauszusehen war, könnte dadurch erklärt werden, daß wohl die chemische und physikalische Reaktion auf die einzelne Baumwollfaser beim feinen wie beim groben Gespinst dieselbe ist, aber im Gesamteffekt sich je nach Beschaffenheit des Garnes oder Gewebes in gänzlich verschiedener Weise äußert. Denkt man sich die einzelnen durch die kalte Natronlauge durchsichtig und steif gewordenen Fasern in einen feinen, dünnen Faden vereinigt, so wird das Fadengebilde dieselben Eigenschaften zeigen und daher transparent erscheinen. Bei zunehmender Fadendicke aber, also bei gröberen, dickeren Fäden, verschwindet die Transparenz mehr und mehr, weil eben die nun größere Anzahl Fasern im Querschnitt eine stärkere Lichtbrechung und Reflexion verursacht, und an Stelle des transparenten Aussehens tritt der leinenartige Effekt.

Eine scharfe Grenze, bei welcher der Transparenzeffekt in den Leineneffekt übergeht, kann aus obigen Gründen nicht gezogen werden. Indessen ist festgestellt, daß Garne bzw. daraus hergestellte Gewebe im Feinheitsbereiche der englischen Garnnummern über 80 bereits Transparenz aufweisen, während alle gröberen Nummern, also unter Nr. 80, den typischen Leineneffekt zeigen. Dabei ist zu erwähnen, daß je nach der Qualität der versponnenen Baumwolle und bei Geweben je nach deren Dichte die Grenze, bei welcher der Leineneffekt in Transparenzeffekt übergeht, nach oben oder nach unten etwas verschoben werden kann.

Es hat sich ferner erwiesen, daß ebenfalls, wie im Patent 340 824, sich Variationen im Effekt erzielen lassen, wenn man bei der kalten Mercerisation die Textilgebilde spannt oder mehr oder weniger einschrumpfen läßt. Verstärkte Leineneffekte lassen sich erreichen, wenn man das bei niedriger Temperatur mercerisierte Fasergebilde der Einwirkung von Schwefelsäure von über $50\,^1/_2\,^\circ$ Bé aussetzt, oder indem man das Fasergebilde zuerst mit konzentrierter Schwefelsäure von über $50\,^1/_2\,^\circ$ Bé behandelt und alsdann bei unter 0° C mercerisiert. Man kann auch die Schwefelsäure bei niedriger Temperatur anwenden, um bei besonders dichten Fasergebilden ihre Einwirkungsdauer verlängern zu können. Auch kann das Verfahren der Kaltmercerisation im Sinne des Patents 295 816 der Erfinderin angewendet werden, indem die Laugenbehandlung einmal oder mehrmals bei niedriger Temperatur erfolgt. Endlich kann auch die gewöhnliche Mercerisation bei normaler Temperatur, mit der Kaltmercerisation kombiniert, im Sinne des Patents 389 428 zur Erhöhung der Glanzwirkung vorteilhaft benutzt werden. Der durch die genannten Behandlungen erzeugte Leineneffekt kann in seinem Charakter noch erhöht bzw. verfeinert werden, indem man die Fasergebilde nach der chemischen Einwirkung mechanischen Appreturbehandlungen, wie Pressen und Glätten, unterzieht, was je nach dem gewollten Grade mittels Kalandern, Mangeln u. dgl. geschehen kann.

Das Verfahren ist selbstverständlich nicht nur auf einfache Gewebe, sondern auch auf Stickereien, Strick- und Wirkwaren und überhaupt alle Fadengebilde anwendbar.

Beispiel 1. Abgekochtes Baumwollgarn von der englischen Garnnummer 20 wird mit Natronlauge von 30° Bé bei -10° C während 1 Minute imprägniert, hierauf gespannt, gewaschen, fertig gebleicht und getrocknet.

Beispiel 2. Gebleichter, auf normale Weise unter Spannung mercerisierter Makozwirn von der englischen Garnnummer 50/2 fach wird mit Natronlauge von 28° Bé bei —13° C während 1¹/₄ Minuten imprägniert, hierauf gewaschen und getrocknet.

Beispiel 3. Gebleichtes Baumwollgewebe von der Einstellung 21/21 Faden pro ¹/₄ französischem Zoll und der englischen Garnnummer 30/30 wird mit Natronlauge von 30° Bé bei —10° C während 1 Minute imprägniert, dann gewaschen und getrocknet.

Beispiel 4. Gebleichtes Baumwollgewebe von der Einstellung 19/17 Faden pro ¹/₄ französischem Zoll und der englischen Garnnummer 38/44 wird mit Schwefelsäure von 52° Bé während 5 Sekunden imprägniert, gewaschen und dann mit Natronlauge von 27° Bé bei —12° C während 2 Minuten behandelt, hierauf gewaschen und getrocknet.

Beispiel 5. Dichtes, gebleichtes Baumwollgewebe von der Einstellung 25/27 Faden pro ¹/₄ französischem Zoll und der englischen Garnnummer 48/50 wird mit Natronlauge von 31° Bé bei —10° C während 1 Minute imprägniert, gewaschen und hierauf mit Schwefelsäure von 54° Bé bei —5° C während 15 Sekunden behandelt, gewaschen und getrocknet.

Beispiel 6. Gebäuchtes Baumwollgewebe von der Einstellung 12/12 Faden pro ¹/₄ französischem Zoll und der englischen Garnnummer 12/12 wird mit Natronlauge von 20° Bé bei —5° C während ¹/₂ Minute imprägniert und gewaschen, dann während 10 Sekunden durch Schwefelsäure von 51° Bé bei + 5° C gezogen, wiederum gewaschen und endlich mit Natronlauge von 25° Bé bei —10° C während ³/₄ Minute behandelt, gewaschen, fertig gebleicht und getrocknet.

Beispiel 7. Vorgebleichtes Baumwollgewebe von der Einstellung 16/16 Faden pro ¹/₄ französischem Zoll und der englischen Garnnummer 20/20 wird mit Natronlauge von 32° Bé bei —8° C während 1¹/₂ Minuten behandelt und hierauf auf normale Weise unter Spannung mercerisiert, gewaschen und getrocknet.

Patentansprüche: 1. Verfahren zur Erzeugung einer neuartigen, leinenähnlichen Beschaffenheit von Baumwollgarnen und -geweben, dadurch gekennzeichnet, daß man Garne, deren Feinheit die englische Garnnummer 80 nicht übersteigt, bzw. aus solchen hergestellte Gewebe im Sinne von Patentanspruch 1 des Patents 340 824 der Kaltmercerisation unterwirft.

2. Verfahren nach Anspruch 1, dadurch gekennzeichnet, daß die bei tiefer Temperatur mercerisierten Garne und Gewebe der Einwirkung konzentrierter Schwefelsäure von über 50¹/₂° Bé ausgesetzt werden bzw. die genannten Garne und Gewebe zuerst mit Schwefelsäure von über 50¹/₂° Bé behandelt und alsdann bei

niedriger Temperatur mercerisiert werden, um verstärkte Leineneffekte zu erzielen.

3. Verfahren nach Anspruch 2, dadurch gekennzeichnet, daß die konzentrierte Schwefelsäure in abgekühltem Zustande zur Anwendung gelangt, um diese Einwirkungsdauer verlängern zu können.

4. Verfahren nach Anspruch 1, dadurch gekennzeichnet, daß man im Sinne des Patents 295 816 bei allen in demselben vorgesehenen Kombinationen die Alkalilauge einmal bzw. mehrmals bei einer Temperatur von unter 0° C und die zur Anwendung gelangende Schwefelsäure von über $50^1/_2°$ Bé, gegebenenfalls in abgekühltem Zustande, mehrmals bzw. einmal zur Einwirkung bringt.

5. Verfahren nach Anspruch 1, dadurch gekennzeichnet, daß man im Sinne des Patents 389 428 die Kaltmercerisation bei allen in derselben vorgesehenen Möglichkeiten mit normaler Mercerisation kombiniert, um erhöhte Glanzwirkung zu erhalten.

6. Verfahren nach einem der Patentansprüche 1—5, dadurch gekennzeichnet, daß man die danach vorbehandelten Garne und Gewebe nachträglich einer oder mehreren mechanischen Appreturbehandlungen unterzieht, um deren Leinencharakter noch zu erhöhen und zu verfeinern.

E.P. 21 397/1900. **Verbesserung beim Mercerisieren oder beim Seidenfinish von Waren. Fritz Simons, Düsseldorf.**

Nach dem neuen Verfahren soll man unter Anwendung von geringen Kräften und unter Zurückgewinnung der Natronlauge die mercerisierte Ware auf den ursprünglichen Zustand ausrecken. Nach der Mercerisation wird das Gewebe durch Quetschwalzen ausgequetscht und passiert dann drei Waschgefäße, deren Inhalt durch Heißschlangen angeheizt ist. Beim Durchlaufen der Waschbäder wird die Ware sukzessive gestreckt. Die beiden ersten Waschbäder reichern sich schnell an Lauge an, während im dritten Bade das Wasser ständig erneuert wird (vgl. auch D.R.P. 122 488).

E.P. 131 212. **Verfahren zum Behandeln von Baumwolle. The Fine Cotton Spinners and Doublers Association Limited, England.**

Während man zur Mercerisation Natronlauge von 12—18 vH verwendet, kann man Baumwolle auch mit solchen Laugen veredeln, die zu verdünnt sind, um mercerisierend zu wirken. Die Wirkung besteht in erster Linie in der Erhöhung der Elastizität, Dehnbarkeit und Zerreißfestigkeit. Man verwendet für diesen Zweck eine Lauge von 9 proz. NaOH bei 15—50° C. Man kann die

Tränkung mit der Lauge auch in geschlossenem Kessel unter Anwendung von Vakuum und Druck als auch unter Mitverwendung von Wärme vornehmen.

E.P. 175 761. Verbesserung in der Mercerisation von Baumwolle. Amos Nelson, England.

Das Mercerisieren von fertigen Garnen bietet wegen der geringen Netzfähigkeit große Schwierigkeiten, deshalb hat es sich als zweckmäßig erwiesen, Vorgarn in Form einer schwach gedrehten Kette herzustellen und die Ketten nebeneinander angeordnet zu mercerisieren. Die Lauge soll eine Temperatur von 4,5° C haben. Nach dem Mercerisieren wird die Lauge durch kochendes Wasser und Dampf entfernt, getrocknet und versponnen.

F.P. 364 577. Verfahren zur chemischen Behandlung von Geweben u. dgl. Beresin, Rußland.

Man soll eine vollkommene Umwandlung der Baumwolle, insbesondere eine Erhöhung der Festigkeit und der Farbaufnahmefähigkeit sowie ein wollähnliches Aussehen erhalten, wenn man sie etwa $1/_2$ Stunde lang in einer kalten Natronlauge von etwa 40° Bé behandelt. Hierin wird das Gewebe rauher und durchscheinend und ähnelt dem Pergament. Dann wäscht man mit kaltem Wasser, quetscht aus, behandelt hierauf mit 2 proz. Schwefelsäure und darauf noch einmal mit kaltem Wasser. Führt man eine ähnliche Behandlung in der Wärme aus, so kommt man zu anderen Ergebnissen.

F.P. 464 730. Verfahren und Einrichtung zum Mercerisieren und Auswaschen der Natronlauge. Emil Brächter, Deutschland.

Um mercerisierte Gewebe möglichst schnell und gründlich unter Rückgewinnung möglichst konzentrierter Waschwässer zu gewinnen, wird folgendes Verfahren vorgeschlagen: Das mercerisierte Gewebe wird unter Spannung durch drei übereinanderliegende, mit Überlauf versehene Waschgefäße gezogen. Beim Austritt aus dem obersten Waschgefäß wird das Gewebe mit heißem Wasser berieselt. Durch die Überläufe steht das unterste mit dem obersten Waschgefäß in Verbindung. In dem tiefsten Waschgefäß sammelt sich die stark konzentrierte Waschlauge an, die um so dünner wird, je mehr sich das Auswaschverfahren seinem Ende nähert. Man kann das Auswaschverfahren auch noch durch Anwendung von Durchsaugevorrichtungen unterstützen. Das Auswaschen findet also im Gegenstromprinzip statt (vgl. auch E.P. 21 397/1900 und D.R.P. 122 488).

F.P. 538 757. Verfahren, um der Jute ein wollähnliches Aussehen zu verleihen. Société Remy Lenfant et Cie., Frankreich.

Nach diesem Verfahren soll man aus der Jutefaser Unreinlichkeiten entfernen, wie Harze, Fettstoffe, Tannin u. dgl. und ihr durch die Behandlung die Weichheit der Wollfaser verleihen. Zur Ausführung des Verfahrens behandelt man 100 kg Jute mit etwa 7 kg Schwefelnatrium und 5 kg Natriumsilicat bei etwa 60° C, dann wird mit Wasser gespült und vorteilhaft bei etwa 40° C mit 2 proz. Schwefelsäure nachbehandelt. Man kann das Schwefelnatrium auch allein anwenden (vgl. auch D.R.P. 98 601, in dem ein Zusatz von Natriumsilicat beim Mercerisieren von Baumwolle mit Natronlauge beschrieben ist).

F.P. 613 973. Verfahren zur Umwandlung der Fasern von Corchorus capsularis (Jute) in ein wollähnliches Produkt. Pietro Golli, Italien.

Man hat bereits seit vielen Jahren versucht, aus Pflanzenfasern, z. B. aus Jute, wollähnliche Produkte herzustellen. Wenn man eine pflanzliche Faser mit konzentrierter heißer Alkalilauge behandelt, so tritt Oxydation unter Umwandlung der Cellulose ein. Im Gegensatz zu dem Verhalten anderer Fasern werden die Jutefasern bei dieser Behandlung nicht zerstört, sondern wollähnlich gemacht. Die Fasern sollen keiner chemischen Vorbehandlung unterworfen, sondern lediglich kardiert werden, um sie zu reinigen, dann werden sie bei 25—35° C mit einer Lauge von 30° Bé behandelt. Bei der eintretenden Reaktion steigt die Temperatur bis zur Entwicklung von Wasserdämpfen. Man entfernt die Faser aus dem Bad, wäscht und bleicht. Vor dem Bleichen soll die Faser noch etwas alkalisch reagieren. Seifenbäder erhöhen die Weichheit der Faser. Beim Trocknen tritt der Zerfall der Hydratcellulose und Wollcharakter ein.

E.P. 262 154. Verbessertes Verfahren zum Mercerisieren vegetabilischer Fasern. Emil Gminder, Reutlingen.

Bei der Einwirkung von Alkalien und Säuren auf pflanzliche Fasern hat es sich herausgestellt, daß die Anwendung kalter Lösungen möglichst vorteilhaft ist, um eine tiefgreifende Quellung ohne Schwächung der Faser zu erzielen. Man hat in erster Linie das Mercerisierbad selbst gekühlt. Außerdem ist es auch vorgeschlagen worden, die Gewebe nach der Behandlung mit Mercerisierbad auszuquetschen, über eine Reihe von Kühlwalzen zu führen, zu strecken und zu fixieren. Man hat hierbei unberücksichtigt ge-

lassen, daß während der Einwirkung des Bades und der Streck-
operation große Mengen Wärme entwickelt werden, so daß weder
die Anwendung gekühlter Lauge noch auch das Kühlen vor dem
Strecken ausreichend erschienen. Zur Vermeidung jeglicher Erwärmung soll man das Material bis zu der Vornahme des Wässerns
in der Wärme ständig abkühlen, d. h. auch während des Streckens.
Man arbeitet derart, daß man die Ware nach der Tränkung mit
Lauge über gekühlte Oberflächen zieht und hierbei streckt. Nachdem der Mercerisiereffekt eingetreten ist, wäscht man die gereckte Ware unter Spannung mit heißen Flüssigkeiten aus. Man
verwendet zum Abkühlen je nach der Konstruktion der Streckwalzen gekühlte Walzen oder gekühlte Flächen.

E.P. 267 470. Emil Gminder, Reutlingen. Verbessertes Verfahren zur Behandlung von pflanzlichen
Fasern mit Mercerisierungsflüssigkeiten.

In dem vorstehenden Patent 262 154 ist ein Verfahren beschrieben, nach welchem man zum Mercerisieren gekühlte Lauge
benutzte und während der Streckung kühlte, worauf unter Strek-
kung, z. B. mit heißem Wasser, die Lauge ausgewaschen und dadurch fixiert wurde. Nach dem vorliegenden Verfahren soll man
die auf dem gespannten Gewebe befindliche Lauge nicht mit
heißem Wasser herauslösen, sondern trockene Hitze anwenden,
indem man die gelaugte und gereckte Ware über Heizwalzen laufen
läßt. Hierdurch wird ein Einschrumpfen der mercerisierten Gewebe verhütet. Wichtig ist diese Arbeitsweise für die Rückgewinnung von konzentrierten Laugen. Neben den Heizwalzen
kann man auch heißes Waschwasser anwenden. Sollte ein ge-
wisses Eindampfen erwünscht sein, so kann man sinngemäß Heiz-
und Kühlwalzen miteinander kombinieren.

F.P. 618 170. Verfahren, um die Festigkeit pflanzlicher Fasern zu erhöhen. Otto Dubac, Deutschland.

Man hat zur Erhöhung der Festigkeit von Pflanzenfasern bereits die Behandlung mit Ätzalkalien vorgeschlagen und zur Verwollung die Behandlung mit konzentrierter Schwefel- oder Salpetersäure, Chlorzink, Kupferoxydammoniak u. dgl. Die Anwendung der Säuren ist mit einer Schwächung der Faser verbunden.
Man kann aber bisher unbekannte Wirkungen erreichen, wenn
man sehr hochkonzentrierte Lösungen von Alkalien von 50 bis
125° Bé bei Temperaturen von 60—100° C und höher verwendet.
Die Wirkungen liegen auf dem Gebiete der Festigkeitserhöhung
und der Verwollung, je nach der Natur der Baumwolle aus Ägyp-
ten, Indien oder Amerika. Die behandelten Gewebe werden viel

wertvoller. Man kann so behandelte Gewebe den bekannten Nachbehandlungsmethoden unterwerfen, ohne daß sie unerwünschte Änderungen erleiden. Die Erhöhung der Zerreißfestigkeit wird auf 150 vH erhöht. Das Aussehen der so behandelten Fasern gleicht der Wolle, der Seide oder dem Leinen. Der Glanz ist matt und gleicht nicht dem der mercerisierten Baumwolle. Eine ähnliche Behandlung der Baumwolle zwecks Herstellung von Alkalicellulose hat man auch in dem E.P. 237 685 vorgeschlagen. Nach den dort gemachten Angaben soll man Baumwolle in Lösungen von Alkalien eintauchen, die so hochkonzentriert sind, daß sie bei 20° C fest sind. Es wird vorgeschlagen eine Lösung von 55—75 proz. Ätznatron bei 50—90° C 1—20 Minuten anzuwenden. Der Überschuß der Lauge wird soweit abgepreßt, daß die Cellulose die dreifache Menge an Lauge zurückhält. Während der Pressung beträgt die Temperatur 50—90° C, dann läßt man abkühlen und erhält einen festen Kuchen von folgender Zusammensetzung: Ätznatron 40—50 vH, Cellulose 30—35 vH und Wasser 20—25 vH. Die Masse soll zur Herstellung von Celluloseäthern dienen.

Nach den Untersuchungen von Knecht und Harrison[1] hat man bereits 16fach normale Lösungen von Natron und Kali, d. h. 64 proz. NaOH oder 90 proz. KOH auch bei 80° C auf Baumwolle einwirken lassen. Ähnliche Untersuchungen, bei denen die Konzentration bis 15—20fach normal lag, sind von Collins und Williams im Journal of the Textile Institute 1924, S. 154 veröffentlicht.

Bei der Einwirkung von Schwefelalkalien auf Baumwolle tritt eine Mercerisation unter Einlaufen des Gewebes ein. Man muß demnach die Behandlung des Baumwollgarns oder -gewebes unter gleichzeitiger Streckung vornehmen[2].

D.R.P. 326 806, Kl. 8, h. Gr. 1. Eduard Herzinger in Wittenberge. Verfahren zur Erzielung wollartiger Papiergarne und -gewebe und sonstiger Cellulosefäden.

Das Verfahren besteht darin, daß man die Papiergarne u. dgl. mit Lösungen der Alkalisulfide behandelt. Man soll das Garn in einer Lösung von Natriumsulfid (Kaliumsulfid) von etwa 2—8° Bé ½ Stunde lang kochen, spülen, säuern und nochmals spülen. Auch kann man kalt bis warm behandeln. Die Papier- wie auch die Cellulosefasern werden bei diesem Verfahren gebleicht und erhalten einen wollartigen Griff.

---

[1] Vgl. Journ. Soc. of Dyers and Colour 1912. S. 224; Chem.-Ztg. Repert. 1912. S. 561.

[2] Vgl. Gardner: Mercerisation 1898. S. 41 und D.R.P. 130455, Kl. 8.

X. Mercerisation mit Lauge und Zusätzen oder (und) Vor- bzw. Nachbehandlung.

Die nachfolgenden Hinweise sollen keineswegs eine erschöpfende Inhaltsangabe des Kapitels X sein, sondern lediglich darauf hindeuten, was unter anderem Gegenstand der folgenden Ausführungen ist. Als Zusätze für die Mercerisationslauge hat man solche Verbindungen vorgeschlagen, welche ein Schrumpfen beim Arbeiten ohne Spannung verhindern sollten, wie Silicate, Türkischrotöl, Seife, Glycerin od. dgl. oder welche die animalische Faser schützen sollen, wie Traubenzucker, bzw. Glycerin. Zum Schutz der Viscoseseide gegenüber Mercerisationslaugen ist Formaldehyd, Phenol, Glycerin und Monoacetin vorgeschlagen worden. Zur Erhöhung der Netzfähigkeit der Lauge wurde ein Zusatz oder die Mitverwendung von Alkoholen, Kohlenwasserstoffen, Terpentinöl, Schwefelkohlenstoff, Pyridinen und ihren Hydroderivaten, Phenolen, Aminen, hochwertigen Alkoholen und Ketonen anempfohlen. Für besondere Zwecke soll man der Natronlauge Kolloide, wie Stärke oder Leim, lösliche Metallhydroxyde (Chrom u. dgl.), Kupferoxydammoniak oder Oxydationsmittel u. a. m. zusetzen. Neben der Natronlauge hat man auch schon bekannte Gelatinierungsmittel oder auch Rhodanide angewendet. Besprochen sind ferner die Verfahren, bei denen der Mercerisation eine Behandlung mit Gelatinierungsmitteln oder Oxydationsmitteln vorangeht und bei denen eine wiederholte Laugenmercerisation mit stark gekühlter und normaler Lauge stattfindet.

D.R.P. 98 601, Kl. 8. Farbwerke vorm. Meister Lucius & Brüning in Höchst a. M. Neuerung beim Mercerisieren von Baumwollgarnen mit alkalischen Laugen. Vom 25. April 1897.

Patentanspruch: Neuerung beim Mercerisieren von Baumwollgarnen mit alkalischen Laugen, darin bestehend, daß letzteren Alkalisilicat zugesetzt wird.

Bei dem Mercerisieren mit alkalischen Laugen muß man bei der Behandlung und eventuell auch noch beim Waschen Spannung anwenden, die gewisse Maschinen erfordert und außerdem bei geringen Arten von Garnen nicht anwendbar ist. Diese geringen Arten von Garnen, welche ein Spannen nicht vertragen, machen aber drei Fünftel aller mercerisierten Garne aus. Es ist demnach von größter Wichtigkeit, die Mercerisation ohne Spannung und ohne Einlaufen der Garne durchzuführen. Dieser Zweck soll durch Zusatz der Alkalisilicate erreicht werden. Dem Prozeß förderlich

9*

sind gleichzeitige Zusätze von Türkischrotölen, Seifen und Glycerin zur Weichhaltung des Fadens. Es wird folgende Lauge vorgeschlagen: Natronlauge 28° Bé 100 Teile, Wasserglas 41° 10 Teile

D.R.P. 99 337, Kl. 8. Farbenfabriken vorm. Friedr. Bayer & Co. in Elberfeld. Verfahren zum gleichzeitigen Färben und Mercerisieren von Baumwolle. Vom 20. Dezember 1896.

Patentanspruch: Verfahren zur Erzeugung echter Färbungen mit oder ohne Seidenglanz auf mercerisierter Baumwolle, darin bestehend, daß man gewöhnliche Baumwolle entweder in gespanntem Zustande unter Benutzung des Verfahrens des Patentes Nr. 85 564 oder in ungespanntem Zustande mit Katigenschwarzbraun, Verde Italiano, Echtschwarz, Noir Vidal, Cachou de Laval und analogen Farbstoffen in kaltem, ätzalkalischem Bade von mindestens 10 vH Gehalt an festem Ätzalkali ausfärbt.

Durch die Anwendung der ätzalkalischen Färbebäder wird die Baumwolle gleichzeitig mercerisiert. Wenn man die Färbung unter Spannung vornimmt, so erzielt man Seidenglanz. Es wird folgende Farbflotte vorgeschlagen: 50 kg Katigenschwarzbraun wird zu einer Flotte zugesetzt, die auf 500 l Wasser etwa 100 kg festes Ätznatron enthält. Die Dauer des Färbens beträgt etwa 6—10 Stunden.

D.R.P. 110 184, Kl. 8. Julius Wilde in Berlin. Verfahren zum Mercerisieren ohne Spannung unter Anwendung von Türkischrotöl und verdünntem Glycerin. Vom 3. Mai 1898.

Patentanspruch: Verfahren zum Behandeln der vegetabilischen Faser mit alkalischen Laugen zwecks Mercerisierung derselben unter Vermeidung jeder Spannung, und zwar in der Weise, daß man die vegetabilische Faser zuerst mit Türkischrotöl oder mit einer gleichartigen, durch Einwirkung von Schwefelsäure auf ein Pflanzenöl erhaltenen Verbindung tränkt, alsdann die imprägnierte Faser mit einer alkalischen Lauge behandelt und die Nachwirkung der Lauge durch Abspülen oder Abspritzen der Ware mit kaltem Wasser, welches mit Glycerin versetzt ist, aufhebt.

Die Aufhebung des Einschrumpfens beim Mercerisieren hat man schon durch Zusatz von Natriumsilicat versucht (vgl. D.R.P. 98 601). Zur Ausführung des Verfahrens wird die vegetabilische Faser mit einer 20—50 proz. Lösung von Türkischrotöl vorbehandelt, abgepreßt und in einem kalten Bade mit Natronlauge von 36—40° C behandelt, bis die Ware ein pergamentartiges Aussehen zeigt.

D.R.P. 129 883, Kl. 8. Thomas & Prevost in Crefeld. Verfahren zur Erzeugung von haltbarem Appret auf vegetabilischen Faserstoffen mittels gelatinierend wirkender Mittel und Mercerisieren unter Spannung. Vom 3. Februar 1900.

Während Schwefelsäure von 49—51° Bé besonders in der Kälte auf vegetabilische Faserstoffe lediglich mercerisierend wirkt, werden sie bei Behandlung mit konzentrierter Schwefelsäure bekanntlich steif. Dies Verfahren ist zur praktischen Herstellung von Baumwolle mit Appret nicht verwertbar. Man muß äußerst schnell operieren, um eine weitgehende Zerstörung der Baumwolle zu vermeiden. Bei der langsamen Netzung der Baumwolle durch die dicke Säure sind ferner die äußeren Baumwollschichten bereits völlig erweicht und backen zusammen, bevor die inneren Schichten merklich verändert sind. Auch tritt die Steifung der Baumwolle erst auf, wenn auch schon der zerstörende Einfluß der starken Säure beginnt; eine Steifung der Baumwolle ohne gleichzeitige Zerstörung derselben ist also nicht erzielbar. Schließlich wird die Baumwolle durch die Behandlung völlig stumpf und schrumpft ein.

Versucht man den letzteren Fehler dadurch zu vermeiden, daß man die Baumwolle während der Behandlung mit der starken Schwefelsäure gespannt hält, so gelangt die Säure überhaupt nicht zu den inneren Schichten der Baumwolle, da die stark aufquellende äußere Schicht der Säure den Weg versperrt; man erhält daher Baumwolle, welche außen bereits völlig zusammengebacken, innen dagegen kaum verändert ist. Versucht man andererseits, die Baumwolle erst nach dem Benetzen mit der Säure wieder auszustrecken, so schreitet in der hierzu erforderlichen Zeit die Zerstörung der Baumwolle stark vorwärts; außerdem kleben die stark erweichten, gelatinösen Fäden (auch bei Anwendung von etwas verdünnteren Säuren) beim Strecken fest aufeinander und lassen sich daher nicht oder nur unvollkommen abhaspeln, die auf den Streckarmen ruhenden Fadenteile werden sogar völlig breitgequetscht. Auch bleibt die Baumwolle stumpf, glanzlos und brüchig.

Die vorliegende Erfindung beruht nun auf der Beobachtung, daß man einen Appret, verbunden mit größerer Festigkeit, ohne die vorher angeführten Mängel erzielen kann, wenn man die durch Behandlung mit Schwefelsäure oberflächlich in einen gelatinösen Zustand übergeführten vegetabilischen Fasern nach Entfernung der konzentrierten Säure (also nach Beseitigung des empfindlichen Zustandes der Baumwolle) in üblicher Weise unter Anwendung von Spannung mercerisiert.

Durch diese an sich bekannte Nachbehandlung wird im vorliegenden Gesamtverfahren ein neuer, nicht vorauszusehender technischer Effekt, nämlich eine überraschende Steigerung des Apprets, hervorgerufen. Man hat es daher in der Hand, eine etwas verdünntere Schwefelsäure anzuwenden, welche für sich noch keinen ausreichenden Appret erzeugt, infolgedessen aber auch nicht ungleichmäßig auf die äußeren und inneren Baumwollschichten und zerstörend auf die Fasern wirkt, und kann sodann den Appret durch das nachfolgende Mercerisieren und Strecken hervorrufen.

Der Appret läßt sich mit der Konzentration regeln. Man kann mit Leichtigkeit Baumwolle von der Steifheit der Leinenfaser, der Roßhaare oder der Schweinsborsten erzielen.

An Stelle von Schwefelsäure lassen sich alle gelatinierend auf die Cellulose einwirkenden Mittel verwenden, insbesondere alle Celluloselösungsmittel und Mercerisiermittel mit gelatinierender oder lösender Nebenwirkung, z. B. Kupferoxydammoniak (Schweizers Reagens) oder konzentrierte Alkalilauge mit Kupfersalz und Ammoniak, konzentrierte Alkalilauge mit Schwefelkohlenstoff, heiße konzentrierte Chlorzinklösung, Salpetersäure bei langer Behandlung, besonders in der Kälte, und stark abgekühlte konzentrierte Salzsäure. Der Appret ist um so stärker, je weiter man die Baumwolle vor Anwendung der Spannung einschrumpfen läßt; die Steifheit kann unter Umständen (bei Anwendung konzentrierter Lösungen und langer Behandlungsdauer) so stark werden, daß ein Ausstrecken bis zur ursprünglichen Dimension nicht mehr möglich ist. In diesem Falle empfiehlt es sich, das Einschrumpfen der Baumwolle mehr oder weniger durch Gespannthalten zu beschränken. — Vorheriges energisches Bleichen der Baumwolle erhöht den Appret.

Die praktische Ausführung des Verfahrens geschieht beispielsweise wie folgt:

Die zweckmäßig vorher stark gebleichte Baumwolle wird etwa 10 Minuten lang mit Schwefelsäure von 49,9° Bé behandelt, ausgewaschen, mit Natronlauge von etwa 30° Bé lose behandelt, auf die ursprüngliche Länge gestreckt, ausgewaschen, abgesäuert und nochmals gewaschen. Wendet man stärkere Säure an oder will man schwächeren Appret erzielen, so kann man auch das weitere Einschrumpfen der Baumwolle in der Lauge durch Gespannthalten verhindern und dann nur so weit ausstrecken, wie dasselbe bei der Vorbehandlung mit Säuren eingeschrumpft ist.

Ein ähnlicher Appret läßt sich beispielsweise durch Salpetersäure von 43° Bé (mehrere Stunden lang, bei Anwendung von Kälte in kürzerer Zeit), durch Salzsäure vom spez. Gew. 1,19, 2 Stunden lang bei —15° C, durch Chlorzinklösung von etwa 100 vH bei

höherer Temperatur, durch Schweizers Reagens in der Kälte
5 Minuten lang, durch Natronlauge von etwa 30° Bé und darauffolgende Behandlung mit Schwefelkohlenstoff, durch Natronlauge
und darauffolgende Behandlung mit Kupferlösung und Ammoniak erzielen.

Patentansprüche: 1. Verfahren zur Erzeugung von haltbarem
Appret auf vegetabilischen Faserstoffen, dadurch gekennzeichnet,
daß man auf die Fasern lösende oder gelatinierende Mittel, insbesondere konzentrierte Schwefelsäure, Kupferoxydammoniak,
Alkalilauge und Kupfersalzammoniak, Alkalilauge und Schwefelkohlenstoff, Chlorzinklösung, konzentrierte Salpetersäure (besonders in der Kälte), stark abgekühlte konzentrierte Salzsäure u. dgl.,
einwirken läßt und dadurch die Faserstoffe oberflächlich gelatiniert, worauf man sie unter Anwendung von Spannung mercerisiert.

2. Bei dem unter 1. beanspruchten Verfahren die Erhöhung des
Apprets durch mehr oder weniger starkes Einschrumpfenlassen der
vegetabilischen Faserstoffe in dem Gelatinierungs- oder Mercerisierungsmittel vor der Anwendung der Spannung.

3. Bei dem unter 1. und 2. beanspruchten Verfahren das energische Bleichen der vegetabilischen Faserstoffe vor der Behandlung
mit Gelatinierungsmitteln, zwecks Erhöhung des Apprets.

D.R.P. 133 456, Kl. 8. J. F. Bemberg, Baumwoll-Industrie-Gesellschaft in Oehde b. Barmen-Rittershausen.
Verfahren zur Erzeugung von steifer Appretur auf
Baumwolle unter Vorbehandlung mit Bleichmitteln
mit oder ohne Benutzung von Dampf, Seife oder Kalk
und nachfolgendem Mercerisieren unter Spannung.
Vom 17. August 1898.

Das vorliegende Verfahren beruht auf der Beobachtung, daß
Baumwolle, welche sehr kräftig mit gewissen Bleichmitteln vor-
behandelt worden ist, beim nachfolgenden Mercerisieren unter
Spannung einen eigenartigen Appret annimmt. Die Baumwolle
wird glashart, steif, bedeutend fester und der Leinenfaser ähnlich.
Der Appret ist sehr haltbar und wird durch Auskochen, Färben,
Säuern, Seifen, Behandeln mit Soda u. dgl. nicht verändert.

Der Effekt kommt dadurch zustande, daß die Oberflächen der
einzelnen Baumwollfasern durch die Behandlung angegriffen werden und eine schleimige, klebrige Beschaffenheit annehmen, welche
ein Aneinanderkleben der Fasern bewirkt. Unter dem Mikroskop
zeigt sich daher, daß die einzelnen Fasern des Fadens nicht mehr
lose umeinander liegen, sondern mehr oder weniger fest aufeinander haften und einen massiven Fadenkörper bilden.

Der Appret ist erklärlicherweise um so stärker, je intensiver die Einwirkung der Bleichmittel auf die Faseroberfläche erfolgt ist. Übermäßig feste Drehung des Garns beeinträchtigt die Bildung des Apprets, offenbar, weil dieselbe der Umwandlung der Faseroberfläche zwischen den Fasern, also dem Zusammenkleben der letzteren, hinderlich ist. Besonders auffallend tritt der Appret hervor, wenn man die Spannung erst nach dem Mercerisieren anwendet, was sich wohl dadurch erklärt, daß durch das Einschrumpfen und nachträgliche Wiederausstrecken die mit dem Bindemittel überzogenen Faseroberflächen gründlicher aufeinander gerieben werden, also fester aufeinander kleben als beim bloßen Gespannthalten der Fasern während des Mercerisierens.

Als Bleichmittel können Chlorkalk, Natriumhypochlorit, Kaliumpermanganat, Wasserstoffsuperoxyd und andere oxydierend wirkende Bleichmittel benutzt werden. Auch kochende konzentrierte Natronlauge wirkt appretbildend und gestattet zugleich eine Vereinigung des Bleichens und Mercerisierens in einer Operation. Reduzierend wirkende Bleichmittel (schweflige Säure, Hyposulfite) haben dagegen kein brauchbares Ergebnis geliefert.

Der beschriebene Effekt läßt sich noch wesentlich dadurch erhöhen, daß man die Faserstoffe nach der Einwirkung des Bleichmittels noch mit Dampf oder heißen Flüssigkeiten, insbesondere mit kochender Seifenlösung, behandelt. Bei Anwendung basischer Bleichmittel ist ferner ein Zusatz von Kalk von günstigem Einfluß.

Die praktische Ausführung des Verfahrens kann beispielsweise nach folgenden Rezepten erfolgen:

1. Die gut abgekochte Baumwolle wird so lange mit Chlorkalk oder Natriumhypochlorit von 2° Bé bei 40° C behandelt, bis sie völlig hell geworden ist, sodann lose ausgewrungen und 1 Stunde der Luft ausgesetzt. Der Sauerstoff der Luft wirkt hier bei Gegenwart des Hypochlorits sehr kräftig auf die Cellulose ein. Nach mehrmaliger Wiederholung dieses Verfahrens wird sie gut gewaschen.

2. Die gut abgekochte Baumwolle wird mit zweigrädiger Chlorkalklösung bei 30° C etwa 1 1/4 Stunde behandelt und nach gutem Auswaschen mit Dampf, Wasser oder einer starken Soda- oder Seifenlösung gekocht.

3. Die genäßte Baumwolle wird mit einer starken Lösung von Kaliumpermangat behandelt, bis sie Tabakfarbe angenommen, und gut ausgewrungen. Sodann wird angesäuertes Bisulfit bei 40 bis 50° C angewendet und das Gesamtverfahren mehrmals wiederholt. Schließlich wird die gebleichte Baumwolle mit starker Seifenlösung gekocht.

4. Die genäßte Baumwolle wird mit sehr starkem Wasserstoff-

superoxyd und Wasserglas behandelt und danach mit konzentrierter Seifenlösung gekocht.

5. Die Baumwolle wird mit Natronlauge von 32° Bé bei 95° C $^{1}/_{2}$ Stunde lang behandelt und danach mit starker Seifenlösung gekocht.

Die nach 1—5 vorbehandelte Baumwolle wird nun lose mit Natronlauge von 27—50° Bé mercerisiert, auf die ursprüngliche Länge gereckt und in dem gereckten Zustande abgesäuert und ausgewaschen. Das Mercerisieren unter Spannung kann auch nach einem anderen üblichen Verfahren geschehen (vgl. z. B. E.P. 4452 [1890] und die Patentschriften 85 564 und 97 664.

Patentansprüche: 1. Verfahren zur Erzeugung von Appret auf Baumwolle, dadurch gekennzeichnet, daß die Baumwolle bis zur oberflächlichen Veränderung der Fasern mit Chlorkalk oder anderen oxydierend wirkenden Bleichmitteln behandelt und unter Anwendung von Spannung mercerisiert wird, zum Zwecke, ein hartes, steifes und festes, der Leinenfaser ähnliches Produkt (besonders bei Anwendung der Spannung nach dem Mercerisieren und nicht zu fest gedrehtem Garn) zu erzielen.

2. Bei dem unter 1 beanspruchten Verfahren die Behandlung der Baumwolle nach Einwirkung der Bleichmittel mit Dampf oder heißen Flüssigkeiten, insbesondere mit kochender Seifenlösung, sowie der Zusatz von Kalk zu den (basischen) Bleichmitteln zwecks Erhöhung der angegebenen Effekte.

D.R.P. 141 394, Kl. 8. J. P. Bemberg, Baumwoll-Industrie-Gesellschaft in Barmen-Rittershausen. Verfahren zur Erzeugung von Appret auf Baumwolle mittels Alkalilauge unter Spannung. Zusatz zum Patent 133 456 vom 17. August 1898. — Vom 22. September 1901.

Das im Hauptpatent 133 456 beschriebene Verfahren zur Erzeugung von steifer Appretur auf Baumwolle durch starkes Bleichen und Mercerisieren unter Anwendung von Spannung läßt sich dadurch erheblich vereinfachen, daß man als Bleich- und Mercerisiermittel eine Flüssigkeit anwendet, welche zugleich bleichende und mercerisierende Eigenschaften besitzt und welche daher eine Vereinigung der beiden genannten Operationen gestattet.

Die praktische Ausführung dieses verbesserten Verfahrens gestaltet sich beispielsweise wie folgt:

Die abgekochte Baumwolle wird mit Natronlauge von etwa 45° Bé $^{1}/_{2}$ Stunde lang gekocht und die eingeschrumpfte Baumwolle sodann ohne vorherige Verdünnung oder Auswaschung der Lauge wieder auf ihre Rohlänge gestreckt und in gespanntem Zustande von der Lauge befreit.

Für das vorliegende Verfahren ist, ebenso wie für das Verfahren des Hauptpatents, wesentlich, daß Spannung angewendet wird, und daß sich die Faser im Augenblicke der Anwendung dieser Spannung in gebleichtem und mercerisiertem (jedoch nicht völlig ausgewaschenem) Zustande befindet.

Ohne Anwendung von Spannung und ohne Bleichung der Baumwolle, also z. B. durch bloßes $^1/_2$ stündiges Erhitzen derselben mit Natronlauge von 35° Bé auf 80° C[1], entsteht kein Appret.

Patentanspruch: Eine Abänderung des durch Patent 133456 geschützten Verfahrens zur Erzeugung von Appret auf Baumwolle, dadurch gekennzeichnet, daß zum Bleichen der Baumwolle bis zur oberflächlichen Veränderung der Fasern und zur gleichzeitigen Mercerisation derselben heiße hochkonzentrierte Alkalilauge angewendet wird.

D.R.P. 134449, Kl. 8. Josef Schneider in Hrdly-Theresienstadt (Böhmen). Verfahren zur Erzielung von haltbarem Seidenglanz auf Pflanzenfasern. Vom 25. Juni 1897.

Patentanspruch: Verfahren zur Erzielung von haltbarem Seidenglanz auf pflanzlichen Fasern, auch in Form von Garn oder Gewebe, bestehend in der Behandlung der mit Kali- oder Natronlauge zu mercerisierenden Fasern mit einem Benetzungs- oder Fettlösungsmittel, wie Methyl- oder Äthylalkohol, Benzol und seinen Homologen, Anilinöl, Petroleum oder Terpentinöl. Man soll zu der entsprechend konzentrierten alkalischen Lauge als Fettlösungsmittel Äthylalkohol, Methylalkohol, Benzol oder seine Homologen, oder Anilinöl, Petroleum oder Terpentinöl für sich allein oder in Gemischen anwenden. Man nimmt etwa 10 vH von dem Fettlösungsmittel, berechnet auf die Laugenmenge. Die auf der Lauge schwimmende Schicht des Zusatzmittels konserviert das Alkali durch Abschluß der Kohlensäure der Luft. Beim Untermischen von 10 vH Alkohol mit der Lauge tritt eine gleiche Wirkung ein, als wenn die Fettlösungsmittel oben schwimmen.

D.R.P. 257609, Kl. 8. Masao Murai in Tokio, Japan. Verfahren zum Mercerisieren von Garnen oder Geweben. Vom 19. Januar 1910 (E.P. 867/1910).

Patentanspruch: Verfahren zum Mercerisieren von Garnen oder Geweben, dadurch gekennzeichnet, daß man die Faserstoffe vor der Mercerisation mit einer Lösung von Konnyaku (Conophal-

---

[1] Vgl. Gardner: Die Mercerisation der Baumwolle. Berlin 1898, S. 113.

lusart) imprägniert. Beim Mercerisieren von Garn wurde zur Erhöhung des Glanzes vor dem eigentlichen Mercerisieren das Garn gesengt, um den dem Garn anhaftenden, den Glanz störenden Flaum zu entfernen. Nach der Erfindung soll man dem einfachen Garn ohne den Sengprozeß eine ebenso schöne Glätte verleihen, wie es bisher nur an Doppelgarn erreichbar war und bei Verwendung von Doppelgarn ihm ein erhöhtes seidenartiges glänzendes Aussehen erteilen. Das Konnyaku wird in Wasser oder in wässerigem Alkohol unter Hinzufügung einer geringen Menge von Glycerin gelöst und auf dem Garn verrieben bis der Flor verschwunden ist. Man mercerisiert kalt oder warm in einer starken Natronlauge 20—30 Minuten.

D.R.P. 340 824, Kl. 8. Heberlein & Co. A.-G. in Wattwil, Kanton St. Gallen, Schweiz. Verfahren, um Baumwolle ein transparentes Aussehen zu verleihen. Vom 12. Aug. 1916. (Am.P. 1 265 082, E.P. 108 671, Ö.P. 85 599.)

Patentansprüche: 1. Verfahren, um Baumwolle ein transparentes Aussehen zu verleihen, dadurch gekennzeichnet, daß man sie mit Natronlauge von zu Mercerisationszwecken üblichen Konzentrationen, also von mindestens 15° Bé, bei Temperaturen von unter 0° C so lange behandelt, bis der Transparenteffekt eintritt.

6. Verfahren nach Anspruch 1, dadurch gekennzeichnet, daß man im Sinne des Patentes 295 816 bei allen in demselben vorgesehenen Kombinationen die Alkalilauge einmal bzw. mehrmals bei einer Temperatur von unter 0° C anwendet und die zur Anwendung gelangende Schwefelsäure von über $50^1/_2$° Bé gegebenenfalls in abgekühltem Zustande mehrmals bzw. einmal zur Einwirkung bringt, wobei an Stelle des direkten Aufdrucks gekühlter Säure oder Lauge nur das Reservageverfahren mit nachfolgender Passage durch gekühlte Agenzien zur Anwendung gelangt.

Endlich kann das Verfahren der Kaltmercerisation auch im Sinne des Patentes 295 816 der Erfinderin angewendet werden, indem die Laugenbehandlung einmal oder mehrmals bei niedriger Temperatur erfolgt.

D.R.P. 389 428, Kl. 8. Heberlein & Co. A.-G. in Wattwil, Kant. St. Gallen, Schweiz. Verfahren, um Baumwolle neuartige Beschaffenheit zu geben. Zusatz zum Patent 340 824. Vom 31. August 1921. (Ö.P. 92 374, E.P. 191 203, Am.P. 1 439 517.)

Es wurde gefunden, daß die im Hauptpatent 340 824 beschriebene Transparenzwirkung von kalter Natronlauge auf Baumwolle noch erhöht wird, bzw. daß die Baumwolle zugleich ein glänzendes

Aussehen erhält, wenn dieselbe vor oder nach oder vor und nach der Behandlung mit kalter Lauge oder zwischen zwei Behandlungen mit kalter Lauge in normaler Weise mercerisiert wird. Bezeichnen wir die sich auf diese Weise ergebenden Laugenbehandlungsreihen als Laugengruppen, so können diese wiederum im Sinne der verschiedenen Ansprüche des Hauptpatentes kombiniert bzw. an Stelle einer einzelnen Längenbehandlung derselben gesetzt werden. So kann beispielsweise im Sinne des Anspruches 3 des Hauptpatentes der Laugenbehandlung vor- oder nachgängig eine Behandlung mit konzentrierter Schwefelsäure von über $50^{1}/_{2}°$ Bé erfolgen, um eine erhöhte Transparenzwirkung zu erhalten, wobei an Stelle einer einzelnen Laugenbehandlung jedoch eine Behandlung mit einer Laugengruppe erfolgt. Entsprechend dem Anspruch 4 des Hauptpatentes kann die Schwefelsäure auch in gekühltem Zustande zur Anwendung kommen. Starke Variationen in den einzelnen Effekten lassen sich auch erzielen, wenn gemäß Anspruch 6 des Hauptpatentes Laugen und Säure mehrmals abwechslungsweise auf die Baumwolle einwirken im Sinne des Patentes 295 816, wobei jedoch wieder an Stelle einer einzelnen Laugenbehandlung eine Laugengruppenbehandlung tritt. Endlich können gemusterte Effekte erzielt werden gemäß den Ansprüchen 2 und 5 des Hauptpatentes, indem vor bzw. zwischen den Laugenbehandlungen bzw. vor einer Säurebehandlung Reserven auf das Baumwollgewebe aufgedruckt werden.

Beispiel 1. Gebleichtes Baumwollgarn wird mit Natronlauge von 30° Bé bei —10° C während 1 Minute imprägniert, hierauf gewaschen und dann unter Spannung mit Natronlauge von 30° Bé in üblicher Weise mercerisiert, gewaschen und getrocknet.

Beispiel 2. Gebleichtes Baumwollgewebe wird auf normale Weise unter Spannung mercerisiert, gewaschen und getrocknet. Alsdann wird eine Reserve aufgedruckt, hierauf mit Natronlauge von 28° Bé bei —12° C während 1 Minute behandelt, gewaschen und alsdann nochmals auf normale Weise mercerisiert, gewaschen und getrocknet.

Beispiel 3. Abgekochtes Baumwollgewebe wird mit Schwefelsäure von 54° Bé imprägniert, gewaschen und alsdann in üblicher Weise unter Spannung mercerisiert und gewaschen und endlich mit Natronlauge von 25° Bé bei —10° C während $1^{1}/_{2}$ Minuten behandelt, gewaschen, fertig gebleicht und getrocknet.

Beispiel 4. Vorgebleichtes Baumwollgewebe wird mit Natronlauge von 32° Bé bei —8° C während $1^{1}/_{4}$ Minute imprägniert, gewaschen, alsdann auf normale Weise gespannt mercerisiert, gewaschen, getrocknet und mit auf —5° C gekühlter Schwefelsäure von 53° Bé behandelt, gewaschen und getrocknet.

Beispiel 5. Abgekochtes Baumwollgewebe wird auf normale Weise unter Spannung mercerisiert, gewaschen, dann der Einwirkung von Natronlauge von 30° Bé bei —12° C während $^3/_4$ Minute ausgesetzt, gewaschen und getrocknet, hierauf mit einer Reserve bedruckt, dann mit Schwefelsäure von 55° Bé behandelt, gewaschen, gefärbt und getrocknet.

Beispiel 6. Gebleichtes Baumwollgewebe wird in normaler Weise unter Spannung mercerisiert, gewaschen und alsdann mit Natronlauge von 25° Bé bei —12° C während $1^1/_2$ Minuten behandelt, gewaschen, getrocknet, sodann der Einwirkung von Schwefelsäure von 53° Bé ausgesetzt, gewaschen, dann mit Natronlauge von 28° Bé bei —10° C während 1 Minute behandelt, gewaschen, auf normale Weise mercerisiert, gewaschen und getrocknet.

Patentansprüche: 1. Abänderung des Verfahrens von Patentanspruch 1 des Hauptpatentes 340 824, um Baumwolle neuartige Beschaffenheiten zu verleihen, dadurch gekennzeichnet, daß, um der Baumwolle ein glänzendes Aussehen zu verleihen, vor oder nach oder vor und nach einer Behandlung mit kalter Natronlauge oder zwischen zwei Behandlungen mit kalter Natronlauge eine normale Mercerisation (Behandlung der Baumwolle mit Natronlauge bei normaler Temperatur mit oder ohne Spannung) stattfindet, wobei sich eine der folgenden Gruppen von Laugenbehandlungen ergibt, nämlich:

a) normale Mercerisation — kalte Lauge,

b) kalte Lauge — normale Mercerisation,

c) normale Mercerisation — kalte Lauge — normale Mercerisation,

d) kalte Lauge — normale Mercerisation — kalte Lauge.

2. Verfahren nach Patentanspruch 1, dadurch gekennzeichnet, daß vor den Laugenbehandlungen bzw. zwischen den Laugenbehandlungen das Baumwollgewebe mit Reserven bedruckt wird dem zwecks Erzielung gemusterter Effekte, wobei jedoch stets nach Aufdruck der Reserve eine Behandlung mit kalter Lauge folgen muß.

3. Verfahren nach Patentanspruch 1, dadurch gekennzeichnet, daß die im Sinne dieses Patentanspruches einer Gruppe von Laugenbehandlungen unterworfene Baumwolle vor oder nach diesen Laugenbehandlungen der Einwirkung konzentrierter Schwefelsäure von über $50^1/_2$° Bé ausgesetzt wird.

4. Verfahren gemäß Patentanspruch 3, dadurch gekennzeichnet, daß die konzentrierte Schwefelsäure von über $50^1/_2$° Bé in abgekühltem Zustande zur Anwendung gelangt.

5. Verfahren nach Patentanspruch 3 bzw. Patentanspruch 4, dadurch gekennzeichnet, daß zwecks Erzielung gemusterter Effekte das Baumwollgewebe vor einer Säure- bzw. vor einer Laugenbehandlung mit Reserven bedruckt wird, wobei jedoch stets nach dem Aufdrucke der Reserve eine Behandlung mit konzentrierter Schwefelsäure von über $50^{1}/_{2}°$ Bé bzw. mit kalter Lauge erfolgen muß.

6. Verfahren nach Patentanspruch 1, dadurch gekennzeichnet, daß man im Sinne des Patentes 295 816 bei allen in demselben vorgesehenen Kombinationen eine oder mehrere Behandlungen mit Alkalilauge durch solche mit einer Laugengruppe im Sinne von Patentanspruch 1 ersetzt.

D.R.P. 376 541, Kl. 8. Ernst Oswald Sanner in Bärenstein, Bez. Chemnitz. Verfahren, um der Baumwolle Seidenglanz zu verleihen. Vom 11. Januar 1922.

Patentanspruch: Verfahren, um Baumwolle Seidenglanz zu verleihen, dadurch gekennzeichnet, daß als Mercerisierungslauge eine Natronlauge von 18° Bé benutzt wird, welcher auf je 50 l zuerst etwa 5 l einer Lösung von etwa 10 kg Kochsalz und etwa 5 l Glycerin in 100 l und dann beim jedesmaligen Auflegen von Garn je ein weiteres halbes Liter dieser Lösung zugemischt werden.

Durch die vorerwähnten Zusätze von Kochsalz und Glycerin soll man zur Erzielung gleicher Effekte eine schwächere Natronlauge anwenden können, und gleichzeitig ein der echten Seide bedeutend ähnlicheres Produkt erzielen. Diese Lauge wird sehr leicht von der Faser aufgenommen. Die Garne werden mit einer 2 proz. Lösung der unter dem Namen Buchol bekannten, mit Soda versetzten Seifenlösung gekocht und anschließend zentrifugiert. Das Mercerisieren erfolgt unter Spannung, Laugenstärke 18° Bé bei 5° C. Man kann zum Spülen dem Wasser 2 vH eines sauren Türkischrotöles zusetzen.

D.R.P. 393 781. Verfahren zur Verbesserung des Netzens. Moritz Freiberger, Charlottenburg.

Beim Waschen sowie auch beim Mercerisieren setzt man den Bädern Stoffe zu, welche die Löslichkeit der Einwirkungsmittel erhöhen und das Netzvermögen der Faser erhöhen. Für diese Zwecke haben sich die heterocyclischen Basen und ihre Substitionsprodukte, namentlich das Pyridin und seine Derivate, sowohl die freien Basen und ihre Salze, wie auch ihre Sulfosäuren, Alkyl-, Aryl-, Amino-, Nitroverbindungen, als besonders wertvoll erwiesen. Die freien Basen und ihre Verbindungen sind mit wässerigen alkalischen Lösungen mischbar. Man soll auf 1 l mindestens 5 ccm heterocyclische Verbindungen zusetzen.

D.R.P. 391 490, Kl. 8. Heberlein & Co. A.-G. in Wattwil, Schweiz. Verfahren zur Erzeugung einer neuartigen, leinenähnlichen Beschaffenheit von Baumwollgarnen und -geweben. Vom 29. Oktober 1921. (Ö.P. 95056, Am.P. 1 439 519, E.P. 192 227.)

Patentansprüche: 1. Verfahren zur Erzeugung einer neuartigen, leinenähnlichen Beschaffenheit von Baumwollgarnen und -geweben, dadurch gekennzeichnet, daß man Garne, deren Feinheit die englische Garnnummer 80 nicht übersteigt, bzw. aus solchen hergestellte Gewebe im Sinne von Patentanspruch 1 des Patents 340 824 der Kaltmercerisation unterwirft.

5. Verfahren nach Anspruch 1, dadurch gekennzeichnet, daß man im Sinne des Patents 389 428 die Kaltmercerisation bei allen in derselben vorgesehenen Möglichkeiten mit normaler Mercerisation kombiniert, um erhöhte Glanzwirkung zu erhalten.

Beispiel 7: Vorgebleichtes Baumwollgewebe von der Einstellung 16/16 Faden pro $^1/_4$ französischem Zoll und der englischen Garnnummer 20/20 wird mit Natronlauge von 32° Bé bei $-8°$ C während 1$^1/_2$ Minute behandelt und hierauf auf normale Weise unter Spannung mercerisiert, gewaschen und getrocknet.

D. R.P. 405 517, Kl. 8. The Calico Printers Association Limited und Dr. Emile Auguste Fourneaux in Manchester, Engl. Verfahren zum Mercerisieren von Baumwollgeweben. Vom 26. Januar 1923. (E.P. 196 696, E.P. 228 655, Am.P. 1 482 076.)

Die Mercerisierung von Baumwollgeweben durch Natronlauge ist bekannt. Auch das Mercerisieren mit Lösungen von Rhodancalcium und auch ein wiederholtes Mercerisieren ist bereits vorgeschlagen worden. Die fabrikmäßige Mercerisierung von Baumwollgeweben mit Rhodancalcium war aber bisher nicht möglich.

Vorliegende Erfindung betrifft nun ein solches Verfahren zum Mercerisieren von Baumwollgeweben, wobei dieses in getrennten Arbeitsgängen sowohl mit Alkali als auch mit Salzen der Rhodanwasserstoffsäure behandelt wird.

Für die Durchführung des Verfahrens ist es gleichgültig, wie die beiden Behandlungsmethoden hintereinander ausgeführt werden, und man kann auch jede Behandlungsart sowohl vor wie nach der anderen Behandlungsart zur Ausführung bringen.

Die Art der Anwendung des Verfahrens und die praktische Durchführung derselben ist äußerst mannigfaltig, und die Erfindung umfaßt auch die Imprägnierung von Baumwollgeweben nach der Mercerisierung selbst mit Alkali in der üblichen Weise, indem darauf entweder heißes Wasser oder kaltes Rhodancalcium oder auch eine gleichartige Lösung zur Einwirkung gebracht wird, um damit die beabsichtigte Wirkung auf das Fabrikat zu vervollkommnen. Hierbei kann das Textilerzeugnis im nassen Zustande durch heiße Luft oder Dampf gehen, worauf es ausgewaschen und, wenn nötig, getrocknet wird. Man kann auch abwechselnd trocknen und waschen und schließlich nach dem Trocknen mit Alkali mercerisieren und wiederum trocknen. Das Verfahren läßt sich zum Veredeln von Baumwollgeweben anwenden, indem dieselben nach dem Mercerisieren mit Alkali unter Spannung oder ohne solche bedruckt oder sonstwie mit Farbe versehen werden, indem eine Paste aus Rhodancalcium oder einer Mischung anderer Thiocyanate mit einem Farbstoff in geeigneter Weise zum Auftragen gelangt. Zur Erlangung der erforderlichen Konzentration bzw. zur Verdickung kann man bekannte Verdickungsmittel anwenden, insbesondere erhält man solche durch Auflösen von Cellulose in thiocyansauren Salzen. Das Erzeugnis wird alsdann der Einwirkung von Wärme in Gegenwart von Feuchtigkeit ausgesetzt, endgültig ausgewaschen, getrocknet und alsdann nochmals mit Alkali zweckmäßig unter Spannung mercerisiert.

Ferner besteht die Erfindung im Aufdruck von Druck- oder Schutzreserve auf das Gewebe, und zwar entweder vor oder nach dem Mercerisieren mit Alkali und vor dem erwähnten Imprägnieren, Bedrucken oder Aufklotzen mit genannten Lösungen.

Die Erfindung läßt sich anwenden beim Drucken mit Deckschichten (Reservage) auf die Erzeugnisse nach der Behandlung mit Imprägnierungsmitteln und nach dem Drucken oder Einfärben mit Rhodancalciumlösung und vor der endgültigen Mercerisierung, welche in bekannter Weise durch Alkali mit oder ohne Spannung erfolgt. Auch kann man in irgendeinem Stadium des Gesamtverfahrens Schutzüberzüge aufdrucken.

Ferner besteht die Erfindung im Aufdrucken von Schutzüberzügen

1. vor sowie nach der ersten Alkalibehandlung,

2. vor und nach der ersten Alkalibehandlung und nach der Behandlung mit thiocyansauren Salzen,

3. vor der ersten Alkalibehandlung und nach der Behandlung mit thiocyansauren Salzen und

4. vor und nach der Behandlung mit thiocyansauren Salzen.

Zur Ausführung der Erfindung werden beispielsweise neutrale oder schwach saure Lösungen von thiocyansaurem Calcium verwendet, welche die Eigenschaft besitzen, Cellulose aufzulösen, von solcher Konzentration, daß sie zwischen 128° und 150° C, eher aber näher der unteren Grenze, sieden.

Beim Arbeiten zwischen diesen Grenzen kann die Temperatur zwischen 90° und 130° C variieren, da Konzentration, Temperatur und Zeit mehr oder weniger voneinander abhängig sind. Mischungen zwischen Lösungen von thiocyansaurem Calcium und Lösungen anderer neutraler Salze können Anwendung finden, vorausgesetzt, daß sie die Eigenschaft besitzen, Cellulose aufzulösen. Im allgemeinen ist jedoch die mit diesen Mischungen erzielte Wirkung geringer als die mit Calciumthiocyanatlösungen erzielbare. Das Alkalimercerisieren wird auf gewöhnliche Weise mit oder ohne Spannung bewerkstelligt. Gegebenenfalls können die Lösungen von thiocyansaurem Calcium ganz oder teilweise durch Lösungen anderer thiocyansaurer Salze oder Mischungen solcher ersetzt werden, welche als Lösungsmittel der Cellulose bekannt sind.

Bei Verwendung einer Lösung von thiocyansaurem Calcium, die zwischen 120° und 128° C siedet, oder wenn bei Lösungen, die zwischen 128° und 180° C sieden, die Temperatur zwischen 60° und 90° C gehalten wird, so werden durch die Behandlung nur teilweise Wirkungen erreicht, jedoch können diese Wirkungen wirtschaftliche Vorteile besitzen. (Das D.R.P. 405 517 enthält noch weitere Angaben.)

Patentansprüche: 1. Verfahren zum Mercerisieren von Baumwollgeweben, dadurch gekennzeichnet, daß dieselben in getrennten Arbeitsgängen sowohl mit Alkali in der bekannten Weise als auch mit Salzen der Rhodanwasserstoffsäure behandelt werden können.

2. Verfahren nach Anspruch 1, dadurch gekennzeichnet, daß die Bearbeitung mit Salzen der Rhodanwasserstoffsäure vor der Mercerisierung mit Alkali geschicht.

3. Verfahren nach Anspruch 1, dadurch gekennzeichnet, daß die Behandlung der Baumwollgewebe durch Salze der Rhodanwasserstoffsäure nach der üblichen Mercerisierung mit Alkali geschieht.

4. Verfahren nach Anspruch 1, dadurch gekennzeichnet, daß die Behandlung der Baumwollgewebe mit Salzen der Rhodanwasserstoffsäure sowohl vor als auch nach der üblichen Mercerisierung mit Alkali geschieht.

5. Verfahren nach Anspruch 1—4, dadurch gekennzeichnet, daß die übliche Mercerisierung sowohl vor als nach der Behandlung mit einem Salze der Rhodanwasserstoffsäure geschieht.

6. Verfahren nach Anspruch 1—5, dadurch gekennzeichnet, daß nach Behandlung mit Alkali und mit Salzen der Rhodanwasser-

stoffsäure die Ware der Einwirkung eines Heißluftstromes oder Dampfes unterworfen und dann ausgetrocknet wird.

7. Verfahren nach Anspruch 1—6, dadurch gekennzeichnet, daß das Gewebe nach dem üblichen Mercerisieren mit Alkali mittels einer Paste bedruckt oder aufgeklotzt wird, die aus einer Lösung von thiocyansaurem Calcium oder anderen Lösungen aus thiocyansauren Salzen oder einer Mischung solcher besteht (mit oder ohne Zusatz von Färbemitteln) und durch geeignete Mittel verdickt ist, worauf das Gewebe der gleichzeitigen Wirkung von Hitze und Feuchtigkeit ausgesetzt und endlich gewaschen, getrocknet und mit Alkali mercerisiert wird.

8. Verfahren nach Anspruch 7, dadurch gekennzeichnet, daß in dem thiocyansauren Salz aufgelöste Cellulose als Verdickungsmittel angewendet wird.

9. Verfahren zum Mercerisieren und Ornamentieren von Baumwollgeweben nach Anspruch 1—8, dadurch gekennzeichnet, daß das Gewebe während eines oder mehrerer Stadien des Verfahrens mit Schutzüberzügen bedruckt wird.

Zur Ausführung des Verfahrens kann man neutrale oder schwach saure Lösungen von Calciumrhodanid anwenden, welche die Eigenschaft haben, Cellulose aufzulösen, von einer Konzentration, daß sie zwischen 128—150° C sieden. Die Temperatur kann zwischen 90—130° C schwanken. Es kommen auch Mischungen von Calciumrhodanid mit solchen Salzen in Betracht, die Cellulose auflösen. Die Mercerisation mit Alkalien wird in der üblichen Weise ausgeführt. Es ist u. a. folgendes Beispiel angegeben. Das Textilerzeugnis wird mit Alkali ohne Spannung mercerisiert, ausgewaschen und getrocknet, dann wird 7 Sekunden bis 1 Minute mit einer Lösung von Rhodancalcium behandelt, deren Siedepunkt zwischen 110—130° C liegt. Man kann mit oder ohne Spannung auswaschen.

D.R.P. 430 085, Kl. 8. **Firma Chemische Fabrik Milch Akt.-Ges. in Berlin und Dr. Kurt Lindner in Oranienburg. Verfahren zum Mercerisieren. Vom 28. Juli 1925.**

Patentanspruch: Verfahren zum Mercerisieren, dadurch gekennzeichnet, daß den zur Mercerisation dienenden Natronlaugen höhermolekulare Alkohole, Ketone oder Gemische beider zugefügt werden, welche durch Vermittlung von niedrigmolekularen Alkoholen, Ketonen oder Gemischen beider in den Mercerisierlaugen löslich gemacht werden.

Die Zusätze sollen die Netzfähigkeit u. dgl. erhöhen (vgl. z. B. die Patentschrift 134 449, Kl. 8). Da die höherwertigen Alkohole, wie Butylalkohole, Amylalkohole, Cyclohexanole, sich nicht in Mercerisierlaugen lösen, so muß man sie zur Erreichung der Löslichkeit mit niederen Alkoholen, wie Methyl-, Äthyl- oder Propylalkohol, kombinieren. Durch die Mitverwendung von niedrigen Alkoholen oder Ketonen gelingt es, die Löslichkeit, z. B. des Butylalkohols, auf das Dreifache zu erhöhen. Es werden folgende Mischungen vorgeschlagen: 50 Vol. Äthylalkohol, 47,2 Vol. N-Butylalkohol und 2,5 Vol. Cyclohexanol, oder 70 Vol. Aceton, 15 Vol. Methylalkohol, 12,5 Vol. J-Amylalkohol und 2,5 Vol. Methylcyclohexanol. Die Mercerisierlaugen sollen 25—30° Bé stark sein. Die Zusätze betragen 0,5—3 ccm pro Liter Lauge.

D.R.P. 433 733, Kl. 8. J. G. Farbenindustrie Akt.-Ges. in Frankfurt a. M. Verfahren zum Mercerisieren pflanzlicher Fasern. Vom 16. September 1924.

Patentanspruch: Verfahren zum Mercerisieren pflanzlicher Fasern in Form von losem Stoff, Garn oder Gewebe mit hypochlorithaltigen Laugen, dadurch gekennzeichnet, daß man eine Mercerisierlauge von etwa 20° Bé bei niederen Temperaturen anwendet.

Durch die Verwendung von schwach chlorhaltigen Reaktionslaugen ist es möglich, bei gleichbleibender Reaktionswirkung die übliche Alkalikonzentration von 25—35° Bé auf 15—20° Bé unter Anwendung von Spannung und niedriger Temperatur herunterzusetzen (vgl. D.R.P. 133 456, in dem die Verwendung kochender konzentrierter Laugen zum Bleichen und Mercerisieren beschrieben ist, und die Verwendung zuerst von Hypochloriten und dann von Laugen). Die Chlorkonzentration der Flotte stellt man auf 1—20 g wirksames Chlor im Liter ein. Die Ware besitzt ohne Nachbleichen ein einwandfreies Weiß. Die Reißfestigkeit zeigt Zunahmen von 40—50 vH (vgl. a. E.P. 24 163/1899).

Ö.P. 458. Verfahren zur Erzeugung gesteifter und mercerisierter vegetabilischer Garne oder Gewebe mit Seidenglanz. Heberlein & Co., Wattwil.

Patentanspruch 1. Verfahren zur Erzeugung gesteifter und mercerisierter vegetabilischer Garne oder Gewebe mit Seidenglanz, dadurch gekennzeichnet, daß man der Mercerisierlauge, z. B. Natronlauge von 15—40° Bé, die zum Steifen erforderliche Stärke, Stärkepräparate, Gelatine oder andere Leimsubstanzen beifügt, in der so erhaltenen Lösung die Garne oder Gewebe mercerisiert und in der zur Erzeugung von Seidenglanz erforderlichen bekannten Weise weiter behandelt.

2. Abänderung des Verfahrens nach Anspruch 1 darin bestehend, daß man die Garne oder Gewebe zunächst durch eine

Lösung von Stärke, Stärkepräparaten, Gelatine oder anderen Leimsubstanzen nimmt und nach dem Ausquetschen in der zur Erzeugung von Seidenglanz erforderlichen bekannten Weise mercerisiert. Zur Erzeugung von hartem Griff wird Garn in eine Lösung von 300 g Stärke in 10 l Natronlauge von 20° Bé 10 Minuten behandelt (vgl. auch Am.P. 665 680).

E.P. 23 741/1896. **Verbesserung in dem Verfahren zum Beizen von Garnen, Fäden, Geweben u. dgl. pflanzlichen Ursprungs. Liebmann und Kew, England.**

Nach dem neuen Verfahren soll man in einer Manipulation Metalloxyde und -hydrate auf pflanzliche Fasern niederschlagen und ihnen Seidenglanz verleihen. Zu diesem Zweck wird das Metalloxyd in Natronlauge gelöst. Dieser Lösung kann man auch Glycerin hinzusetzen. Nach dem Aufbringen dieser Lösung wird gestreckt. Nach wenigen Minuten wird unter Spannung gewaschen. Das Metalloxyd wird hierdurch auf der Faser fixiert. Zur Erzielung von starkem Glanz soll man langstapelige Baumwolle, d. h. ägyptische oder Sea-Island, anwenden. Die Lauge soll 23,2—24,1 vH NaOH enthalten. Man soll z. B. 8 Pfund fein gepulverten Chromalaun in 100 Pfund Natronlauge von 23,2 vH NaOH lösen. An Stelle des Chromalauns kann man auch Ferrichlorid benutzen.

E.P. 10 784/1897 (vgl. auch D.R.P. 98 601, Kl. 8, Kap. X). **Neuerung beim Mercerisieren von Baumwollgarn. Farbwerke Höchst.**

Die Angaben dieses Patentes sind im wesentlichen die gleichen wie die des D.R.P. 98 601.

Es soll auch hier das Schrumpfen der Gewebe bei der Mercerisation mit Lauge durch Zusatz, insbesondere von Wasserglas, und eventuell auch von Türkischrotölen, Seifen und ähnlich wirkenden Körpern, z. B. Glycerin, vermieden werden. In dem vorstehenden Patent ist als Zusatzmittel für den gleichen Zweck auch Alkalialuminat angeführt.

E.P. 11 313/1897. **Verbesserung beim Mercerisieren von Geweben. Farbwerke Höchst.**

Dieses Patent betrifft ein ähnliches Arbeitsverfahren wie das im E.P. 10 784/1897 bzw. in dem D.R.P. 98 601 beschriebene. Die pflanzlichen Materialien, die man der Mercerisation unterwirft, müssen einen starken Zug aushalten können. Deshalb ist es schwierig, dünne Gewebe für Baumwolldruckartikel diesem Verfahren zu unterwerfen, weil sie beim Spannen einreißen. Laugen bewirken zunächst eine Ausdehnung der Baumwollfaser, wobei sie plastisch und bildsam wie Ton wird; dann tritt eine starke Schrumpfung ein. Wenn man die ausgedehnte Faser ohne Verzögerung unter hohem Druck durch Preßwalzen hindurchgehen läßt, so tritt nur eine Schrumpfung von 1—2 vH ein, die man indessen auch noch vermeiden kann, wenn man der Lauge anorganische oder organische Kolloide, wie Britischgum, lösliches Wasserglas, Natriumaluminat od. ähnl. zusetzt. Vom Wasserglas soll man 10—20 vH zusetzen.

Der Zusatz von Kolloiden, wie Stärke und Gelatine, zur Mercerisierlauge ist bereits in dem Ö.P. 458 (Kap. X) beschrieben.

E.P. 27 020/1897. Ein neues Verfahren zum Mercerisieren von pflanzlichen Faserstoffen. Edward Newton, England.

Auch dieses Verfahren hat es sich als Aufgabe gestellt das Einschrumpfen bei der Mercerisation ohne die Anwendung mechanischer Streckmittel zu verhindern. Für diesen Zweck wird ein Zusatz von Glycerin, und zwar 1 Teil Glycerin auf 2 Teile Natronlauge von 38° Bé, vorgeschlagen. Die schrumpfverhindernde Wirkung des Glycerins soll so groß sein, daß man sogar eine Natronlauge von 50° Bé anwenden kann. Anstatt das Glycerin der Natronlauge zuzusetzen, soll man denselben Zweck dadurch erreichen, daß man das Gewebe mit Glycerin vorpräpariert. Der Zusatz auch von Glycerin aber neben Wasserglas ist im D.R.P. 98 601, Kl. 8 (Kap. X) erwähnt.

E.P. 27 529/1898. Verfahren zur Herstellung von Garnen oder Fäden oder ähnlichem von besonderer Steifheit und Seidenglanz. Heberlein, Wattwil.

Es handelt sich um die Herstellung von glänzenden Garnen und von den Eigenschaften des bekannten Eisengarns. Zur Herstellung soll man Leim, Gelatine, Stärke od. dgl. in Natronlauge auflösen, bis eine pastenartige Masse entsteht, die leicht in Lösung gebracht werden kann. Zur Herstellung dieser Lösung benutzt man schwache oder starke Lösungen von Natron. Bei der Anwendung konzentrierter Natronlauge wird unter Spannung gearbeitet. Will man ein hartes Produkt herstellen, das Seidenglanz zeigt, so verwendet man eine Lösung von 300 g Stärke in 10 l Natronlauge von 20° Bé. Das Garn wird 10 Minuten unter Spannung in diese Lösung eingetaucht, gewaschen, gesäuert und nochmals gewaschen. Man kann auch zuerst eine Lösung von 5—10 kg Stärke in 1000 l Wasser und nach Abquetschen eine Natronlauge von 15—30° Bé anwenden. Die Garne haben keinen Glasglanz, sondern Seidenglanz. Man kann sie auch noch bleichen und färben. Man kann Baumwolle wie auch tierische Fasern in diesem Verfahren anwenden. Zur Ausführung sei noch folgendes empfohlen: 300 g Stärke, 200 g Nitrocellulose (in $^1/_2$ l Alkohol eingeweicht) werden in 100 l Natronlauge 20° Bé gelöst. Dauer der Behandlung 10 Minuten. Der Zusatz von Stärke, Gelatine u. dgl. zu Natronlauge ist auch im Ö. P. 458 (Kap. X) beschrieben (vgl. auch Am. P. 665 680).

E. P. 24 163/1899. **Verbessertes Kombinationsverfahren zur Behandlung von Baumwolle, um sie abzukochen, zu reinigen, bleichen und mercerisieren. Copley U. S. A.**

Es gelingt nach diesem Verfahren, in einer Operation Baumwolle zu bleichen und in der gleichen Zeit zu mercerisieren. Falls die Baumwolle vorher abgekocht oder anderweitig gereinigt worden ist, setzt man zu dem Mercerisierungsbad eine ausreichende Menge von Natrium- oder Kaliumhypochlorit. Die Baumwolle kann zur Erzielung von Seidenglanz hierbei gespannt sein. Man kann auch die Baumwolle zunächst in einem Bade von Hypochlorit mit Türkischrotöl zum Teil bleichen und dann in einer Lauge, die Hypochlorit enthält, nachbehandeln. Für die gemeinsame Bleichung und Mercerisation soll man der Natronlauge 5 vH Natriumhypochlorit zusetzen und 15—30 Minuten behandeln. Der Zusatz des Hypochlorits wächst mit der Kürze der Einwirkungsdauer (vgl. hierzu D. R. P. 433 723, Kl. 8 [Kap. X]).

E. P. 14 283/1900. **Verbessertes Verfahren, um Garne aus kurzstapeliger amerikanischer Baumwolle Seidenglanz zu verleihen. Golby, England.**

Das gasierte Garn wird zur Reinigung 2 Stunden in einem Sodabad von 7° Bé abgekocht, dann wird zentrifugiert und teilweise getrocknet; man behandelt darauf in gestrecktem Zustand etwa 10 Minuten lang bei 80° C in einem Bad aus Natronlauge von 45° Bé, dem auf 10 Teile 1 Teil Kupferoxydammoniak zugesetzt worden ist. In dem heißen Bade tritt keine Schrumpfung ein, sondern erst beim Abkühlen. Man behandelt so lange, bis die Baumwolle eine dunkelblaue und braune Färbung zeigt. Bevor das behandelte Gewebe abkühlt, wird es mit heißem oder angesäuertem kaltem Wasser gewaschen (Salpetersäure 1—5° Bé). Man vermeidet durch diese Behandlung das Einschrumpfen und entfernt hierdurch die blaue Färbung, indessen ist der Glanz noch nicht ausreichend. Um diesen zu erreichen, behandelt man die so behandelte Baumwolle mit konzentrierter Salpetersäure von etwa 35° Bé, die auf 5° C abgekühlt ist. Nach etwa 8 Minuten wird herausgenommen und mit kaltem Wasser gespült. Die angewendete Salpetersäure soll eine möglichst tiefe Temperatur besitzen.

E.P. 6992/1906. Verbessertes Verfahren zur Behandlung von baumwollenen Waaren. Peter Beresin, Petersburg (vgl. auch F.P. 364 577).

Um baumwollene Waren zu veredeln, ihnen Seidenglanz zu verleihen und die Farbaufnahmefähigkeit zu erhöhen, soll man sie in folgender Lösung behandeln. Man setzt Soda zu Kalkmilch, wodurch sich, wie bekannt, Natronlauge und Calciumcarbonat bildet. Man läßt den kohlensauren Kalk absetzen, setzt Ammoniak hinzu unter starkem Erwärmen, wobei man eine Natronlauge und Ammoniak enthaltende Lösung von 25° Bé erhält, in der die Baumwolle $1/_2$ Stunde lang bei 85° C behandelt wird. Die Gewebe werden dann mit heißem Wasser ausgewaschen und in Säure von 2° Bé gesäuert. Der Zusatz von Ammoniak soll die Wirkung der Natronlauge erhöhen und das Schrumpfen vermeiden. Die Lösung muß warm angewendet werden, da Ammoniak in der Kälte wirkungslos ist.

E.P. 4251/1907. Verbesserungen beim Mercerisieren und Bleichen von Baumwollgarn oder -geweben. Silverwood, England.

Es ist schon auf Verfahren hingewiesen, um gleichzeitig zu mercerisieren und zu bleichen, indem man der Mercerisierungslauge Hypochlorite zusetzt (vgl. E.P. 24 163/1899 und D.R.P. 433 733). Nach dem vorliegenden Verfahren sollen diese beiden Maßnahmen zwar gesondert, aber in einem kontinuierlichen Arbeitsgang vorgenommen werden, indem man das Bleichen ausführt zwischen der eigentlichen Mercerisation und dem Absäuren, um die alkalischen Substanzen aus der Faser zu entfernen. Für gewöhnlich pflegt man die Baumwolle vor dem Mercerisieren abzukochen, dann zu mercerisieren und nach Beendigung der Mercerisation zu bleichen. Bei der Ausführung laufen die Baumwollwaren vor dem Kochen durch die Mercerisierlauge, werden mit heißem Wasser gewaschen, dann durch ein Bad von Chlorkalk von $1/_4$—4° Tw und dann in das Säurebad, d. h. verdünnte Salzsäure von 2—5° Tw.

E.P. 25 206/1911. Behandlung von Baumwolle vor der Mercerisation. Knecht und Hübner, England.

Das Verfahren betrifft eine Vorbehandlung von Baumwolle und daraus angefertigten Textilwaren vor dem Mercerisieren und besteht darin, daß man die der Baumwollfaser anhaftenden natürlichen wachsartigen Substanzen durch eine Extraktion mit Schwefelkohlenstoff, Petroläther, Benzol, Tetrachlorkohlenstoff od. dgl. entfernt. An sich wird als bekannt zugegeben, daß man bereits Baumwollwaren von Fetten, Wachsen od. ähnl. mit organi-

schen Fettlösungsmitteln, wie sie vorstehend angegeben sind, vor
dem Bleichen, Färben oder Mercerisieren befreit hat. Das vorliegende Verfahren soll sich ausschließlich auf die Entfernung der
in der Baumwolle vorhandenen natürlichen Wachse erstrecken.
Es ist in dem D.R.P. 134 449 (Kap. X) bereits auf die Verwendung
von z. B. Benzol, Tetrachlorkohlenstoff u. dgl. beim Mercerisieren
hingewiesen, durch die die Netzfähigkeit der Fasern erhöht werden sollte.

**E.P. 21 940/1913. Verbesserungen bei der Herstellung
von Finish auf baumwollenen Garnen und Geweben.
Louis Hermsdorf und Bernhard Teufer, Chemnitz.**

Mercerisierte Baumwolle besitzt, wie bekannt, Seidenglanz.
Man hat ihr den krachenden Griff der Baumwolle dadurch zu verleihen gesucht, daß man sie mit Seife und nachher mit Säure behandelte. Man soll das Garn in ein lauwarmes Bad von 5 g Marseiller Seife im Liter bringen, $^1/_4$ Stunde umziehen, auswringen und
in ein zweites Bad einbringen, das 5 g Ameisensäure, 2 g Leim, 1 g
Kartoffelstärke und $^1/_2$ g Olivenöl im Liter enthält. Man zieht
einige Minuten um, wringt aus und trocknet in einem erwärmten
Raum. Es wurde nun gefunden, daß man diese Nachbehandlung
mit der Erzeugung von Seidenfinish auf Geweben mit Hilfe fein
gravierter Kalanderwalzen kombinieren kann. Die Vorbehandlung
braucht in diesem Falle nur mit Seifenlösung und dann mit Schwe-
fel-, Essig-, Ameisen-, Milch- oder Borsäure vorgenommen zu
werden.

**E.P. 193 819. Verbesserung in der Behandlung von
Faserstoffen. Marsden, U.S.A.**

Es ist bereits in dem E.P. 4251/1907 (Kap. X) ein Verfahren beschrieben worden, bei dem das Mercerisieren und Bleichen in kontinuierlicher Arbeitsweise vorgenommen werden sollte, indem man
die Bleichoperation zwischen das eigentliche Mercerisieren und das
Absäuern verlegte. Nach dem vorliegenden Verfahren handelt es
sich um eine ähnliche Arbeitsweise, bei der sich an die Mercerisation die Bleichung anschließt. Zur Ausführung bedient man sich
eines in mehrere gegeneinander abgeschlossene Kammern einge-
teilten Arbeitsgefäßes. In der ersten Kammer wird das breit ein-
laufende Gewebe mit einer schwachen Natronlauge oder Kalkmilch behandelt, um die Verunreinigungen daraus zu entfernen.
In der nächsten Kammer gelangt es in die Mercerisierlauge und
wird hierauf gewaschen. Dann leitet man das Breitgewebe in eine
mit Chlor gefüllte Kammer. Das Chlor soll unter höherem als dem
Atmosphärendruck stehen, um das Gewebe besser zu durchdrin-

gen. Während der Chlorbehandlung wird häufiger mit alkalischen Lösungen angefeuchtet, um eine Bildung des Hypochlorits auf der Faser zu verursachen und dadurch eine bessere Bleichung zu erzielen. Dann wird gewaschen und nötigenfalls gesäuert.

E.P. 202 057. Verbesserungen in der Behandlung von Baumwolle. The Fine Cotton Spinners and Doublers Association Lmtd., England.

Durch das vorliegende Verfahren soll man die Netzfähigkeit der zu mercerisierenden Faser erhöhen, ohne daß man es nötig hätte, sie vorher abzukochen, zu dämpfen usw. Man hat bisher die Erhöhung der Netzfähigkeit für die Mercerisation entweder durch vorheriges Abkochen bewirkt, oder durch die Anwendung von Fettlösungsmitteln, wie Alkohol, Holzgeist, Aceton, Äther, Pyridin, Chinolin oder andere heterocyclische Basen. In sauren Bädern hat man schon schaumbildende Mittel, wie Tannin, Quillaja, Myrrhen, Seifenwurzel, Gambir, Sumach, Quercitron, Äsculin und Hämatin angewendet. Zu Färbebädern hat man außerdem 20 vH Alkohol zugesetzt; zu Mercerisierlaugen etwa 10 vH Methyl- oder Äthylalkohol. Nach dem vorliegenden Verfahren soll die Aufnahmefähigkeit des Gewebes für die Mercerisierlauge dadurch erhöht werden, daß man ihre Oberflächenspannung erniedrigt. Man erreicht dies durch Zusatz von bestimmten Mengen von Handelsalkohol, insbesondere von Methylalkohol von etwa 0,822 spez. Gew., die nicht groß genug sind, um als Lösungsmittel für die Wachssubstanzen der Faser zu dienen. Man soll einer Lauge von 1,320° Bé so viel Alkohol zusetzen, daß sie eine Dichte von 1,260° Bé erhält. Es ist bereits in dem D.R.P. 134 449 empfohlen, der Mercerisierlauge Äthyl- oder Methylalkohol zuzusetzen. Die Verwendung von Brennspiritus zu einem gleichen Zweck ist im D.R.P. 430 085, Kl. 8 erwähnt.

Am.P. 596 464. Verfahren zum Mercerisieren. Farbwerke Höchst.

Es betrifft den Zusatz von organischen Kolloiden wie British Gum oder anorganischen Kolloiden wie Wasserglas oder Natriumaluminat zur Mercerisierlauge, um das Schrumpfen zu vermeiden. Dieses Verfahren ist eingehend in dem bereits referierten E.P. 11 313/1897 beschrieben.

Am.P. 621 477. Verfahren zur Mercerisation. Joseph Schneider, England.

Das Verfahren benutzt an Stelle von Natronlauge eine Lösung von Natrium- oder Kaliumsulfid, weil die Natronlauge sich mit der Kohlensäure der Luft zu schnell umsetzen soll. Man soll den Lösungen der Alkalisulfide Äthyl-(Methyl-)alkohol, sulfurierte oder oxydierte Öle, Benzin, Benzol, Solventnaphtha oder Naphthaöl, Terpentinöl oder Petroleum zusetzen, um einen höheren Glanz zu erzielen. Die Lösung des Alkalisulfides soll etwa 30 proz. sein, der man etwa 10 vH der vorgenannten Zusätze hinzufügen soll. Die Lösungsmittel bleiben auf der alkalischen Lauge schwimmen und lösen das Fett od. ähnl. aus der Faser, ehe sie in die alkalische Lösung eintritt, in der sie 15—30 Minuten verbleibt. Während oder kurz nach der Behandlung soll die Ware zur Vermeidung der Schrumpfung gestreckt werden. Dem gleichen Anmelder ist ein gleiches Verfahren, in dem an Stelle von Alkalisulfiden Hydroxyde angewendet werden, durch das D.R.P. 134 449 geschützt worden.

Auf die Verwendbarkeit der Schwefelalkalien zum Mercerisieren ist u. a. auch in dem D.R.P. 130 455, Kl. 8 hingewiesen.

F.P. 584 643. Verfahren zur Herstellung von künstlicher Wolle. Thomann, Frankreich.

Nach dem vorliegenden Verfahren soll es gelingen, aus Jute oder anderen pflanzlichen Fasern ein wollähnliches Material herzustellen. Zu diesem Zweck stellt man in einem Kessel eine Natronlauge von 16—18° Bé her, wobei das Volumen dieses Bades zu der Menge der zu behandelnden Faser in einem gewissen Verhältnis stehen muß, dann setzt man diesem Bad Schwefelnatrium zu und zwar 1 kg auf 5 kg Jute. In diesem Bad läßt man die Faser so lange, bis sich auf der Oberfläche eine leichte Kräuselung zeigt. Dann entfernt man die Jute aus dem Bad und wäscht mit einer Waschmaschine, um das Alkali zu entfernen. Nach dem Waschen bringt man die Faser für etwa $^1/_4$ Stunde in eine verdünnte Schwefelsäure von 1—2° Bé und wäscht bis zum Verschwinden der Säure. Nach dem Trocknen wird der Faserstoff kardiert.

Am.P. 682 494. Verfahren zum Mercerisieren von kurzstapeliger Baumwolle. Reichmann und Lagerquist, Schweden.

Um auch auf kurzstapeliger Baumwolle einen hohen Seidenglanz zu erzeugen, soll man wie folgt verfahren. Die Baumwolle wird zunächst von allen Fettstoffen befreit und hierauf in konzentrierte Natronlauge eingeweicht und dann in gespanntem Zustand in eine konzentrierte heiße Natronlauge, die einen starken Zusatz von Kupferoxydammoniak enthält; dann wird gewaschen und neutralisiert. Hierbei verschwindet die blaue Farbe und es erscheint ein schwacher Glanz. Um den Glanz zu erhöhen, bringt man die Baumwolle dann in konzentrierte Salpetersäure (35° Bé) bei höchstens 15° C, bis sie eine hellgelbe Färbung zeigt. Dann wird sie ausgequetscht und gewaschen. Sie zeigt den Glanz der Turiner Seide und kann ohne Färbung in hellen Tönen angefärbt werden. Man kann die Behandlung der Baumwolle mit Natronlauge und Kupferoxydammoniak auch in zwei getrennten Phasen erfolgen lassen. An Stelle der Salpetersäure kann man auch Salzsäure oder Schwefelsäure anwenden. Das Neutralisieren der gelaugten Ware erfolgt mit kalter verdünnter Salpetersäure. Ein dem vorstehenden sehr ähnliches Verfahren ist bereits in dem E.P. 14 283/1900 beschrieben worden. Auch ist für dieses Verfahren das D.R.P. 129 883, Kl. 8 zu vergleichen.

Am.P. 1 343 138. Mercerisation. Jones, Arnold Print Works, U.S.A.

Insbesondere für solche gemischte Gewebe, die aus Baumwolle und Leinen und Viscoseseide bestehen, soll man zur Schonung der Viscoseseide, und zwar ohne die Mercerisationseffekte auf Baumwolle und Leinen zu beeinträchtigen, zum Mercerisieren eine Natronlauge verwenden, der man Formaldehyd zugesetzt hat. Die Mercerisierungslösung soll sich z. B. aus 943 g einer Natronlauge von 27,2 vH Natronlauge und 57 g Formaldehyd zusammensetzen. Setzt man in dieser Mischung den Gehalt an Formaldehyd herab, so ist der Schutz der Viscoseseide nicht ausreichend. Man kann auch unter Spannung arbeiten.

Am.P. 1 343 139. Mercerisation. Jones, Arnold Print Works, U.S.A.

Das vorliegende Verfahren betrifft etwa die gleiche Erfindung wie das Am.P. 1 343 138, d. h. die Mercerisation von gemischten, aus Baumwolle oder Leinen und Viscoseseide bestehenden Geweben, die ohne Schädigung der Viscoseseide mercerisiert werden sollen. In dem vorgenannten Am.P. wurde ein Zusatz von Formaldehyd vorgeschlagen. Man soll zu einem gleichen Zweck auch Phenol anwenden können. Es wird folgende Lösung zum Mercerisieren empfohlen: 950 g Natronlauge von 27,2 vH NaOH und 50 g Phenol. Verringert man den Zusatz des Phenols, so ist der Schutz der Viscose nicht ausreichend. Eine Erhöhung des Gehaltes an Phenol schwächt dagegen den Mercerisationseffekt. Man erhält auf diese Weise billiger die gleichen Wirkungen, als wenn man die Baumwollfäden zuerst für sich mercerisiert und dann mit Viscoseseide verwebt. Man kann auch unter Spannung arbeiten.

Am.P. 1 346 802. Mercerisation. Jones, Arnold Print Works, U.S.A.

In den zuletzt besprochenen Am.P. 1 343 138 und 1 343 139 ist vorgeschlagen, den Mercerisierungslösungen Formaldehyd bzw.

Phenol zuzusetzen, um beim Behandeln von gemischten, aus Baumwolle und Viscoseseide bestehenden Geweben die Viscoseseide zu schützen. In der vorstehenden Patentschrift ist zu einem gleichen Zweck ein Zusatz von Glycerin zu der Natronlauge vorgeschlagen. Es soll folgende Mischung angewendet werden: 865 g Natronlauge von 29,6 vH NaOH und 135 g Glycerin. Die Höhe dieses Zusatzes soll weder erhöht noch auch verringert werden, um weder den Mercerisationseffekt noch auch die Viscoseseide zu gefährden. Man kann bei der Ausführung dieses Verfahrens zur Vermeidung des Schrumpfens auch Spannung anwenden.

Am.P. 1 346 803. Mercerisation. Jones, Arnold Print Works, U.S.A.

In den vorgenannten Am.P. 1 343 138, 1 343 139 und 1 346 802 sind Verfahren beschrieben worden, um gemischte Gewebe aus Baumwolle und Viscoseseide ohne Schädigung der Kunstseide zu mercerisieren. Sie bestehen darin, daß man der Natronlauge als Schutzmittel für die Kunstseide Formaldehyd, Phenol oder Glycerin zusetzt. Man kann zu einem gleichen Zweck auch Monoacetin, d. h. Monoacetyl-Glycerin, zusetzen. Es wird folgende Mischung vorgeschlagen: 819 g Natronlauge von 32 vH NaOH und 181 g Monoacetin. Man kann die Mercerisierung auch unter Spannung ausführen.

Am.P. 1 439 516. Verfahren zur Erzeugung dauerhafter Effekte auf Baumwolle. Heberlein, Wattwil.

Der Patentinhaber hat in dem Am.P. 1 141 872 ein Verfahren beschrieben, um Wolleffekte auf Baumwolle in der Weise zu erzeugen, daß man sie zunächst in gewöhnlicher Weise mercerisiert, vorteilhaft bleicht und dann der Einwirkung von konzentrierter Schwefelsäure von weniger als 51° Bé unterwirft. Bei Verwendung einer Schwefelsäure, deren Konzentration etwa zwischen $49\,^1/_2$ und $50\,^1/_2$° Bé liegt, verschwindet der Glanz und es tritt eine leichte Rauhung ein, wodurch das Gewebe voller und wollähnlicher wird. Man soll nach dem vorliegenden Verfahren in diesem Prozeß an Stelle der Schwefelsäure auch Chlorzink anwenden. Es wird zu diesem Zweck eine Chorzinklösung von 66° Bé bei Temperaturen von 60—70° C vorgeschlagen. Nach Anwendung dieser Lösung soll gewaschen werden.

Am.P. 1 439 518. Verfahren, um Baumwolle ein wollähnliches Aussehen zu verleihen. Heberlein, Wattwil.

In dem Am.P. 1 141 872 ist ein Verfahren beschrieben, um Wolleffekte auf Baumwolle dadurch zu erzeugen, daß man sie zuerst mercerisiert und dann mit konzentrierter Schwefelsäure von weniger als 51° Bé, d. h. 49,5—50,5° Bé, behandelt. Man soll die gleichen Wirkungen erzielen, wenn man die Baumwolle zuerst mit Schwefelsäure von 49—51° Bé behandelt, wäscht und dann ohne Streckung mit Natronlauge mercerisiert. Nach dem vorliegenden Verfahren soll man an erster Stelle in dem zuletzt genannten Verfahren ein die Cellulose lösendes Salz in Anwendung bringen. Als solche Verbindungen sind Chlorzinklösung von 66° Bé bei 60 bis 70° C oder Schweizers Reagens bei kurzer Einwirkungsdauer angegeben. Nach dieser Behandlung wird gewaschen und ohne Streckung mit Natronlauge mercerisiert.

Am.P. 1 439 521. Verfahren zur Erzeugung bleibender Effekte auf baumwollenen Waren. Heberlein, Wattwil.

In der zuletzt besprochenen Am.P. 1 439 518 ist bereits auf ein Verfahren hingewiesen worden, wonach wollähnliche Effekte auf Baumwolle dadurch hergestellt werden, daß man die Baumwolle zuerst mit einem lösenden Salz behandelt, wäscht und hierauf ohne Streckung mercerisiert. Als lösendes Salz ist in der vorliegenden Patentschrift Schweizers Reagens genannt.

Am.P. 1 576 292. Herstellung von Produkten aus gerecktem Material. Ainslie, U.S.A.

Zur Herstellung von Kragen usw. soll man diese Gegenstände in einer ihre spätere Größe übersteigenden Dimension ausschneiden, da sie bei der weiteren Behandlung einschrumpfen. Zunächst werden sie in einem alkalischen Bad von Wasserstoffsuperoxyd gebleicht. Verwendet man hierzu stark alkalische Bäder, so ist das Bleichen mit einem Einschrumpfen verknüpft. Das Peroxyd wirkt aber in schwach alkalischen Bädern besser. Am besten soll man zuerst vor dem Bleichen mit Alkali wie Soda bäuchen (durch diese Reinigung wirkt das Bleichbad schneller) und dann mit dem Peroxydbad nachbehandeln.

F.P. 469 242. Verfahren, um ohne vorheriges Abkochen der Faser eine gleichmäßige Mercerisierung zu erzielen. Boudin, Frankreich.

Es ist bereits in dem D.R.P. 134 449 darauf hingewiesen worden, daß man den Mercerisierungsbädern einen Zusatz von Alkohol, Kohlenwasserstoffen u. dgl. machen soll, um die Netzfähigkeit der Baumwollfaser zu erhöhen. Auch in dem vorstehenden Patent werden gleiche Zusätze, wie Alkohol, Terpentinöl, Benzin, Petroleum od. ähnl., als Zusätze vorgeschlagen. Der Zusatz von Alkohol soll 20—100 g pro Liter betragen, wobei er sich klar in der Natronlauge auflöst. Gerade der Umstand, daß man nach diesem Verfahren von trockenen Fasern ausgeht, soll die Gleichmäßigkeit der Mercerisation gewährleisten. Jedenfalls ist auf die Wasserfreiheit der Faser vor dem Einbringen in das Mercerisationsbad ein sehr hoher Wert gelegt. Früher hatte man zur Erhöhung der Netzfähigkeit die Faser mit schwachen Alkalien abgekocht und dann mit Seifenlösungen, Sulforicinaten oder anderen löslichen Ölen angefeuchtet, um ihre Netzfähigkeit zu erhöhen. Man soll auch so verfahren können, daß man der Baumwolle wasseranziehende Fähigkeiten gibt und sie dann trocknet, ehe man sie in das Mercerisierbad einbringt (vgl. auch E.P. 202 057).

E.P. 252 360. **Verfahren zur Veredelung von insbesondere vegetabilischen Textilfasern. Leon de Wolf, Belgien.**

Kaustische Alkalien reinigen und mercerisieren die pflanzliche Faser, wobei leicht eine Braunfärbung eintritt. Der Zusatz von Methyl- oder Äthylalkohol, oder von Seife, Sulforicinaten u. dgl. erhöhen die Benetzbarkeit der Faser und die Einwirkung der Lauge. Alkaliphenolate hat man in verdünnter Lösung als Reinigungs- und Bleichmittel angewendet. Nach der Erfindung soll man ein- und mehrwertige Phenole zu Laugen von mindestens 5 vH zusetzen und hierdurch Baumwolle verwollen, mercerisieren oder gelatinieren. Man kann bei Anwendung von Rohfasern mehrere dieser Wirkungen in einem Bad auslösen. Zur Erzielung bestimmter Wirkungen kann man dem Alkali und Phenole enthaltenden Bade noch Oxydationsmittel, z. B. Permanganate, zusetzen, wodurch man auch noch eine Bleichung erhält. Für die Behandlung von Jute wird folgende Vorschrift gegeben. Man bringt die Jutefaser in ein kaltes oder handwarmes Bleichbad ein, spült, wringt aus und behandelt 5—15 Minuten mit einem Bad aus 1 Vol. Natronlauge von 38° Bé und 1 Vol. Lösung von Phenol 33 vH. Nach der Behandlung wird ausgewrungen, gespült und getrocknet.

F.P. 584 643. **Verfahren zur Herstellung künstlicher Wolle. Thomann, Frankreich.**

Nach den Angaben des F.P. 613 973 soll man eine wollähnliche Faser aus Jute erhalten, wenn man sie bei einer Temperatur von 25—30° C mit einer Lauge von 30° Bé behandelt. Nach dem vorliegenden Verfahren soll man eine gleiche Umwandlung der Jute bewirken, wenn man sie in einem Bade behandelt, das aus 16 bis 18° Bé starker Natronlauge besteht, dessen Menge der zu behandelnden Faser angepaßt sein muß. Der Natronlauge setzt man auf 5 kg Jute 1 kg Schwefelnatrium zu. Man beläßt die Ware so lange in dem Bade, bis eine leichte Kräuselung eintritt. Dann wird gewaschen und $^1/_4$ Stunde in einem Bade von 1—2 proz. Schwefelsäure abgesäuert.

E.P. 26 593/1908. Verfahren zur Herstellung einer Lederimitation. Müller, Limbach.

Das Verfahren besteht darin, daß man eine gewebte oder gewirkte baumwollene Ware zum Schrumpfen bringt, indem man sie in ungespanntem Zustand in eine Natronlauge von 20—30° Bé einbringt, worauf gewaschen und getrocknet wird. Man kann diesen Schrumpfungsprozeß wiederholt anwenden je nach der Dichte, die angestrebt wird, da nach jedesmaligem Trocknen die Aufnahmefähigkeit der Ware für die Lauge erhöht wird. Hierdurch wird die Schrumpfung bedeutend erhöht. Nach Ausführung dieses Verfahrens wird die Ware wie Leder gefärbt und mit Seifen, Ölen oder Türkischrotöl gefüllt. Man kann auch den so erhaltenen Lederersatz durch ein Klebmittel zu einer Doppelware ausbilden und durch Walzen hindurchgehen lassen.

E.P. 9988/1911. Verfahren zur Herstellung einer Steifeinlage aus Baumwolle. Hirsch, U.S.A.

Zur Ausführung verwendet man eine baumwollene Ware von etwa der gleichen Ausführung und dem gleichen Gewicht wie die bisherigen Steifeinlagen aus Leinen und unterwirft sie der Einwirkung von Alkali von einer Konzentration, daß es eine schrumpfende Wirkung auslöst. Dann wird die Ware geschlichtet, getrocknet und in geschrumpftem Zustand einem mechanischen Druck ausgesetzt, wodurch die Fäden nicht miteinander verklebt werden und das Gewebe ohne Streckung elastisch wird.

E.P. 224 882. Verfahren zur Behandlung von Gegenständen mit Flüssigkeiten. Böhme, Chemnitz.

Es ist bereits im vorstehenden auf die Erhöhung der Netzfähigkeit auch von Mercerisierlaugen durch Zusatz von Pyridinbasen hingewiesen worden. Nach dem vorliegenden Verfahren sollen als Netzmittel hydrierte heterocyclische Basen angewendet werden. Man kann außer den vorgenannten hydrierten Produkten auch noch Salze von Fettsäuren, Oxyfettsäuren und Sulfofettsäuren verwenden zusammen mit hydrierten Fetten od. ähnl.

Während, wie bekannt, bei der Einwirkung von Natronlauge auf Baumwolle stets eine Schrumpfung der Baumwolle eintritt, sofern die Lauge mercerisierende Wirkungen auslöst, kann man die Schrumpfung verhindern, indem man der Lauge Traubenzucker (700 Gew. Natronlauge 40° Bé, 200 Gew. Wasser und 300 Gew. Traubenzucker) oder Glycerin bzw. Schwefelalkalien zusetzt (vgl. D.R.P. 110 633, 117 249 und 130 455).

XI. Mercerisierung mit insbesondere anorganischen Säuren allein.

In dem nachfolgenden Kapitel ist die Verwendung insbesondere von Schwefelsäure und Salpetersäure mit und ohne Spannung beschrieben, um transparente bis wollähnliche Wirkungen auf Baumwolle zu erzielen oder Filtermaterial aus Baumwolle herzustellen. Berücksichtigt sind ferner diejenigen Verfahren, bei denen Gewebe mit einem bestimmten Gehalt an Wasser zur Behandlung mit Säuren gelangen, und bei denen für tiefe Kühlung der Säure selbst und auch noch während der Spannung Sorge getragen ist. Hierher gehört auch die Behandlung fertig geschnittener Wäschestücke, wie z. B. Kragen, mit Säure, um die Kanten zu verleimen. Besprochen ist auch noch die Verwendung von konzentrierter Ameisensäure und von Chlorzink, das man nicht auszuwaschen braucht, sondern in der Faser als unlöslichen Niederschlag abscheiden kann. Diese Zusammenstellung erschöpft nicht den Inhalt dieses Kapitels.

D.R.P. 21 380, Kl. 8. Charles Wood Lightoller in Manchester und James Longshaw in Preston-Brook (County of Lancaster, England). Verfahren, die Zerreißfestigkeit der Baumwollgarne zu erhöhen. Vom 21. Juli 1882.

Patentansprüche: 1. Das Verfahren, die Zerreißfestigkeit der Baumwollgarne zu erhöhen, darin bestehend, daß man sie mit Schwefelsäure oder Zinkchlorid behandelt und dann auswäscht.

2. Zur Ausübung dieses Verfahrens der mit Bezug auf die Zeichnung beschriebene Apparat in seiner ganzen Zusammensetzung, worin Baumwollgarne und andere ähnliche Artikel behufs Vergrößerung ihrer Zerreißfestigkeit behandelt werden, bestehend aus einer Anzahl von Behältern, in welche die chemische Lösung eingebracht wird, sowie einer Anzahl Walzen, über welche die zu behandelnden Gegenstände geführt werden.

Bei der Anwendung von Schwefelsäure zur Erhöhung der Zerreißfestigkeit muß das Vitriolölbad möglichst auf einer Temperatur von 15° C gehalten werden, das spez. Gew. der Säure soll von 1,4 bis 1,8 variieren. Bei Erhöhung der Konzentration der Säure soll eine kurze Einwirkungsdauer gewählt werden; z. B. für eine Säure vom spez. Gew. 1,6 Dauer des Eintauchens 2,5 Sekunden, Tiefe des Eintauchens 0,3—0,6 m. Temperatur 15° C. Dann wird in Wasser und in verdünnter Sodalösung ausgewaschen.

D.R.P. 85 564, Kl. 8. Thomas & Prevost in Crefeld. Mercerisieren vegetabilischer Fasern in gespanntem Zustande. Vom 24. März 1895.

Patentanspruch: Neuerung bei dem Mercerisieren von vegetabilischen Fasern mit alkalischen Laugen oder Säuren, dadurch gekennzeichnet, daß die vegetabilische Faser in Strang- oder Gewebeform in stark gespanntem Zustande der Einwirkung der Basen oder Säuren ausgesetzt und unter Beibehaltung dieses Zustandes ausgewaschen wird, bis die innere Faserspannung nachgelassen hat, behufs Vermeidung des Einlaufens der Faser.

Als Säure empfiehlt sich starke Schwefelsäure von 49,5 bis 55,5° Bé zu verwenden, bei deren Anwendung vorsichtig verfahren und besonders nach kurzer Einwirkung sofort wieder gut ausgewaschen werden muß. Die Baumwolle muß gut entfettet und trocken, aber in etwas feuchtem Zustand sein. Die Beendigung der Reaktion erkennt man an dem pergamentartigen Aussehen der Faser.

D.R.P. 109 607, Kl. 8. F. W. Scheulen in Unter-Barmen. Verfahren zur Veredelung von Textilfasern. Vom 24. Oktober 1896.

Patentanspruch: Verfahren zur Veredelung vegetabilischer und animalischer Gespinste und Gewebe, insbesondere aus Baumwolle, Wolle und Tussahseide, dadurch gekennzeichnet, daß man diese Gespinste oder Gewebe wenige Minuten lang der Einwirkung von starker Salpetersäure unterwirft, wobei der durch diese Behandlung eintretenden Kontraktion durch Auflegen der Gespinste oder Gewebe in ihrer natürlichen Länge auf zwei Walzen aus Porzellan, Aluminium usw. entgegengewirkt wird, nach welcher Behandlung ein Auswaschen erfolgt.

Das Nitrieren von Geweben ist schon in den Patentschriften 58 133 und 72 969 unter Einlaufen auf 15 vH der ursprünglichen Länge beschrieben. Nach dem vorliegenden Verfahren wird das Einschrumpfen durch Aufwickeln auf Porzellanwalzen verhindert und es tritt beim Auswaschen eine Zunahme der Länge bis zu 5 vH ein. Die Gespinste werden von Schlichten und Ölen gereinigt, auf zwei Walzen aus Porzellan oder Aluminium gewickelt und mit Salpetersäure von 42—44° Bé in etwa 2—5 Minuten hindurchgeführt und auf den Walzen ausgewaschen. Die gewaschene Ware wird geseift und mit verdünnter Essigsäure nachbehandelt.

D.R.P. 117 733, Kl. 8. Gustave Georges Carpon in Antwerpen. Verfahren zur Herstellung von mercerisiertem Baumwollsammet. Vom 10. Dezember 1899.

Patentanspruch: Verfahren zur Herstellung von merceriesiertem Baumwollsammet bzw. Geweben, welche nach dem Weben aufgeschnitten werden, dadurch gekennzeichnet, daß man den

Sammet oder das Gewebe nach dem Fertigweben, aber vor dem Aufschneiden der Florschlingen mercerisiert.

Arbeitet man mit Spannung, gemäß dem Verfahren von Thomas und Prevost (s. Buntrock: Revue des matières colorantes 1898, S. 219ff.), so wird das Gewebe mit konzentrierten Säuren behandelt, indem man es durch ein derartiges Bad mittels einer sogenannten Flatsch- oder Klotzmaschine hindurchzieht.

Diese Operation wird ein- bis dreimal gemäß der mehr oder weniger guten Imprägnierung des zu behandelnden Gewebes ausgeführt. Alsdann läßt man das Gewebe durch eine Spannvorrichtung od. dgl. gehen, um es auf seine ursprüngliche Breite zurückzubringen.

D.R.P. 128 284, Kl. 8.   F. A. Bernhardt in Zittau i. Sa. Mercerisieren von Geweben unter rollendem Druck. Vom 15. Juli 1896.

Patentanspruch: Verfahren, um rohe oder geeignet vorgefärbte Gewebe aus Baumwolle oder anderen Pflanzenfasern mittels starker Ätzlaugen oder starker Säuren zu mercerisieren, dadurch gekennzeichnet, daß man die Gewebe während der Mercerisation und der darauffolgenden Neutralisation im aufgewickelten Zustande einem rollenden Druck bis zum Eintreten eines seidenähnlichen Aussehens unterwirft.

Durch die Einwirkung starker Säuren wird die Baumwolle plastisch formbar. Sie wird in diesem Zustand dem rollenden Druck oder der rollenden Pressung eines Waterkalanders während einer bestimmten Zeit unterworfen. Die Säuren werden durch Aufspritzen oder Durchführen aufgebracht und im Moment der Imprägnierung der rollenden Pressung zwischen zwei Walzen unterworfen, wobei sich die Ware auf eine Walze aufwickelt. Nach Ablauf einer bestimmten Zeit wird die Ware unter rollendem Druck neutralisiert, wobei eine Druckpumpe für das Waschwasser angewendet wird, dann wird zentrifugiert und unter Breitspannung getrocknet.

D.R.P. 431 751, Kl. 8.   Firma Raduner & Co. A.-G. in Horn, Thurgau, Schweiz. Verfahren zur Veredelung von Baumwollgeweben. Vom 3. Januar 1924. (E.P. 227 102.)

Es ist bekannt, durch Einwirkung von Schwefelsäure von über $50\,^{1}/_{2}°$ Bé bei gewöhnlicher Temperatur, d. h. über $+5°$ C, ebenso von Schwefelsäure von unter $50\,^{1}/_{2}°$ Bé bei Temperaturen unter $0°$ C mit oder ohne Nach- oder Vorbehandlung mit Alkalilauge und mit oder ohne Spannung, je nach der Wahl dieser Bedingungen transparente bis wollähnliche Effekte auf Baumwollgeweben bzw.

bei Geweben aus stärkeren Garnnummern solche von leinenartig glänzendem Aussehen zu erhalten.

Es wurde nun die unerwartete Beobachtung gemacht, daß, wenn man statt, wie bisher ausschließlich üblich, völlig trockener Gewebe solche von wenigstens 30 vH Feuchtigkeitsgehalt der Einwirkung konzentrierter Schwefelsäure der erwähnten Stärken unterwirft, nicht etwa eine durch die Verdünnung erklärliche geringere Veränderung als beim trockenen Stoff eintritt, sondern ganz im Gegenteil eine sehr viel stärkere. Der Unterschied in dem Grad der Einwirkung und in der dadurch bedingten Veränderung des Gewebes ist bei weitem größer als derjenige, der durch Anwendung tief gekühlter Säure gegenüber Säure von gewöhnlicher Temperatur zu erzielen ist.

Die Erklärung für diese auffallende Erscheinung, die in scheinbarem Widerspruch steht mit dem Gesetz der Wirkungssteigerung mit zunehmender Konzentration, ist jedenfalls gegeben durch die Annahme eines viel rascheren und tieferen Eindringens der Säure in das Innere sowohl des gesponnenen Fadens als auch der Einfaser selbst. Da die Unterschiede nicht nur bei ganz kurz dauernder Einwirkung, sondern auch bei solchen von mehreren Minuten Dauer gleich deutlich sind, kann es sich nicht bloß um ein rascheres Eindringen handeln, sondern der Wassergehalt muß geradezu wegbahnend wirken für die Säure und derselben ein tieferes Eindringen ermöglichen als beim trockenen Stoff.

Die technische Ausnutzung dieser Erscheinung gestattet nun, entweder die sonst nötigen Säurekonzentrationen wesentlich herabzusetzen oder, was technisch ebenso wertvoll ist, die Einwirkungszeit zu verkürzen, um zu gleichen Effekten zu gelangen wie mit trockenem Stoff, und außerdem durch die mit befeuchtetem Stoff erzielbaren, wesentlich gesteigerten Schrumpfungen der Gewebe auch neuartige Effekte zu gewinnen.

Beispiel 1. Mercerisiertes Musselingewebe wird gleichmäßig befeuchtet bis zu 80—100 vH Feuchtigkeit und darauf in Schwefelsäure vom spez. Gew. 1,535 = 50,3° Bé bei +5° C 1 Minute lang imprägniert. Das so erhaltene Gewebe hat ein dichtes wollartiges Aussehen und Wollgriff. Das Vergleichsgewebe ohne Befeuchtung zeigt keine Verdichtung, ist etwas härter als vorher und glanzlos, aber ohne jeden Wollcharakter.

Beispiel 2. Nichtmercerisiertes Musselingewebe wird befeuchtet wie bei Beispiel 1 und darauf mit Schwefelsäure vom spez. Gew. 1,530 = 50° Bé bei 0° 1 Minute lang behandelt. Es ergibt sich ein Gewebe von sehr gutem Wollgriff und sehr starker Schrumpfung;

das nicht befeuchtete Vergleichsstück zeigt eine bedeutend geringere Schrumpfung.

Beispiel 3. Mercerisiertes Musselingewebe wird befeuchtet wie bei Beispiel 1, und darauf mit Schwefelsäure vom spez. Gew. 1,530 bis 1,535 bei 0° 1—2 Minuten lang behandelt. Durch Nachmercerisierung unter Spannung in kalter Lauge erhält man einen schönen Transparenteffekt, der sich vor allem durch größere Weichheit auszeichnet vor solchen Transparentgeweben, welche mit trockenem Stoff bei tieferen Temperaturen oder mit Säure höherer Konzentration erzielt wird.

Beispiel 4. Auf mercerisiertes oder nichtmercerisiertes Musselingewebe wird unmittelbar vor der Säureimprägnierung ein beliebiges Muster, z. B. Streifen, mit Wasser derart aufgedruckt, daß die bedruckten Stellen gleichmäßig feucht mit über 30 vH Feuchtigkeit in die Säure kommen. Wendet man z. B. Säure vom spez. Gew. 1,540 und —10° an, so erhält man auf diese Weise ein sehr stark durch Verdichtung und Verklebung der Fäden sich abhebendes Muster. Die erhaltenen Musterungen sind durch Färben noch wesentlich in ihrer Wirkung zu heben infolge verschieden starker Farbstoffaufnahme der bedruckten und unbedruckten Stellen. Ferner läßt sich die verschiedene Einwirkung auf diese Stellen zur Erzielung von Kreppeffekten benutzen.

Zum Schluß seien noch einige Wirkungen auf feuchtes und trockenes Gewebe einander gegenübergestellt.

Mercerisiertes Musselingewebe:

1. Behandlung mit Säure vom spez. Gew. 1,520 bei —10° 1 Minute. Trockenes Gewebe wird kaum verändert, nur etwas rauher.

Feuchtes Gewebe wird vollständig verdichtet, geschlossen und wird weich, wollartig.

2. Behandlung mit Säure vom spez. Gew. 1,540 bei —10° 1 Minute. Trockenes Gewebe wird transparentartig hohl, hart und rauh.

Feuchtes Gewebe wird papierig verklebt.

Nichtmercerisiertes Musselingewebe.

3. Behandlung mit Säure vom spez. Gew. 1,520 bei —5° 1 Minute. Trockenes Gewebe erfährt eine sehr schwache Verdichtung, wird etwas rauher.

Feuchtes Gewebe erfährt eine vollkommene Verdichtung und einen vollkommenen Wolleffekt.

Statt Schwefelsäure können auch andere anorganische Säuren, wie Salzsäure, Salpetersäure, Phosphorsäure oder Mischsäure aus

Schwefelsäure und Salpetersäure in entsprechend wirksamer Konzentration verwendet werden. Mit Hilfe von Reserven kann die Einwirkung der Säuren oder der Alkalilauge stellenweise verhindert werden, um gemusterte Effekte zu erzeugen.

Das vorliegende Verfahren ist sowohl anwendbar auf glatten, als auch auf gemusterten und auf bestickten Baumwollgeweben.

Patentansprüche: 1. Verfahren, um glatten oder gemusterten oder bestickten Baumwollgeweben ein transparent-durchsichtiges oder durchscheinendes oder wollartiges oder bei schweren Geweben leinenartiges Aussehen und entsprechenden Charakter zu verleihen durch Behandlung mit Schwefelsäure oder mit Schwefelsäure und Alkalilauge, mit oder ohne Spannung, dadurch gekennzeichnet, daß das Gewebe wenigstens 30 vH Feuchtigkeitsgehalt, bezogen auf das Gewicht des trockenen Gewebes, aufweist, wenn es der Säurebehandlung unterzogen wird.

2. Verfahren nach Anspruch 1, dadurch gekennzeichnet, daß statt Schwefelsäure eine andere mercerisierend wirkende anorga-. nische Säure in entsprechend wirksamer Konzentration verwendet wird.

3. Verfahren nach Ansprüchen 1 und 2, dadurch gekennzeichnet, daß mit Hilfe von Reserven in an sich bekannter Weise gemusterte Effekte erzeugt werden, wobei die Reserven die Einwirkung der Säuren oder Alkalilauge verhindern.

4. Verfahren nach Ansprüchen 1 und 2, dadurch gekennzeichnet, daß die Befeuchtung der Gewebe in an sich bekannter Weise nur stellenweise erfolgt, wodurch infolge der an diesen Stellen eintretenden stärkeren Säurewirkung neue Effekte und Musterungen erzielt werden.

Ö.P. 92 343. Verfahren zur Verbesserung vegetabilischer Fasern. F. A. Gillet & Fils in Lyon.

Das Verfahren ist dazu bestimmt, Pflanzenfasern aller Art einen wollartigen Charakter zu verleihen. Man erreicht dies dadurch, daß man die Fasern bei gewöhnlicher Temperatur mit konzentrierter Salpetersäure von einer Konzentration von 65 vH oder höher behandelt und die Säure durch Auswaschen entfernt. Man kann das Verfahren auf Pflanzenfasern in rohem oder gebleichtem Zustand auch mercerisiert in jeder beliebigen Phase der Behandlung anwenden, gleichgültig, ob sie in Gestalt von Flocken, Kammgarn, kardiert, in Fäden, Garnen oder Geweben sind. Die Resultate sollen etwa die gleichen sein, als wenn man die Faserstoffe zunächst mit Alkali mercerisiert und dann in starke Schwefelsäure einbringt. Die Dauer der Einwirkung ist nicht eng begrenzt. Die Struktur des Grundes bleibt unverändert. Das Textilmaterial kann ausgedrückt und gewaschen werden. Man taucht das Material ohne Spannung in die Salpetersäure ein; gewöhnliche Gewebe werden 1 Minute in 75 vH Salpetersäure eingetaucht, Kaliko 2 Minuten in 72 vH Säure, feine Batiste 5 Minuten in 65 vH Säure. Bei Innehaltung einer Temperatur von nicht über 20° C kann man zwischen 5—30 Minuten behandeln. Bei Konzentration über 75 vH darf man nur wenige Minuten behandeln. Es ist bereits in dem D.R.P. 109 607, Kl. 8 eine Behandlung von Baumwolle mit Salpetersäure von etwa 74,5 vH Salpetersäure während einer Dauer von 2 bis 5 Minuten beschrieben, wobei der Kontraktion durch Auflegen auf Walzen entgegengewirkt werden soll, während nach dem vorstehenden Verfahren ohne jede Spannung gearbeitet werden soll.

E.P. 103 432. Verbesserte Herstellung von Baumwollwaren. Aktiengesellschaft Cilander (vgl. auch Am.P. 1 285 738, F.P. 482 282).

Im Jahre 1844 hatte Mercer festgestellt, daß konzentrierte Schwefelsäure auf Baumwolle Transparenzeffekte erzeugt. Man kann Baumwollgewebe durch Einwirkung von Schwefelsäure von 40—66° Bé wasserdicht machen. Man kann Kreppeffekte auf Garnen mit Schwefelsäure von 50—66° Bé bei Temperaturen von etwa 0° C erzielen. Thomas und Prevost haben Baumwolle mit Schwefelsäure von 49,5—55,5° Bé behandelt. Man kann nun ganz besondere Wirkungen auf Baumwolle erreichen, wenn man sie in einer Konzentration von weniger als $50^1/_2$° Bé bei einer Temperatur unter 0° C, d. h. wenigstens minus 4° C anwendet. Auf diese Weise kann man Transparenz-, Woll- und Druckeffekte herstellen. Schwefelsäure von wenigstens $50^1/_2$° Bé wirkt auf gewöhnliche Baumwolle oder auf mercerisierte Baumwolle pergamentierend, sie wird dabei durchscheinend und hart. Diese Wirkungen werden noch durch Nachbehandlung mit Natronlauge von 25—30° Bé unter leichter Streckung erhöht.

Wenn man Schwefelsäure unter $50^1/_2$° Bé bei gewöhnlichen Temperaturen 0—15° C anwendet, so erhält man leichte Transparenzeffekte wie bei der Mercerisation. Auch die nachfolgende alkalische Mercerisierung führt zu keinen befriedigenden Erfolgen. Eine ganz andere Wirkung tritt durch Schwefelsäure von weniger als $50^1/_2$° Bé bei Temperaturen von wenigstens minus 4° C ein. Wenn man mercerisiertes oder nicht mercerisiertes baumwollenes Gewebe in gespanntem oder ungespanntem Zustand in eine solche kalte Schwefelsäure einbringt, so wird es durch Natronlauge in einer gleichen Weise verändert, als wenn man Schwefelsäure über

$50\,^1/_2{}^\circ$ Bé bei normaler Temperatur angewendet hätte. Wenn man dagegen kalte Schwefelsäure von 50° Bé bei mindestens —4° C 5 Sekunden, und solche von 49° Bé bei derselben Temperatur einige Minuten anwendet, so erhält man nach der Laugenmercerisation Transparenzeffekte. Während man mit Schwefelsäure über $50\,^1/_2{}^\circ$ Bé eine Einwirkungsdauer von 20 Sekunden innehalten muß, kann man mit Schwefelsäure unter $50\,^1/_2{}^\circ$ Bé und bei mindestens —4° C 10 Minuten einwirken lassen, wodurch gleichmäßige Transparenzeffekte entstehen. Man kann zur Erzielung dunkler Färbungen 5 Minuten in Schwefelsäure von 49° Bé bei —10° C behandeln und nachher mercerisieren. Die Erzielung der Wolleffekte wird hervorgerufen durch Eintauchen von nicht mercerisierter Baumwolle für 5—10 Minuten in Schwefelsäure unter $50\,^1/_2{}^\circ$ Bé bei Temperaturen von weniger als 4° C.

E.P. 144 083. **Verfahren, um Baumwollgarn- oder -gewebe zu behandeln. Saburo Kashitani, Japan.**

Nach diesem Verfahren werden baumwollene Garne und Gewebe mit einer hochkonzentrierten Schwefelsäure von 45° Bé oder darüber behandelt. Durch diese Behandlung soll die Oberfläche einen weichen Griff erhalten, glänzend, besonders farbaufnahmefähig und unbrennbar werden. Zur Behandlung soll man eine Schwefelsäure von 52—60° Bé anwenden, um eine Schicht von Amyloid zu erzeugen. Man läßt die Säure 1—50 Minuten einwirken. Nachdem sich eine dünne Schicht von Amyloid auf dem Gewebe gebildet hat, wird mit Wasser gewaschen. Durch das Waschen wird ein Teil der vorstehenden Fasern, die mit dem Amyloid verklebt sind, entfernt. Die restlose Entfernung dieser Fasern wird dann auf mechanischem Wege, d. h. durch Anwendung von Schüttel- oder Schlagwerken oder durch Aufhaspeln der Fäden bewirkt. Das so gewonnene Material hat eine glatte und weiche Oberfläche, da alle vorstehenden Fasern von der Oberfläche verschwunden sind. Nach der mechanischen Behandlung wird das Gewebe in eine Natronlauge von 8—15° Bé für 10—15 Minuten eingetaucht, wodurch eine vollkommene Neutralisierung der angewendeten Säure stattfindet. Schließlich wird mit einer 3 proz. Lösung von Borax und mit Glycerin, Calciumchlorid, Glukose oder Seife nachbehandelt.

E.P. 219 085. **Verfahren zur Behandlung von Geweben. John van Heusen, Amerika (Am.P. 1 532 114).**

Das Verfahren bezweckt, das Ausfasern der Kanten, wie dies oft bei z. B. Kragen vorkommt, die aus dem Stück geschnitten worden sind, zu verhindern. Es besteht darin, daß man die Schnittfläche des Kragens oder das ganze Gewebe oder aber nur die Teile, durch welche der Schnitt geht, mit Schwefelsäure behandelt. Diese letzte Form der Ausführung empfiehlt sich insbesondere für die Herstellung von Kragen, die aus dem Stück ausgestanzt werden und bei denen man also lediglich die der Schnittlinie benachbarte Zone imprägniert. Nach dieser lokalen Präparation wird das Ausschlagen vorgenommen. Auf diese Weise erhält man Schnittkanten, die nicht ausfasern. Zur Ausführung soll man Schwefelsäure von 70—80° vH, vorzugsweise von 73—75 vH für etwa 1 Minute einwirken lassen. Da ein inniges Durchdringen der Schwefelsäure unerläßliche Bedingung ist, so muß man sie durchpressen oder durchsaugen. Nach dieser Behandlung wird die Säure ausgewaschen und dann mit alkalischem Waschwasser nachbehandelt. Der Kantenschutz tritt bereits bei dem feuchten Stück ein. Es sind auch noch die E.P. 116 090, 116 092 und 116 884 zu berücksichtigen.

E.P. 245 485. Verbesserung in dem Verfahren zum Gestalten und Formen von Geweben. John van Heusen, U.S.A. (Am.P. 1 509 920, F.P. 586 632.)

Das vorliegende Verfahren erscheint in gewisser Hinsicht als eine weitere Ausbildung des zuletzt besprochenen Verfahrens des E.P. 219 085. Gegenstand des Verfahrens ist die Herstellung geformter Körper aus Geweben, wie z. B. Hüte, Schuhe, Stiefel u. dgl. Die gewebten oder gewirkten Produkte oder die Teile von ihnen, die einer Formung unterworfen werden sollen, werden der Einwirkung einer Säure unterworfen, dann mit Wasser oder schwachem Alkali ausgewaschen und schließlich zwecks Formgebung auf oder in eine Form gebracht und darauf bzw. darin trocknen gelassen. Als Säure soll man eine Schwefelsäure von 70—80 vH vorzugsweise von 73—75 vH etwa 1 Minute lang anwenden, und zwar in der Weise, daß man sie durch das Gewebe hindurchpreßt. Wenn das Ausgangsmaterial hinsichtlich seiner Ausgestaltung bereits dem Endprodukt ähnelt, so genügt das auf der Form beim Trocknen erfolgende Einschrumpfen, um dem Körper die gewünschte Form zu verleihen, andernfalls ist zur Erreichung dieses Zweckes Hitze und Druck und eine zweiteilige Form erforderlich. Wenn eine hohe Wasserdichtigkeit gewünscht wird, so soll man es mit Aluminiumacetat und dann mit Seifenlösung behandeln. Diese Behandlung soll man nach der Behandlung mit Säure und vor dem Aufbringen auf die Form vornehmen.

F.P. 573 739. Veredelung von Pflanzenfasern. Pokorny, Frankreich.

Bei der Behandlung von Pflanzenfasern mit hoch konzentrierter Ameisensäure werden sie in vorteilhafter Weise verändert, insbesondere ihre physikalischen und chemischen Eigenschaften, indem sie ein glänzendes Äußeres erhalten und eine erhöhte Farbaufnahmefähigkeit. Eine gleiche Veredelung hatte man schon bei der Einwirkung von Mineralsäuren festgestellt, aber die Ameisensäure ist deshalb den anorganischen Säuren vorzuziehen, weil sie lediglich hydratisierend wirkt, ohne die Faser durch Bildung von Hydrocellulose zu schwächen. Zur Behandlung soll man eine Säure von 90 vH anwenden. Man kann sie auch bei erhöhter Temperatur einwirken lassen und die Faser gespannt halten. Man kann dieser Einwirkung auch außer Baumwolle Leinen, Jute und Ramie die Kunstseiden mit Ausnahme der Acetatseide unterwerfen. Die Verwendung von Ameisensäure, aber im Gemisch mit Schwefelsäure, ist in dem Am.P. 1 546 211 (vgl. Kap. XII) beschrieben.

E.P. 22 566/1892. Verfahren zur Herstellung von insbesondere Buchbinderleinwand. Goodwin, England.

Man soll das fest gewebte baumwollene Gewebe der Einwirkung von verdünnter Schwefelsäure von etwa 66,53 vH unterwerfen, um es in einen pergamentähnlichen Zustand umzuwandeln, wodurch die Poren oder Zwischenräume des Gewebes geschlossen werden, ohne sein Aussehen zu verändern, dann wird der Überschuß der Säure durch Waschen entfernt, wobei vorher eine Neutralisation der Säure durch Alkali, z. B. Alkalihydroxyd, vorgenommen werden kann. Hierauf wird die behandelte Ware kalandert, wodurch der angestrebte Finish erzielt und die Zwischenräume des Gewebes geschlossen werden. Die Behandlungsdauer richtet sich nach der Dicke des Gewebes und soll 3—7 Sekunden betragen. Bei der Behandlung von Musselin genügen 3 Sekunden. Die Temperatur soll etwa 17° C hoch sein.

E.P. 12 867/1898. Verfahren zur Herstellung von Geweben aus nitrierten Garnen für Filterzwecke. Muller, Köln.

Zum Filtrieren von sauren Lösungen braucht man Filtermaterialien, die eine größere Beständigkeit aufweisen, als die Cellulosefabrikate gegenüber Säuren zeigen. Man hat bisher derartige Produkte in der Weise hergestellt, daß man baumwollene Gewebe zuerst mit konzentrierter Salpetersäure und dann mit konzentrierter Schwefelsäure behandelte, oder daß man es in der gleichen Weise wie bei der Herstellung der Schießbaumwolle mit einer Mischsäure aus Salpetersäure und Schwefelsäure behandelte. Nach dem vorliegenden Verfahren soll man in der Weise arbeiten, daß man die

Garne zunächst in der üblichen Weise mit einem Gemisch von Salpeter- und Schwefelsäure behandelt, zentrifugiert und dann eventuell unter vorherigem Abkochen wäscht und dann das behandelte Garn feucht zu Gewebe verwebt.

E.P. 262 154. Verbessertes Verfahren zur Behandlung von pflanzlichen Fasern mit Mercerisierungsflüssigkeiten. Gminder, Reutlingen.

Bei der Mercerisation auch unter Anwendung von Säuren soll man derart verfahren, daß man sowohl die Mercerisationsflüssigkeit beim Aufbringen als auch während des Streckprozesess möglichst stark kühlt, weil es bekannt ist, daß tief gekühlte mercerisierend wirkende Flüssigkeiten eine starke Quellung ohne Schwächung der Faser hervorrufen. Die Abkühlung während des Ausreckens bewirkt man durch Kühlwalzen oder Kühlflächen, dann kann in noch gespanntem Zustand mit heißen Flüssigkeiten ausgewaschen werden.

E.P. 260 374. Verbesserung in der Herstellung pergamentierter oder vulkanisierter Faser. Arnot, London.

Bei Pergamentieren und Vulkanisieren von z. B. Papier benutzt man u. a. wie bekannt auch Säuren. Für gewöhnlich hatte man die Säuren vor der Weiterverarbeitung ausgewaschen. Nach dem neuen Verfahren soll man die mit den hydrolysierend wirkenden Reagentien behandelten Faserstoffe mit solchen Verbindungen behandeln, die mit dem Hydrolysierungsmittel unlösliche Niederschläge liefern. Vor dieser Behandlung soll man den Überschuß des Hydrolysierungsmittels durch Druck, Vakuum, Zentrifugieren oder Lösungsmittel entfernen.

XII. Mercerisation mit insbesondere anorganischen Säuren und Zusätzen oder (und) Vor- bzw. Nachbehandlung.

Ohne eine erschöpfende Inhaltsangabe des folgenden Kapitels geben zu wollen, soll nur auf folgende der hier besprochenen Vorschläge hingewiesen werden. Ein großer Teil der gemachten Vorschläge zielt darauf ab, die zerstörenden Einwirkungen der Säuren, insbesondere von Schwefel- oder Salpetersäure zu beseitigen. Man soll zu diesem Zwecke die mit Säuren behandelte Faser entweder mit Ammoniak oder Pyridinen nachbehandeln bzw. denitrieren. Zu den gleichen oder ähnlichen Zwecken hat man den Säuren Pyridinbasen, Ammoniumsulfat oder Formaldehyd zugesetzt oder

Gemische von Schwefelsäure mit Salpetersäure oder Salzsäure, Phosphorsäure oder Essigsäure benutzt. Der Schwefelsäure hat man zur Auslösung besonderer Wirkungen Essigsäure, Ameisensäure, Propionsäure oder Oxalsäure zugesetzt und in diesen Mischungen die Schwefelsäure durch Salzsäure, Salpetersäure oder Chlorzink ersetzt. Ferner werden verwendet Mischungen aus Schwefelsäure mit Glycerin, Alkohol, Eisessig, Methyl-, Propyl- oder Butylalkohol, in denen die Schwefelsäure auch durch Salzsäure oder Phosphorsäure ersetzt sein konnte. Zur Erzielung wollähnlicher Effekte auf Baumwolle wird eine Lösung von Cellulose oder hochmolekularen Kohlehydraten in Salpetersäure vorgeschlagen (Philana).

D.R.P. 391 499, Kl. 8. Textil-Patent-Gesellschaft in Liestal, Baselland. Verfahren zur Veredelung von Pflanzenfasern. Vom 15. Februar 1923 (E.P. 211 467, F.P. 575 938).

Patentansprüche: 1. Verfahren zur Veredelung von Pflanzenfasern in loser Form als Garn oder Gewebe durch Behandlung mit Säuren, insbesondere Salpetersäure, dadurch gekennzeichnet, daß man die Pflanzenfasern nach der Behandlung mit Säure einer Nachbehandlung mit Ammoniak in Form von Gas oder wässeriger Lösung unterwirft.

2. Verfahren nach Anspruch 1, dadurch gekennzeichnet, daß die entstehende Ammoniumsalzlauge aufs neue mit Ammoniakgas beladen und bis zur Erreichung einer möglichst hohen Salzkonzentration im Kreislauf geführt wird.

Die Veredelung der insbesondere mit Salpetersäure behandelten Faser tritt in viel höherem Maße ein, wenn man sie nicht mit Wasser oder Sodalösung, sondern mit Ammoniak nachbehandelt. Das zeigt sich überraschenderweise in einer Erhöhung der Schabfestigkeit, die das Vielfache der nicht mit Ammoniak nachbehandelten Stoffe beträgt. Derartig nachbehandelte Stoffe sind auch bei starker Benutzung dauerhaft und stehen wollener Ware sehr nahe. Außerdem gewinnt man das Ammoniak in Form des wertvollen Ammoniumsalzes wieder.

D.R.P. 412 333, Kl. 8. Textilpatentgesellschaft in Basel. Verfahren zur Veredelung von Pflanzenfasern. Vom 9. September 1923 (E.P. 221 516, F.P. 585 161).

Patentansprüche: 1. Verfahren zur Veredelung von Pflanzenfasern in beliebigem Verarbeitungszustand und daraus hergestellten Gebilden durch Behandlung mit konzentrierten Säuren, insbesondere Salpetersäure und Schwefelsäure, dadurch gekennzeichnet, daß man die pflanzlichen Faserstoffe nach der Behandlung mit Säure einer Nachbehandlung mit Pyridin, den Homologen des Pyridins oder seinen Derivaten in gasförmiger oder flüssiger Form unterwirft.

2. Verfahren nach Anspruch 1, dadurch gekennzeichnet, daß man das Pyridin bzw. dessen Homologe oder Derivate in wässeriger Lösung anwendet, wobei das Mischungsverhältnis Pyridin zu Wasser alle Werte annehmen kann.

3. Verfahren nach Anspruch 1 und 2, dadurch gekennzeichnet, daß man dem Pyridin bzw. seinen wässerigen Lösungen Zusätze von Ammoniak beimischt.

4. Verfahren nach Anspruch 1—3, dadurch gekennzeichnet, daß man die so behandelten Pflanzenfasern einer weiteren Nachbehandlung mit Ammoniak unterzieht.

5. Verfahren nach Anspruch 1 und 2, dadurch gekennzeichnet, daß man das Pyridin oder seine Homologen oder seine Derivate erst einwirken läßt, nachdem eine auf die Behandlung mit Säuren folgende Zwischenbehandlung mit Ammoniak stattgefunden hat.

Die Verbesserung der Baumwollfaser durch Säuren liegt in der Richtung der Erzielung einer Woll- oder Leinenähnlichkeit. Diese Veredelung findet durch die Nachbehandlung mit Pyridin, dessen Homologen oder Derivaten eine bedeutende Erhöhung, d. h. die so behandelten Gewebe weisen eine viel bessere und wollähnliche Griffigkeit auf, ebenso eine erhöhte Schabfestigkeit, Zerreißfestigkeit und Scherfestigkeit, sowie eine geringere Durchlässigkeit gegen Wasser und Wind. Auch Leineneffekte lassen sich auf die gleiche Weise erzielen. Bei der Anwendung von Gemischen aus Pyridin, Wasser und Ammoniak kann man je nach dem Mischungsverhältnis eine große Skala der verschiedensten Effekte, d. h. Übergänge von der Wollähnlichkeit zur Leinenähnlichkeit darstellen. Man kann auch so verfahren, daß man der Behandlung mit Pyridin oder dessen Homologen bzw. Derivaten oder ihren niedrigen Lösungen eine weitere Behandlung mit Ammoniak folgen läßt. In dem E.P. 146 225 ist der Zusatz von heterozyklischen Verbindungen zu Mercerisationsbädern beschrieben.

D.R.P. 433 180, Kl. 8. Firma Heberlein & Co., A.-G. in Wattwil, Schweiz. Verfahren zur Veredelung von pflanzlichen Faserstoffen. Vom 16. April 1922 (E.P. 196 298, F.P. 564 971).

Konzentrierte Mineralsäuren, insbesondere Schwefelsäure, üben bei kurzer Einwirkungsdauer eine quellende Wirkung auf Cellulose aus. Es hat sich gezeigt, daß diese Reaktion unter geeigneten Bedingungen sich zur Veredelung von pflanzlichen Faserstoffen verwerten ließ, und zwar wurde damit die Erzeugung von wollartigen und transparenten bzw. leinenähnlichen Effekten möglich. Diese Erfahrungen sind niedergelegt in den D.R.P. 280 134, 290 444, 292 213, 294 571, 295 816, 340 824, 389 428, 391 490.

Bei der Ausübung der genannten Veredelungsverfahren hat sich erwiesen, daß es sehr wichtig war, die Einwirkung der Mineralsäure richtig zu bemessen. Es war erforderlich, die Reaktion nach genau einzuhaltender Zeit plötzlich zu unterbrechen, denn ein Übermaß der Einwirkung hatte stets einen weitergehenden Abbau der Cellulose zur Folge. Dieser Abbau macht sich ohnehin mehr oder weniger immer schon während der Quellungsreaktion bemerkbar. Die Folgen dieses hydrolytischen Abbaues der Cellulose zeigten sich einerseits als Festigkeitsverminderung und andererseits als ein unerwünschtes Hartwerden der Effekte.

Es wurde nun gefunden, daß Salze des Pyridins, seiner Homologen und Derivate überraschenderweise die Eigenschaft zeigen, bei Zusatz zu Mineralsäuren deren quellende Wirkung zu stabilisieren, d. h. einen hydrolytischen Abbau der Cellulose hintanzuhalten, so daß die Quellung sich ohne Nachteil völlig auswirken kann. Auf diese Weise ist es möglich geworden, die Einwirkungsdauer bis auf das Fünfzigfache der normalen Zeit ohne Schaden ausdehnen zu können. Läßt man z. B. auf vorgebleichtes, mercerisiertes Musselingewebe ein Gemisch, bestehend aus 1 Teil Pyridin und 4 Teilen Schwefelsäure von 66° Bé einwirken, so erlangt dasselbe nach ungefähr 4 Minuten ein transparentes Aussehen, wobei sich eine bemerkenswerte Weichheit des Effektes feststellen läßt. Arbeitet man z. B. in der Weise, daß man ein geeignetes mercerisiertes Baumwollgewebe der Einwirkung einer Mischung von 1 Teil Pyridin und 9 Teilen Schwefelsäure von 56,5° Bé während 5 Minuten aussetzt, so erhält man einen ausgesprochen weichen Wolleffekt. Das Mischungsverhältnis zwischen Säure und Pyridin kann in weiten Grenzen wechseln, je nach dem gewünschten Effekt und der zu verarbeitenden Ware.

Nach dem neuen Verfahren gelingt es auch, sehr dichte Fasergebilde, z. B. grobe Garne, durchgreifend zu veredeln, was bisher nicht möglich war, da entweder nur eine oberflächliche Veränderung stattfand, oder bei länger andauernder Einwirkung ein völliges Pergamentisieren bzw. Zerstörung der Fasern eintrat. Auch wird auf diese Weise ermöglicht, leinenartige Effekte auf Baumwolle durch ausschließliche Behandlung derselben mit Mineralsäure ohne Anwendung der in dem Patent 391 490 erwähnten Kaltmercerisation zu erzielen.

In der deutschen Patentschrift 139 669 von A. Wohl[1] wurde allerdings die Anwendung heterozyklischer Basen bei der Acetylierung der Cellulose mittels Acetylchlorid beschrieben. Diese bei Gegenwart eines organischen Säurechlorids in der Kunststoffindustrie vorgeschlagene Verwendung hat aber mit derjenigen des vorliegenden neuen Verfahrens der Faserstoffveredelung mittels konzentrierter Mineralsäure nichts gemein.

In allen Fällen, wo bisher konzentrierte Mineralsäure zur Veredelung von Faserstoffen verwendet wurden, läßt sich die Säure vorteilhaft durch ein Gemisch von Säure und Pyridin oder einem seiner Homologen oder Derivate ersetzen.

Patentanspruch: Verfahren zur Veredelung von pflanzlichen Faserstoffen und daraus hergestellten Gebilden mittels konzentrierter Mineralsäuren, gekennzeichnet durch den Zusatz von damit mischbaren Salzen des Pyridins, seiner Homologen und Derivate zur Säure.

D.R.P. 389 547, Kl. 8 k 1. Charles Schwartz in Eilenburg. Verfahren zur Verbesserung vegetabilischer Fasern aller Art unter gleichzeitiger Erzeugung einer wollähnlichen Beschaffenheit. Vom 14. Dezember 1918.

Während die Einwirkungsprodukte von Salpeter-Schwefelsäure auf Baumwolle bzw. Cellulose eine ganz außerordentliche Bedeutung erlangt haben, sind die Produkte der Einwirkung von Salpetersäure allein bisher ohne Anwendung geblieben. Nach Knecht ergibt Salpetersäure von 65 vH, mit Baumwollgarn zusammengebracht, Schrumpfung unter Festigkeitszunahme und erhöhter Affinität zu direkten Farbstoffen.

Säuren hoher Konzentration aber bringen die Faser nicht nur zum Quellen, sondern lösen sie zu einer viscosen Flüssigkeit, die durch Wasser ausgefällt werden kann.

Es wurde nun gefunden, daß, wenn rohe gebleichte oder vorbehandelte, beispielsweise auch vormercerisierte Pflanzenfasern mit Lösungen von Zellstoff jeglicher Herkunft oder von Pflanzenfasern in Salpetersäure von nicht unter 65 vH zusammengebracht werden, bei einigem Liegenlassen in der dicklichen Flüssigkeit eine Adsorption der schwach stickstoffhaltigen Nitrocellulose stattfindet, so daß auch nach starkem Auspressen und darauffolgendem Auswaschen diese fest an der imprägnierten Pflanzenfaser haftet und mit ihr ein festes Gefüge bildet, das jede mechanische und auch chemische Operation, die die ursprüngliche Faser verträgt, aushält. Die von der Faser absorbierte bzw. auf und in ihr

---

[1] Siehe auch Schwalbe: Chemie der Cellulose 1911. 320.

ausgefällte Nitrocellulose verhält sich also anders als z. B. Appreturen. Es ist bei der Imprägnierung ohne wesentlichen Einfluß, ob die Lösung unter 0° oder bis 25° C verwendet wird, auch die Einwirkungsdauer kann innerhalb weitester Grenzen, bis zu beispielsweise $^1/_2$ Stunde geändert werden, ohne daß, zweckmäßige Konzentration vorausgesetzt, Schädigungen sich zeigen. Dabei bleibt die Faser während der Behandlung fest, und es kann infolgedessen die überschüssige Lösung ausgequetscht und das Gut ausgewaschen werden.

Die Brennbarkeit des behandelten und getrockneten Fasergutes ist nicht wesentlich erhöht, so daß einer direkten Verwendung nichts im Wege steht. Eine Denitrierung nach einer der bekannten Methoden ist also nicht notwendig. Sie erhöht aber, besonders bei bestimmten Geweben angewendet, deren Wollcharakter.

Je nach dem Gehalt der Lösung an Zellstoff, ist die Beschwerung größer oder geringer. Dabei ist zu bemerken, daß das Lösungs- und Aufnahmevermögen der Salpetersäure für alkalisch oder sauer mercerisierte oder hydrolysierte Cellulose beträchtlich größer ist als für unveränderte Cellulose.

Die Festigkeitszunahme der behandelten Faser ist eine ganz bedeutende. Dabei bringt die Aufnahme der Nitrocellulose eine bedeutende Gewichtszunahme mit sich, Gewebe erhalten ein viel dichteres Gefüge. Das Färbevermögen wird außergewöhnlich verstärkt, selbst basischen Farbstoffen gegenüber, die auch ohne Beizen sich sehr gut anfärben.

Der ganze Charakter des Fasergutes wird durch das Verfahren vollständig verändert. Das Gut ist weit dichter, voller, außerdem weicher und von wollartiger Beschaffenheit.

Das neue Verfahren eignet sich sowohl für loses Material wie auch für Gespinste und Gewebe aller Art, für feine sowohl wie für grobe, für glatte wie auch für gemusterte und bestickte Gewebe. Auf glatten Stoffen und Garnen lassen sich gemusterte Effekte erzeugen, indem man die Lösung aufdruckt und nach erfolgter Einwirkung auswäscht oder aber das mit einer geeigneten Reserve, z. B. Gummiverdickung, bedruckte Gut mit der Lösung behandelt. Eine solche in jeder Hinsicht auffällige Verbesserung von Fasergut war bisher unbekannt. Im nachfolgenden soll das Verfahren an einigen Beispielen erläutert werden.

Zunächst soll die Herstellung einiger für die Behandlung des Fasergutes zu benutzenden Lösungen beschrieben werden.

1. 30 g gut geraspelte, gebleichte Holzcellulose oder Baumwollabfälle werden bei 15—20° C unter fleißigem Umrühren in 1000 g 81proz. Salpetersäure schnell eingetragen. Nach erfolgter voll-

ständiger Auflösung zu einer sirupösen Masse werden unter stetem Umrühren 112 g Eiswasser zugesetzt.

2. In derselben Weise wie zu 1 werden 50 g vormercerisierte Cellulose in 1000 g 83proz. Salpetersäure gelöst und 250 g Eiswasser zugesetzt.

3. In gleicher Weise wie zu 1 werden 100 g nach Girard hergestellte Hydrocellulose in 1000 g 81proz. Salpetersäure gelöst und 112 g Eiswasser zugesetzt.

4. 70 g vormercerisierter Cellulose werden unter lebhaftem Umrühren in 750 g 75proz. Salpetersäure eingetragen. Man läßt dann etwa 2 Stunden stehen und entfernt ungefähr 460 g Säure durch Dekantieren oder Abpressen. Das so gewonnene Material wird unter tüchtigem Umrühren in 500 g 92proz. Salpetersäure eingetragen bzw. damit übergossen. Die Auflösung erfolgt momentan, der Lösung werden dann 145 g Eiswasser zugegeben. Die nach den Vorschriften zu 1—4 hergestellten viscosen Lösungen sind auf 15 bis 20° abzukühlen und werden zur Konservierung zweckmäßig im Kühlraum aufbewahrt.

Die Behandlung des Fasergutes geschieht derart, daß das Gut in die dickliche Flüssigkeit eingetragen und darin ohne Spannung einige Zeit liegengelassen wird, worauf abgepreßt oder ausgeschleudert und ausgewaschen wird.

Die Lösungen 1, 3, 4 sind für einfachere Gewebe, z. B. aus amerikanischer Baumwolle, bestimmt, 2 für feinere Ware, wie z. B. Batiste aus ägyptischer Baumwolle.

Die Einwirkungsdauer ist je nach der Natur und der Durchdringbarkeit des Gutes mit 3—5 Minuten zu bemessen, kann aber, vorausgesetzt, daß die Temperatur der benutzten Celluloselösung 20° nicht übersteigt, bis zu $^1/_2$ Stunde ausgedehnt werden, ohne das Endresultat zu beeinträchtigen.

Die Reaktion findet ebenso glatt bei —5° statt wie bei +25°. Da aber die Lösungen mit Abnahme der Temperatur immer dickflüssiger werden, so ist es aus praktischen Gründen zu empfehlen, bei Zimmertemperatur, also zwischen 15 und 20° C, zu arbeiten.

Patentansprüche: 1. Verfahren zur Verbesserung von Pflanzenfasern jeglicher Form und Art unter gleichzeitiger Erzeugung einer wollähnlichen Beschaffenheit, darin bestehend, daß man die Pflanzenfasern in eine Lösung von unbehandeltem oder vorbehandeltem Zellstoff jeglicher Herkunft in Salpetersäure von nicht unter 65 vH bringt, die überschüssige Lösung entfernt und das Material auswäscht.

2. Verfahren zur Erzeugung gemusterter Effekte auf Geweben oder Gespinsten aus Pflanzenfasern nach dem Verfahren nach

Anspruch 1, dadurch gekennzeichnet, daß auf die Gewebe oder Gespinnste eine Lösung von unbehandeltem oder vorbehandeltem Zellstoff jeglicher Herkunft von Salpetersäure von nicht unter 65 vH aufgedruckt und das Gut alsdann ausgewaschen wird.

3. Eine Ausführungsform des Verfahrens nach Anspruch 2, darin bestehend, daß das zu musternde Gut mit Reserven bedruckt, mit der Cellulosesalpetersäure behandelt, alsdann ausgewaschen wird.

D.R.P. 392 122, Kl. 8, k 1. Charles Schwartz in Eilenburg. Verfahren zur Verbesserung von Geweben aus Pflanzenfasern. Zusatz zum Patent 389 547. Vom 13. Juni 1919.

Patentanspruch: Verfahren zur Verbesserung von Geweben aus Pflanzenfasern nach Patent 389 547, dadurch gekennzeichnet, daß zwecks Fällung des vom Gewebe aufgenommenen bzw. ihm anhaftenden Celluloselösungen an Stelle von Wasser verdünnte Säuren, Basen oder Salzlösungen verwendet werden, worauf dann mit Wasser ausgewaschen wird.

Die nach dem Hauptpatent mit Wasser ausgeführte Fällung vollzieht sich viel schneller und vollständiger, wenn man an seiner Stelle verdünnte Säuren, Alkalien oder Salzlösungen, d. h. etwa 10 proz. Lösungen von Schwefelsäure, Ammoniak, Natriumbisulfat, Ammonsulfat, Dinatriumphosphat, Natriumsulfat od. dgl. verwendet. Die Fällung tritt augenblicklich ein, wodurch eine schnellere Arbeitsweise und eine bessere Füllung der Fasern ermöglicht wird.

D.R.P. 392 655, Kl. 8, k 1. Charles Schwartz in Eilenburg. Verfahren zur Behandlung von Pflanzenfaserstoffen. Zusatz zum Patent 389 547. Vom 24. Juli 1919.

Patentansprüche: 1. Verfahren zur Behandlung von Pflanzenfaserstoffen nach Patent 389 547, dadurch gekennzeichnet, daß zur Imprägnation vegetabilischer Fasern aller Art an Stelle von Celluloselösungen Lösungen anderer hochmolekularer Kohlehydrate, insbesondere natürlicher oder künstlicher Stärke oder Stärkeprodukte in Salpetersäure von nicht unter 65 vH benutzt, die imprägnierten Fasern nach Entfernung des Imprägnationsüberschusses mit Wasser, mit verdünnten Lösungen von Säuren, Basen oder Salzen behandelt und dann ausgewaschen werden.

2. Eine Ausführungsform des Verfahrens nach Anspruch 1, dadurch gekennzeichnet, daß die Fasern mit wässerigen Lösungen oder Kleistern der hochmolekularen Kohlehydrate, insbesondere Stärke oder Stärkeprodukte behandelt, getrocknet, dann durch Salpeter-

säure von nicht unter 65 vH genommen werden, worauf der Flüssigkeitsüberschuß entfernt, die Fasern mit Wasser oder wässerigen Lösungen behandelt und schließlich ausgewaschen werden.

3. Eine Ausführung des Verfahrens nach Anspruch 1, dadurch gekennzeichnet, daß Gespinnste oder Gewebe mit Lösungen der hochmolekularen Kohlehydrate, insbesondere Stärke oder Stärkeprodukte in Salpetersäure von nicht unter 65 vH bedruckt oder nach Aufdruck geeigneter Reservagen damit imprägniert werden, worauf nach Entfernung des Überschusses mit Wasser oder wässerigen Lösungen behandelt und dann ausgewaschen wird.

4. Eine Ausführung des Verfahrens nach Anspruch 2, dadurch gekennzeichnet, daß Gespinnste oder Gewebe mit Lösungen oder Kleistern der hochmolekularen Kohlehydrate, insbesondere Stärken oder Stärkeprodukte bedruckt oder nach Aufdruck geeigneter Reservagen damit imprägniert werden, sodann durch Salpetersäure von nicht unter 65 vH genommen, der Flüssigkeitsüberschuß entfernt, die Ware sodann mit Wasser oder wässerigen Lösungen behandelt und schließlich ausgewaschen wird.

Es ist folgendes Beispiel angegeben: 40 kg Maisstärke werden mit 75 l Wasser und 75 l Essigsäure verkocht. Das Fasergut wird mit dem so erhaltenen Kleister imprägniert und getrocknet. Zur weiteren Behandlung wird dann das so vorbereitete Material 3 bis 5 Minuten mit starker Salpetersäure bei 15—20° C behandelt, abgequetscht durch 10 vH Natriumbisulfatlösung durchgezogen und schließlich mit Wasser gründlich durchgewaschen.

D.R.P. 444 189, Kl. 8. **Heberlein & Co., A.-G., in Wattwil, Schweiz. Verfahren zur Veredelung von pflanzlichen Faserstoffen. Vom 17. September 1925.** (E.P. 258 598, F.P. 621 563.)

Es ist bekannt, daß Baumwolle durch Einwirkung konzentrierter Salpetersäure eine Schrumpfung erfährt und dadurch einen gewissen wollartigen Charakter annimmt. Nach dem Verfahren des Patents 292 213 wird ein ausgeprägter Wolleffekt erhalten, wenn die Baumwolle vor der Salpetersäurebehandlung mercerisiert wird.

Bei der Ausübung dieser Verfahren hat es sich gezeigt, daß die auf diese Weise erzielten Effekte gewisse unerwünschte Eigenschaften besitzen. Derart veränderte pflanzliche Faserstoffe weisen nämlich ein außerordentlich großes Anziehungsvermögen für Farbstoffe auf, so daß die Herstellung gleichmäßiger Färbungen große Schwierigkeiten bietet. Außerdem sind diese Produkte sehr alkaliempfindlich und ist sogar eine Sodawäsche stets mit Schädigung der Faser verbunden. Auch das Färben mit Küpenfarbstoffen im alkalischen Bade ruft gleichfalls eine Schwächung des Materials hervor.

Durch den Erfindungsgegenstand werden diese Übelstände mit einem Schlage behoben. Beobachtungen der Erfinderin haben ergeben, daß stets geringe Mengen Stickstoff bei der Behandlung mit Salpetersäure von der Faser aufgenommen werden. Denitriert man nun derart behandelte Fasern, so zeigt sich die überraschende Tatsache, daß die Affinität zu Farbstoffen auf ein normales Maß zurückgegangen und zugleich die Alkaliempfindlichkeit verschwunden ist. Außerdem ist eine weitergehende Veränderung der Struktur der Faser vor sich gegangen, welche sich in einer bedeutenden Erhöhung des Wolleffektes äußert. Es gelingt nun mit Leichtigkeit gleichmäßige Färbungen auch mittels Küpenfarbstoffen herzustellen. Selbst alkalische Kochungen vermögen den Effekt nicht mehr zu beeinflussen, so daß es nun möglich ist, durch Nachbleichen den durch die Säurebehandlung verursachten gelblichen Ton zu beseitigen und ein volles Weiß zu erhalten. Die erlangte Alkalibeständigkeit hat auch zur Folge, daß die Waschechtheit und Beständigkeit derart veredelter Textilien sehr verbessert wird.

Die Denitrierung wird in ähnlicher Weise wie bei der Erzeugung der Kunstseide aus Cellulosenitrat durchgeführt, auch können die hierfür üblichen und vorgeschlagenen Denitriermittel Verwendung finden. So bewähren sich vorzugsweise die Sulfide und Sulfhydrate der Alkalien, Erdalkalien und des Ammoniums, wobei diese Mittel einzeln oder unter sich gemischt benutzt werden können. Auch die Salze der niedrigen Oxydationsstufen mehrwertiger Metalle können zu diesem Zwecke mit mehr oder weniger weitgehender Wirkung in schwach saurer oder ammoniakalischer Lösung angewendet werden, beispielsweise Kupferchlorür, Eisenchlorür, Zinnchlorür und andere.

Die Vervollkommnung der bisher bekannten Veredelungsverfahren erstreckt sich sowohl auf pflanzliche cellulosehaltige Gewebe als auch auf lose Fasern und Gespinste.

Patentansprüche: 1. Verfahren zum Veredeln von pflanzlichen Textilfaserstoffen und daraus hergestellten Gebilden mittels konzentrierter Salpetersäure bei Temperaturen, bei denen eine Zerstörung der Faser noch nicht stattfindet, dadurch gekennzeichnet, daß man nach erfolgter Säurebehandlung das Fasergut einer Denitrierbehandlung unterwirft.

2. Verfahren nach Anspruch 1, dadurch gekennzeichnet, daß vor der bekannten Einwirkung konzentrierter Salpetersäure die Faser, wie gleichfalls bekannt, mercerisiert und nach der Säurebehandlung denitriert wird.

3. Ausführungsform des Verfahrens nach Anspruch 1 und 2, dadurch gekennzeichnet, daß die Denitrierung mittels Lösungen von Sulfiden und Sulfhydraten der Alkalien, Erdalkalien und des Ammoniums durchgeführt wird.

4. Ausführungsform des Verfahrens nach Auspruch 1 und 2, dadurch gekennzeichnet, daß die Denitrierung in schwach saurer oder ammoniakalischer Lösung mittels Salze der niedrigen Oxydationsstufen mehrwertiger Metalle durchgeführt wird.

E.P. 195 620. Verbessertes Verfahren zur Herstellung transparenter baumwollener Gewebe. Textil-Werk Horn A.-G., Schweiz. Am.P. 1 542 202; F.P. 563 734.

Bei der Behandlung von baumwollenen Geweben mit Schwefelsäure von über $50\,{}^1/_2{}^\circ$ Bé erhält man Transparenzeffekte mit einem unangenehmen harten Griff. Dieser Übelstand wird vermieden, wenn man der Schwefelsäure Ammoniumsulfat zusetzt, so daß sie primäres Ammoniumsulfat $(NH_4)\,H.SO_4$ enthält, das einen Teil des Wassers in der gewöhnlich verwendeten Schwefelsäure von $50\,{}^1/_2$ bis 54° Bé ersetzt. Nach dem neuen Verfahren entstehen transparente Produkte mit weichem Griff, die in nassem Zustande sich seifig und schlüpfrig anfühlen. Man soll Lösungen verwenden, die 69 vH Schwefelsäure, 5 vH neutrales Ammoniumsulfat, und 26 vH Wasser enthalten, oder 72 vH Schwefelsäure, 10 vH neutrales Ammoniumsulfat und 18 vH Wasser, oder 82 vH Schwefelsäure, 12 vH neutrales Ammoniumsulfat und 6 vH Wasser. Die Produkte werden um so weicher, je größer die Menge des Ammoniumsulfates und je geringer die Menge an Wasser ist. Man soll bei etwa 10—18° C mit einer Reaktionszeit von 5—10 Sekunden arbeiten. Bei niedriger Temperatur kann die Arbeitszeit verlängert werden. Anstatt daß man das Ammoniumsulfat in der Schwefelsäure löst, kann man in ihr kohlensaures, salzsaures, essigsaures oder phosphorsaures Ammoniak auflösen.

Um möglichst weiche Gewebe mit Transparenzeffekt herzustellen, soll man von gut gebleichten mercerisierten Geweben ausgehen, die unter Spannung getrocknet worden sind. Nachdem das Gewebe das Schwefelsäurebad passiert hat, wird es ausgequetscht, gewaschen und unter Spannung getrocknet. Man kann den Transparenzeffekt auch noch durch eine nachfolgende Behandlung mit Natronlauge von 28° Bé erhöhen, nach der gewaschen und wiederum unter Spannung getrocknet wird. Der Transparenzeffekt und die Weichheit wird durch eine hierauf folgende Behandlung mit ammoniumsulfathaltiger Schwefelsäure erhöht, worauf wiederum gewaschen und unter Spannung getrocknet wird.

E.P. 221 516. Verfahren zum Verbessern pflanzlicher Fasern. Textilpatentgesellschaft, Schweiz.

Der Inhalt dieser Patentschrift deckt sich im wesentlichen mit dem des bereits besprochenen D.R.P. 412 333. Es sind aber in dem E.P. noch bestimmte Beispiele angegeben, die in dem entsprechenden D.R.P. fehlen. Man soll z. B. folgendermaßen verfahren. Rohes Baumwollgewebe mit der Garnnummer 12/16 wird 4 Minuten lang bei 0° C mit Salpetersäure von 72,5° vH behandelt. Das noch Säure enthaltende Gewebe wird mit Wasser gewaschen und dann in 10 vH Pyridin eingetaucht. Dann wird wieder gewaschen, getrocknet und ausgereckt. An Stelle mit 100 vH Pyridin kann man auch mit 50 vH Pyridin nachbehandeln, oder auch mit 1 vH Pyridin bzw. mit einer Lösung, die 4 vH Pyridin und 1 vH Ammoniak enthält.

E.P. 200 881. Verfahren zur Herstellung von Krepp- oder Pergamenteffekten auf Fasern, Garnen oder Geweben. Tootal Broadhurst Lee. Co., Manchester. Am.P. 1 538 370.

Es ist in dem bereits besprochenen D.R.P. 433 180 darauf hingewiesen worden, daß man die Einwirkungsdauer von konzentrierten Mineralsäuren unter Schonung der Faser sehr stark erhöhen kann, wenn man den Säuren Salze des Pyridins, seine Homologe und Derivate zusetzt. Man soll zu einem gleichen Zweck nach den Angaben des E.P. 200 811 bei der Erzeugung von Krepp- oder Pergamenteffekten mit Hilfe von Säuren eine kleine Menge von Formaldehyd, seinen Polymeren oder Derivaten oder Kondensationsprodukten des Formaldehyds, die in dieser Mischung Formaldehyd oder ein Polymeres abspalten, zusetzen. Man soll z. B. der benutzten Schwefelsäure 10 vH oder mehr einer 40 proz. Lösung von Formaldehyd zusetzen, wodurch man die Säure ohne Schädigung der Faser viel länger als ohne diesen Zusatz einwirken lassen kann. Man kann diesen Zusatz auch bis $1/2$ vH herabmindern. Anstatt ein Gemisch von Säure mit Formaldehyd anzuwenden, kann man sie auch hintereinander zur Anwendung bringen. Man kann dieses Verfahren auch so ausführen, daß man vor oder nach dem beschriebenen Bade, Säuren, die Transparenz- oder Kreppeffekte erzielen, anwendet, oder aber die gebräuchlichen mercerisierend wirkenden Mittel. Zur Erzeugung von Kreppeffekten soll man eine Schwefelsäure von 58,74—64,26 vH für Transparenzeffekte eine Säure über 64,26 vH anwenden. Als Kondensationsprodukt des Formaldehyds soll auch das Hexamethylentetramin, aber nicht Phenolformaldehydharze gelten. Man soll bei etwa 10—15,55° C jedenfalls nicht über 21,11° C arbeiten. Das Verfahren ist anwendbar auf pflanzliche Fasern, Kunstseide, auch auf gemischte Gewebe, die Wolle, Seide, Haare u. dgl. enthalten. Die tierische Faser soll durch dieses Verfahren nicht angegriffen werden. Vor oder nach dieser Behandlung kann man das Gewebe mercerisieren oder mechanisch behandeln, wie Kalandern, Schreinern u. dgl. Vor der Einwirkung der Säurebäder soll man in Sonderfällen Schlicht- oder Füllmittel aufbringen. Die Gegenwart des Formaldehyds gestattet eine längere Einwirkungsdauer einer Säure über 64,26 vH. Man kann z. B. dünne Gewebe bei einem Zusatz von $^1/_2$ vH Formaldehyd mit einer Schwefelsäure von 77,17 vH 20 Sekunden ohne Schädigung der Faser behandeln. Die Bildung von Amyloid wird stark zurückgedrängt. Der Griff und die Transparenz ist mit Formaldehyd anders als ohne diesen. Vor der Einwirkung des Säurebades soll man das Gewebe heiß pressen od. dgl. Man soll die Gewebe vor der Behandlung bleichen oder abkochen und auch sengen. Die Behandlung kann mit oder ohne Spannung vorgenommen werden. Eine mechanische Behandlung ist vorgesehen.

E.P. 230 530. Verfahren zum Weichmachen von mit Säuren behandelten Geweben. Tootal Broadhurst Lee. Co. Lmtd., England. (Am.P. 1 546 121.)

Es ist bekannt, daß, wenn man baumwollene Gewebe heiß preßt oder kalandert und dann pergamentiert, dann die Ware einen harten Griff, wie z. B. Leinen, erhält, der für viele technische Zwecke nicht gewünscht ist. Nach dem vorliegenden Verfahren soll der Griff von derartig behandelter Ware weich gemacht werden. Man soll diesen Zweck dadurch erreichen, daß man eine Nachbehandlung mit verdünnter Schwefelsäure von 50,11—64,26 vH vornimmt. Man kann dieses Verfahren kontinuierlich ausführen, indem die gepreßte Ware aus der starken Schwefelsäure in eine schwächere läuft. Man kann zwischen diesen beiden Säurebehandlungen auch waschen und auch trocknen. Nach dem Trocknen kann die Ware vor dem Einbringen in das schwache Schwefelsäurebad angefeuchtet werden. Das weichmachende Schwefelsäurebad soll 59,70—64,26 vH Schwefelsäure enthalten. An Stelle der Schwefelsäure kann man Phosphorsäure, Salpetersäure, Salzsäure, Chlorzink auch unter Zusatz entsprechender Verdünnungsmittel anwenden. Man kann dieses Verfahren auch auf solche Ware anwenden, die mit Schwefelsäure unter Zusatz von Formaldehyd (E.P. 200 881) pergamentiert worden ist. Es ist auch vorgesehen, gepreßte Ware mit zwei verdünnten Schwefelsäurebädern ohne pergamentierende Wirkungen, d. h. unter 64,26 vH hintereinander zu behandeln, oder zuerst mit einer Schwefelsäure über 64,26 vH zu pergamentieren, dann zu pressen und hierauf mit einer verdünnten Schwefelsäure nachzubehandeln. Man kann auch nicht vorgepreßte Gewebe anwenden. Schließlich kann man das behandelte Gewebe finishen. Zur Ausführung soll man ein schweres Gewebe mit einem Muster bedrucken, dann mit einer Schwefelsäure von 74,24 vH mit oder ohne Zusatz von $^1/_2$ vH Formaldehyd 5 Sekunden behandeln und für 1 Minute in eine verdünnte Schwefelsäure von 55,03 vH einbringen.

E. P. 232 451. Verfahren, um Baumwolle das Aussehen von Leinen zu geben. Vergé, Paris. Am. P. 1 567 264.

Zur Ausführung des Verfahrens wird die Baumwolle zuerst in einem Bade von 10 g Soda zum Liter gebäucht, nachdem der Flaum des Gewebes durch Sengen entfernt worden ist, dann wird leicht gechlort und getrocknet. Das Gewebe wird hierauf mit Hilfe von Druckapparaten und einer Waschmaschine auf Schwefelsäure von 53—53,5° Bé bei 15° C während 14—18 Sekunden behandelt, dann wird gespült und in beliebiger Weise fertig gemacht. Nach dem Behandeln mit Schwefelsäure wird so lange ausgewaschen, bis jede Spur von Säure entfernt ist, dann wird auf einem Spannrahmen getrocknet, um die aneinander klebenden Fäden voneinander zu trennen. Hinterher kann noch mercerisiert werden, worauf mit Soda gewaschen, sauer gechlort und unter Spannung getrocknet wird, unter Verwendung von etwas Seife und Glycerin, dann wird feucht kalandert.

Am. P. 1 518 931. Erzeugung wollähnlicher Effekte auf Baumwolle. L. Huey, U. S. A.
Mercer hat im Jahre 1844 einen Pergamenteffekt auf Baumwolle durch Behandlung mit Schwefelsäure von 49,5—53,5° Bé erzeugt. Man weiß auch, daß die Einwirkung von Schwefelsäure über 50$^1/_2$° Bé dadurch verstärkt wird, daß die Baumwolle vorher mercerisiert wird. Wollähnliche Effekte hat man auch dadurch erzeugt, daß man die Baumwolle mehrere Minuten der Einwirkung von Schwefelsäure von 49—51° Bé unterwarf oder der wiederholten Einwirkung von Schwefelsäure von 49—50$^1/_2$° Bé und Alkalilauge, wobei auch eine Temperatur von etwa 0° C innegehalten wurde. Man muß bei den mit Schwefelsäure arbeitenden Verfahren eine große Sorgfalt auf die Innehaltung von Zeit und Konzentration verwenden, für die die Grenzen sehr eng gesteckt sind. Auch ist es bekannt, daß man Wolleffekte durch Salzsäure, Phosphorsäure und Salpetersäure unter genauer Innehaltung bestimmter Arbeitsbedingungen herstellen kann. Man kann nun ohne

Innehaltung bestimmter Arbeitsvorschriften und mit sicherem Erfolg arbeiten, wenn man zwei Säuren miteinander kombiniert, d. h. entweder Schwefelsäure mit einer anorganischen oder organischen Säure zusammen. Bei der Ausführung wird die Baumwolle abgekocht, gebleicht, getrocknet und dann mercerisiert, und wiederum getrocknet, oder es wird mercerisiert, dann abgekocht, gebleicht und getrocknet. In einzelnen Fällen ist es wünschenswert, die natürlichen Gummi- und Wachsstoffe aus der Faser zu entfernen wie auch die Webeschlichten. Es kann das Verfahren mit mercerisierter oder noch nicht mercerisierter Ware vorgenommen werden. Die Verwendung von mercerisierter Ware ist jedoch zu empfehlen. Die Mischungen der Säuren können aus Schwefelsäure und Salzsäure oder Phosphorsäure bzw. Essigsäure bestehen. Die Säuremischung soll zwischen 34—42° Bé betragen. Zur Herstellung einer Mischung von 42° Bé soll man gleiche Teile Schwefelsäure und käufliche Salzsäure benutzen, für eine Säuremischung von 34° Bé soll man 1 Teil Schwefelsäure von 56° Bé und 2 Teile gewöhnlicher Salzsäure des Handels anwenden.

Am.P. 1 519 376. Herstellung von Transparenzeffekten auf Baumwolle. Harold L. Huey, U. S. A.

Das vorstehend beschriebene Verfahren des Am.P. 1 518 931 läßt sich bei Innehaltung bestimmter Arbeitsbedingungen nicht nur zur Herstellung von Wolleffekten, sondern auch von Transparenzeffekten verwenden. Diese Pergamenteffekte wurden von Mercer durch Schwefelsäure von 49,5—53,5° Bé erreicht, insbesondere auch durch Anwendung von Schwefelsäure über $50\frac{1}{2}$° Bé, sofern das Gewebe vormercerisiert war. Man kommt auch zu Transparenzeffekten, wenn man abwechselnd Schwefelsäure über $50\frac{1}{2}$° Bé und konzentrierte Alkalilauge bei etwa 0° C anwendet. Bei der Anwendung von Schwefelsäure ist man an sehr enge Versuchsbedingungen gebunden, da andererseits leicht eine Schädigung des Gewebes oder ein Mißerfolg im Resultat eintritt. Man kann die Grenzen für das Arbeitsverfahren sehr erweitern, wenn man an Stelle der Schwefelsäure ein Gemisch von Schwefelsäure insbesondere mit Salzsäure oder auch Phosphorsäure bzw. Salpetersäure anwendet. Zur Herstellung der Säuremischung verwendet man gleiche Teile von Schwefelsäure von 56° Bé und käuflicher Salzsäure, diese Mischung hat eine Konzentration von 41° Bé. Höhere Konzentrationen von etwa 50° Bé kann man darstellen, wenn man $3\frac{1}{2}$ Teile Schwefelsäure mit 1 Teil Salzsäure vermischt. Man kann mit Säuremischungen arbeiten, die eine Dichte von 41° Bé, bis 50° Bé aufweisen. Zur Ausführung verwendet man mercerisiertes oder noch nicht mercerisiertes Gewebe, das man nach der Behandlung mit Säure vorteilhaft mercerisiert, um einen gleichmäßigen Transparenzeffekt zu erhalten.

Am.P. 1 546 211. Herstellung von Cellulose enthaltenden Produkten. Dreyfuß, Basel.

Man soll Cellulose oder Umwandlungsprodukte derselben zur Erzielung von Permanentfinish mit einer Mischung von konzentrierter Schwefelsäure und aliphatischen Säuren wie Essigsäure, Ameisensäure, Propionsäure oder Oxalsäure etwa bei Zimmertemperatur behandeln. In Betracht für die Behandlung kommen Baumwolle, Baumwollgarn, Baumwollpapier, Filterpapier für chemische Zwecke und Umwandlungsprodukte der Baumwolle. Man kann der Säuremischung Wasser oder wasserenthaltende Substanzen, die Krystallwasser oder Krystallalkahol enthalten, zusetzen. Man soll Baumwollgewebe etwa 2 Minuten bei Zimmertemperatur in eine Mischung von gleichen Volumenteilen konzentrierte Schwefelsäure und Eisessig eintauchen, dann nimmt man das Gewebe aus der Säure, wäscht mit Wasser und hierauf mit verdünntem Ammoniak, dann wird getrocknet, gepreßt oder kalandert. Man kann die Behandlung auch unter Spannung ausführen.

Filterpapier wird 2 Minuten mit einer Mischung von gleichen Volumina von konzentrierter Schwefelsäure und 85 vH Essigsäure behandelt, dann wird wie vorbeschrieben verfahren. Nach dem Trocknen kann man pressen oder kalandern. Das so behandelte Papier ist für die Zwecke der Osmose brauchbar. Der Zusatz von Essigsäure zu Schwefelsäure, und zwar zur Erzielung von wollähnlichen Effekten auf Baumwolle, ist bereits in dem Am.P. 1 518 931 beschrieben.

F.P. 510 650. Verfahren, um baumwollene Gewebe zu veredeln. A.-G. Serriet, Schweiz. (Am.P. 1 395 472.)

Wie bekannt verleiht Schwefelsäure von 49,5—55,5° Bé der Baumwolle ein pergamentartiges Aussehen. Man kann außerdem Transparenz- und Wolleneffekte auf Baumwolle durch abwechselnde oder wiederholte Einwirkung von Schwefelsäure von 49 bis 51° Bé und konzentrierten alkalischen Laugen erzeugen. In diesem Verfahren kann man die Schwefelsäure von 49—51° Bé ersetzen durch kalte Salzsäure (Dichte 1,19), durch Salpetersäure von 43—46° Bé, durch eine Lösung von Chlorzink von 66° Bé bei 60—70° C oder endlich durch Kupferoxydammoniak. Wenn man Salpetersäure von 42,3° Bé und darüber (Dichte 1,415) oder Schwefelsäure von 49° Bé oder darüber (Dichte 1,515) auf Baumwolle einwirken läßt, so erhält man gleiche Wirkungen, wie bei der Mercerisation mit konzentrierten Alkalilösungen. Gebleichte und mercerisierte baumwollene Gewebe nehmen ein gelatinöses, pergamentartiges Aussehen an und zeigen eine hohe Farbaffinität. Es soll sich nach Knecht[1] durch die Einwirkung von Salpetersäure von 42,3° Bé und darüber zu gleicher Zeit eine leichte Nitrierung und die Bildung eines leicht zerfallbaren Äthers vollziehen. Bei der Einwirkung von Salpetersäure von 42,3° Bé (Dichte 1,415) und darüber oder von Schwefelsäure von 49° Bé (Dichte 1,515) und höher auf gebleichte und mercerisierte Baumwollgewebe nehmen diese nach kurzer Zeit ein gelatine- und pergamentartiges Aussehen nach starker Streckung an.

Nach dem vorliegenden Verfahren soll man diese Transparenzeffekte auf gebleichten mercerisierten baumwollenen Geweben in viel höherer Vollendung erzielen, wenn man an Stelle von Schwefel- oder Salpetersäure allein ein Gemisch dieser beiden Säuren bei 0° C und darunter anwendet, indem man gleiche Volumenteile Salpetersäure von 40—41° Bé mit Schwefelsäure von 55—58°Bé mischt. Diese Natroschwefelsäure soll nur 5 Sekunden einwirken. Wenn man ein Säuregemisch verwendet, das aus gleichen Volumenteilen von Schwefelsäure von 56,5° Bé und Salpetersäure von 40° Bé besteht, so erhält man neben dem Transparenzeffekt einen wollartigen Griff. Bei Anwendung eines Gemisches von gleichen Teilen Schwefelsäure von 57° Bé und Salpetersäure von 41° Bé ist der Pergamenteffekt noch stärker und wird durch eine kräftige Spannung zum Transparenzeffekt. Er kann durch nachfolgende Mercerisation erhöht werden.

F.P. 519 745. Herstellung glänzender Transparenzeffekte auf Baumwolle. Société Lefebvre-Horent, Frankreich.

Gebleichte Baumwolle wird unter Bildung von Pergamenteffekten durch Schwefelsäure von 40—51° Bé verändert. Sie wird durch Schwefelsäure von über 51° Bé so stark pergamentiert, daß sie an Festigkeit einbüßt, und ganz steif wird. Es wäre von großem technischen Interesse gewesen, diesen glänzenden Transparenzeffekt ohne Beeinträchtigung der Weichheit zu erzeugen. Man kommt bereits teilweise zu dem gewünschten Resultat, wenn man Schwefelsäure von $50^1/_2°$ Bé bei tiefen Temperaturen anwendet und dann mit Alkali mercerisiert. Man kann einen glänzenden Transparenzeffekt, wie ihn sonst nur Schwefelsäure von 60° Bé liefert, ohne Schwächung und Härtung der Faser erzeugen, wenn man gebleichte baumwollene Gewebe, z. B. Musselin, der Einwirkung von

---

[1] J. Soc. Dyers a. Color. 1896. 89. Färber-Zg. 1895/1896. S. 401.

Glycerin — Schwefelsäure zwischen 50—60° Bé aussetzt. Vor diesem Schwefelsäurebad soll man das Gewebe vorteilhaft mercerisieren. Man bringt die Säuren möglichst schnell und wiederholt auf und arbeitet bei Temperaturen zwischen 0—10° C. Der Zusatz des Glycerins richtet sich nach dem Gewebe, dann wird gespült und im Alkalibad nachbehandelt.

F.P. 551 413. Verfahren zum Appretieren von Textilien und Papier. Robert Weiss, Frankreich.

Unter dem Namen vegetabilisches Pergament hat man seit langem aus Cellulose ein Produkt durch Einwirkung von mehr oder weniger verdünnter Schwefelsäure hergestellt. Dieses Verfahren ist auch auf Baumwolle angewendet worden, um ihr Transparenz und Griff zu geben. Die bisher bekannten Verfahren bedürfen einer großen Aufmerksamkeit und einer mehrfachen Nachbehandlung mit konzentrierten Laugen abwechselnd mit der Einwirkung der Schwefelsäure, die eine ganz bestimmte Temperatur und Konzentration haben muß, um eine genügende Einwirkung ohne Schädigung der Faser zu ermöglichen. Nach der Erfindung genügt eine Passage durch konzentrierte oder rauchende Schwefelsäure, wenn man ihr starken oder wasserfreien Alkohol oder krystallisierten Eisessig oder ein Gemisch dieser beiden zusetzt. Man erhält dann auf gebleichter oder mercerieierter Baumwolle bzw. Leinen einen dauerhaften, elastischen und transparenten Appret. Man kann der Schwefelsäure auch andere Alkohole, wie den Methyl-, Propyl- oder Butylalkohol oder ihre Äther, Oxyde, Halogenderivate, Ester wie Schwefelsäureester, Ester der Acetylessigsäure, Amylacetat, die Methyl-, Aethyl- oder Propylschwefelsäure oder ähnliches anwenden. Wenn man Salzsäure in alkoholischer Lösung oder aber Phosphorsäure bzw. Chlorzink benutzt, so erhält man gleichfalls äußerst bemerkenswerte Ergebnisse auf Geweben, wie auch auf Papier. Man kann die Einwirkungsdauer durch Wahl der geeigneten Arbeitsbedingungen beliebig variieren. Man kann zum Auftragen der Lösung eine Foulardiermaschine mit Heiz- und Kühleinrichtung anwenden, die mit geeigneten Vorrichtungen zum Wiedergewinnen der Säuren und zum Waschen gekuppelt ist. Der Zusatz von Essigsäure zu Schwefelsäure ist bereits in dem Am.P. 1 546 211 vorgeschlagen worden.

XIII. Mercerisation abwechselnd mit Laugen und mit Säuren.

Ohne den Inhalt des folgenden Kapitels erschöpfen zu wollen, soll auf einige der besprochenen Verfahren hingedeutet werden.

Man hat bereits im Jahre 1900 Versuche gemacht, zwei verschiedene Mercerisationsmittel hintereinander anzuwenden und dabei harte Apprete erhalten. Man kann aber bei Innehaltung bestimmter Arbeitsbedingungen auf diesem Wege auch zu Wolleffekten gelangen, wobei man an erster Stelle Lauge, an anderer Stelle Säure oder deren Ersatzmittel anwenden oder auch umgekehrt verfahren kann. Diese Verfahren werden weiter entwickelt durch die Anwendung von Lauge unter 0° C von abwechselnd kalter und warmer Lauge durch die Verwendung feuchter Faserstoffe bei der Behandlung mit Schwefelsäure, durch die Verwendung von kalter Schwefelsäure u. a. m. Es wurde auch Salpetersäure nach der Mercerisation angewendet und auch zur Mercerisation eine Lauge unter Zusatz von Kupferoxydammoniak und dann Schwefelsäure benutzt. Bei der Anwendung von Schwefelsäure in diesen Verfahren hat man auch die bekannten schonend wirkenden Zusätze von Ammoniumsulfat, Formaldehyd oder Glycerin zugesetzt.

D.R.P. 129 883, Kl. 8. Thomas & Prevost in Krefeld. Verfahren zur Erzeugung von haltbarem Appret auf vegetabilischen Faserstoffen mittels gelatinierend wirkender Mittel und Mercerisieren unter Spannung. Vom 3. Februar 1900. (Vgl. Kap. X.)

Patentansprüche: 1. Verfahren zur Erzeugung von haltbarem Appret auf vetetabilischen Faserstoffen, dadurch gekennzeichnet, daß man auf die Fasern lösende oder gelatinierende Mittel, insbesondere konzentrierte Schwefelsäure, Kupferoxydammoniak, Alkalilauge und Kupfersalzammoniak, Alkalilauge und Schwefelkohlenstoff, Chlorzinklösung, konzentrierte Salpetersäure (besonders in der Kälte), stark abgekühlte konzentrierte Salzsäure u. dgl., einwirken läßt und dadurch die Faserstoffe oberflächlich gelatiniert, wofauf man sie unter Anwendung von Spannung mercerisiert.

2. Bei dem unter 1 beanspruchten Verfahren, die Erhöhung des Apprets durch mehr oder weniger starkes Einschrumpfenlassen der vegetabilischen Faserstoffe in dem Gelatinierungs- oder Mercerisierungsmittel vor der Anwendung der Spannung.

3. Bei dem unter 1 und 2 beanspruchten Verfahren das energische Bleichen der vegetabilischen Faserstoffe vor der Behandlung mit Gelatinierungsmitteln, zwecks Erhöhung des Apprets.

D.R.P. 290 444, K. 8. Heberlein & Co. in Wattwil, St. Gallen, Schweiz. Verfahren zur Veredelung von Baumwollgeweben. Vom 6. Dezember 1913. (Am.P. 1 439 512, Am.P. 1 392 264, E.P. 12 559/1914.)

Läßt man konzentrierte Schwefelsäure auf Baumwolle einwirken, so erhält diese, wie schon Mercer im Jahre 1844 und später andere beobachtet haben, ein transparentes, pergamentähnliches Aussehen. Nach Mercer soll die Wirkung durch eine Schwefelsäure von 49,5—55,5° Bé erzielt werden, welche namentlich darin liegt, daß die Cellulose sich in ihren tinktoriellen Eigenschaften verändert, während Blondel[1] beobachtet hat, daß eine Schwefelsäure von 45—50° Bé der Cellulose die Fähigkeit verleiht, sich mit Methylenblau lebhaft anzufärben, dagegen eine pergamentierende Wirkung erst zwischen 53—55° Bé erfolgt[2].

Tatsächlich läßt sich feststellen, daß eine Schwefelsäure einer Konzentration von 51° Bé und darüber eine ganz andere Einwirkung auf die Cellulose ausübt, als eine solche, deren Konzentration unter 51° Bé liegt. Während höher konzentrierte Säure schon nach sekundenlanger Einwirkung dem Baumwollgewebe ein typisches, transparentes, pergamentähnliches Aussehen verleiht, vermag eine solche von z. B. 50° Bé selbst bei einer Einwirkungsdauer von z. B. 15 Minuten eine Veränderung der Cellulose im gleichen Sinne nicht herbeizuführen; auch wird diese im Gegensatz zu einer nur wenig stärkeren Säure selbst bei längerer Reaktion nicht geschwächt.

Die vorliegende Erfindung beruht nun auf der Beobachtung, daß die Einwirkung von Schwefelsäure unter 51° Bé eine viel intensivere ist und der Baumwolle vollständig neue Eigenschaften verleiht, wenn dieselbe vorher mercerisiert und dadurch reaktionsfähiger gemacht wurde. Wird ein Baumwollgewebe, das mercerisiert und zweckmäßig auch gebleicht wurde, der Einwirkung einer Schwefelsäure von 49—50,5° Bé (die beste Wirkung wird zwischen 49,5 und 50,5° Bé erzielt) ausgesetzt, so verschwindet der Mercerisierglanz derselben, und anstatt der bei höheren Konzentrationen erzielten Transparenz erhält das Gewebe eine feine, leicht kreppartige Beschaffenheit, wodurch es dichter, voller, wollartiger, weicher, überhaupt in seiner ganzen Qualität verbessert erscheint und den Charakter eines feinen Wollstoffes annimmt. Der ganze Effekt ist ein vollständig neuartiger, wie er auf Baumwollgewebe bisher unbekannt war.

Das Verfahren läßt sich sowohl auf glatte als gemusterte und bestickte Gewebe anwenden. Nach demselben lassen sich auch gemusterte Effekte auf glatten Stoffen erzeugen in der Weise, daß man auf mercerisierte Gewebe Schwefelsäure von z. B. 50° Bé aufdruckt und nach erfolgter Einwirkung auswäscht. Man kann auch

---

[1] Bull. Rouen Bd. 10, S. 438, 471/472. 1882.   [2] ebenda S. 471.

eine geeignete Reserve, z. B. Gummiverdickung, aufdrucken und alsdann das ganze Gewebe in Schwefelsäure eintauchen und aus waschen. An denjenigen Stellen, an welchen die Säure eingewirk hat, zeigt das Gewebe die oben beschriebene Veränderung, währeno die nicht bedruckten bzw. reservierten Stellen das Aussehen de unveränderten, mercerisierten Baumwolle beibehalten. Man erhäl so Dessins, bei welchen sich die glänzende, mercerisierte Baumwolle scharf abhebt von den matten, wollähnlichen, mit Säure behan delten Partien.

Die Einwirkungsdauer der Schwefelsäure richtet sich nach de Beschaffenheit des zu behandelnden Gewebes. Die Veränderung desselben kann in einigen Sekunden erfolgen, aber auch mehrere Minuten in Anspruch nehmen. Eine längere Einwirkungsdauer als sie zur Erzielung des Effektes notwendig ist, z. B. 15 Minuter oder mehr, wirkt in der Regel nicht nachteilig.

Patentansprüche: 1. Verfahren zur Veredelung von Baum wollgeweben, darin bestehend, daß dieselben zunächst mercerisiere und nachher der Einwirkung von Schwefelsäure von 49—50,5° Be ausgesetzt und schließlich ausgewaschen werden.

2. Verfahren zur Erzeugung gemusterter Effekte auf Baum wollgewebe nach dem durch Patentanspruch 1 geschützten Ver fahren, dadurch gekennzeichnet, daß auf vormercerisiertes Baum wollgewebe Schwefelsäure von 49—50,5° Bé aufgedruckt und nachher ausgewaschen wird, oder daß auf vormercerisiertes Baum wollgewebe eine Reserve aufgedruckt, nachher mit Schwefelsäure von 49—50,5° Bé behandelt und schließlich ausgewaschen wird.

D.R.P. 292 213, Kl. 8. Heberlein & Co. in Wattwil St. Gallen, Schweiz. Verfahren zur Erzeugung einer neuartigen, wollähnlichen Beschaffenheit von Baum- wollgeweben. Zusatz zum Patent 290 444. Vom 14. Fe· bruar 1914. (Am.P. 1 392 264, Am.P. 1 439 515, Am.P. 1 439 520).

Es wurde gefunden, daß bei dem im Hauptpatent beschrie- benen Verfahren sich die dort angegebenen Effekte auch erzielen lassen, wenn man die Behandlung mit Schwefelsäure von 49 bis $50 \frac{1}{2}°$ Bé durch eine Behandlung mit Phosphorsäure von 55 bis 57° Bé, oder mit Salzsäure vom spez. Gew. 1,19 bei niedriger Tem- peratur, oder mit Salpetersäure von 43—46° Bé, oder mit Chlor- zinklösung von 66° Bé bei 60—70° C, oder mit Kupferoxyd- ammoniaklösung bei kurzer Einwirkungsdauer ersetzt.

Patentanspruch: Abänderung des Verfahrens des Haupt- patents 290 444 zur Erzeugung einer neuartigen wollähnlichen Beschaffenheit auf Baumwollgeweben, gekennzeichnet durch den

Ersatz der Behandlung mit Schwefelsäure von 49—50$^1/_2$° Bé durch eine Behandlung mit Phosphorsäure von 55—57° Bé, oder mit Salzsäure vom spez. Gew. 1,19 bei niedriger Temperatur, oder mit Salpetersäure von 43—46° Bé, oder mit Chlorzinklösung von 60° Bé bei 60—70° C, oder mit Kupferoxydammoniaklösung bei kurzer Einwirkungsdauer.

D.R.P. 294 571, Kl. 8. Heberlein & Co., A.-G., in Wattwil, St. Gallen, Schweiz. Verfahren zur Erzeugung einer neuartigen, wollähnlichen Beschaffenheit von Baumwollgeweben. Zusatz zum Patent 290 444. Vom 18. Juli 1914. (Am.P. 1 392 264, Am.P. 1 439 513, Am.P. 1 439 518.)
Es wurde gefunden, daß die im Hauptpatent erwähnte wollähnliche Beschaffenheit der Baumwollgewebe auch erzielt wird, wenn man das Gewebe mit Schwefelsäure von 49—51° Bé behandelt, wäscht, und alsdann ohne Spannung mit Natronlauge mercerisiert.

Im Gegensatz zum Hauptpatent, wo das Mercerisieren mit oder ohne Spannung vorgenommen werden kann, entsteht also hier der richtige Effekt nur, wenn ohne Spannung mercerisiert wird.

Patentanspruch: Abänderung des Verfahrens des Patents 290 444 zur Erzeugung einer neuartigen, wollähnlichen Beschaffenheit von Baumwollgeweben, dadurch gekennzeichnet, daß das Gewebe mit Schwefelsäure von 49—51° Bé behandelt, gewaschen, nachher ohne Spannung mercerisiert und schließlich ausgewaschen wird.

D.R.P. 295 816, Kl. 8. Heberlein & Co., A.-G., in Wattwil, St. Gallen, Schweiz. Verfahren um Baumwollgeweben verschiedenartige neuartige Beschaffenheiten zu verleihen. Vom 20. Mai 1915. (Am.P. 1 288 884, Am.P. 1 288 885, Am.P. 1 439 514, F.P. 481 561.)
Es ist bekannt, daß durch Einwirkung von konzentrierter Schwefelsäure auf Baumwolle diese eine pergamentartige Beschaffenheit annimmt. Es wurde bereits früher gefunden, daß die Einwirkung der Schwefelsäure eine intensivere ist, wenn die Baumwolle vorher mercerisiert wurde. Läßt man beispielsweise auf ein mercerisiertes Gewebe Schwefelsäure von über 50$^1/_2$° Bé einwirken, so erhält dasselbe ein stark transparentes Aussehen. Auf dieser Beobachtung fußt das Verfahren der Patentschrift 280 134. Wird ein vormercerisiertes Gewebe mit einer Schwefelsäure von ungefähr 50° Bé behandelt, so entsteht, wie in der Patentschrift 290 444 beschrieben wurde, ein eigenartiger wollähnlicher Effekt. Eine ähnliche Veränderung der Baumwolle findet statt, wenn das Ge-

webe zuerst mit Schwefelsäure von ungefähr 50° Bé behandelt wird und man alsdann konzentrierte Natronlauge darauf einwirken läßt (siehe die Zusatzpatentschrift 294 571 zur Patentschrift 290 444).

Aus obigen Patentschriften geht hervor, daß einerseits die Einwirkung von Schwefelsäure eine eingreifendere ist, wenn die Baumwolle vorher mit Natronlauge behandelt wurde, und auch umgekehrt eine der Einwirkung konzentrierter Schwefelsäure ausgesetzte Baumwolle bei der nachherigen Behandlung mit Natronlauge sich anders verhält als eine nicht vorbehandelte Baumwolle.

Es wurde nun gefunden, daß noch weitergehende Veränderungen der Cellulose und infolgedessen weitere neuartige Veränderungen von Baumwollgeweben erzielt werden können dadurch, daß man abwechslungsweise mehrmals konzentrierte Schwefelsäure und konzentrierte Natronlauge auf diese einwirken läßt. Wird mit konzentrierter Natronlauge behandelte Baumwolle zum zweiten Male derselben Behandlung unterworfen, so geht keine weitere Veränderung mehr mit derselben vor, d. h. die zweite Natronbehandlung bleibt wirkungslos. In analoger Weise verhält sich Baumwolle gegenüber mehrmaliger Einwirkung konzentrierter Schwefelsäure. Hat man jedoch die mercerisierte Baumwolle nachher der Einwirkung konzentrierter Schwefelsäure ausgesetzt, so reagiert die Natronlauge aufs neue mit derselben und bewirkt eine weitere Veränderung. Genau gleich liegen die Verhältnisse, wenn die erste Behandlung eine solche mit konzentrierter Schwefelsäure ist. Wird alsdann mit Natronlauge behandelt, so wird nachher die konzentrierte Schwefelsäure aufs neue einwirken. Die abwechselnde Behandlung mit Säure und Alkali kann mehrmals wiederholt werden, wobei die Anzahl der Manipulationen natürlich durch den fortschreitenden Lösungsprozeß der Cellulose begrenzt wird. Um neuartige Effekte zu erzielen, ist es notwendig, daß das eine der beiden Agenzien wenigstens zweimal in Anwendung kommt mit einer Zwischenbehandlung durch das andere, als z. B. Natronlauge — Schwefelsäure — Natronlauge, oder umgekehrt. Dazwischen muß natürlich gut gewaschen, eventuell getrocknet werden.

Es liegt auf der Hand, daß je nach der Anzahl der Manipulationen, ferner je nachdem die erste bzw. letzte Behandlung mit konzentrierter Alkalilauge bzw. konzentrierter Säure vorgenommen wurde, die verschiedenartigsten Veränderungen zu erzielen sind. Ist die Konzentration der Schwefelsäure ungefähr 50° Bé, so entstehen Effekte, welche Ähnlichkeit haben mit denjenigen, welche in der Patentschrift 290 444 beschrieben sind; wird eine höher konzentrierte Säure gewählt, so bekommt das Gewebe ein mehr transparentes Aussehen. Es ist aber nicht notwendig, daß bei der ersten und zweiten Säurebehandlung die Konzentration dieselbe sei. Veränderungen in der Beschaffenheit des Gewebes können auch erzielt werden dadurch, daß dasselbe während der Behandlung in der Längs- und Querrichtung mehr oder weniger gespannt bzw. mehr oder weniger schrumpfen gelassen wird.

An Stelle der konzentrierten Schwefelsäure können auch Phosphorsäure von 55—57° Bé, Salzsäure vom spez. Gew. 1,19 bei niedriger Temperatur, Salpetersäure von 43—46° Bé, Chlorzinklösung von 66° Bé bei 60—70° C oder Kupferoxydammoniaklösung zur Verwendung kommen.

Es können endlich auch gemusterte Effekte erzeugt werden in der Weise, daß bei einer oder mehreren der Operationen die Säure bzw. das Alkali nur an einzelnen Stellen aufgedruckt wird, oder indem von Anfang an oder zwischen der ersten und zweiten bzw. zwischen zwei folgenden Operationen eine Reserve aufgedruckt wird, welche eine weitere Einwirkung der Säure bzw. des Alkalis verhindert. Die nicht bedruckten bzw. die reservierten Stellen zeigen das Gewebe in der ursprünglichen bzw. nur teilweise veränderten Beschaffenheit und heben sich von den bedruckten bzw. den nicht reservierten Partien, welche eine weitergehende Modifikation erfahren haben, ab, so daß mehr oder weniger scharf sich abhebende Muster entstehen.

Patentansprüche: 1. Verfahren, um Baumwollgeweben verschiedenartige neuartige Beschaffenheiten zu verleihen, insbesondere, um Transparenz- und wollähnliche Effekte darauf zu erzielen, durch aufeinander folgende Behandlung der Gewebe mit Alkalilauge und Schwefelsäure, dadurch gekennzeichnet, daß man die Alkalilauge und die Schwefelsäure abwechslungsweise mehrmals auf die Gewebe einwirken läßt, und zwar in der Weise, daß zwischen zwei Behandlungen mit Schwefelsäure eine Behandlung mit Alkalilauge oder zwischen zwei Behandlungen mit Alkalilauge eine Behandlung mit Schwefelsäure stattfindet.

2. Verfahren gemäß Patentanspruch 1, dadurch gekennzeichnet, daß man in demselben die Behandlung bzw. die Behandlungen mit Schwefelsäure durch solche mit Phosphorsäure von 55 bis 57° Bé, Salzsäure vom spez. Gew. 1,19 bei niedriger Temperatur, Salpetersäure von 43—46° Bé, Chlorzinklösung von 66° Bé bei 60 bis 70° C oder Kupferoxydammoniaklösung ersetzt.

3. Verfahren gemäß Patentanspruch 1 bzw. gemäß den Patentansprüchen 1 und 2, dadurch gekennzeichnet, daß man die zu erzielende Beschaffenheit des Gewebes während dessen Behandlungen mit Alkalilauge und Schwefelsäure bzw. den in Patent-

anspruch 2 erwähnten Schwefelsäureersatzmitteln dadurch beeinflußt, daß man das Gewebe während aller Behandlungen oder nur während einiger derselben in der Längs- und Querrichtung mehr oder weniger spannt bzw. mehr oder weniger einschrumpfen läßt, um Veränderungen in der Beschaffenheit des Gewebes zu ermöglichen.

4. Verfahren gemäß Patentanspruch 1 bzw. gemäß den Patentansprüchen 1 und 2, dadurch gekennzeichnet, daß zur Erzielung von gemusterten Effekten bei einer oder mehreren der abwechselnden Behandlungen die Alkalilauge bzw. die Säure oder ihr Ersatzmittel nur stellenweise auf das Gewebe zur Einwirkung gebracht wird.

D.R.P. 340 824, Kl. 8. Heberlein & Co., A.-G., in Wattwil, Kant. St. Gallen, Schweiz. Verfahren, um Baumwolle ein transparentes Aussehen zu verleihen. Vom 12. August 1916 (vgl. Kap. IX/B).

Patentansprüche: 1. Verfahren, um Baumwolle ein transparentes Aussehen zu verleihen, dadurch gekennzeichnet, daß man sie mit Natronlauge von zu Mercerisationszwecken üblichen Konzentrationen, also von mindestens 15° Bé, bei Temperaturen von unter 0° C so lange behandelt, bis der Transparenzeffekt eintritt.

3. Verfahren nach Anspruch 1, dadurch gekennzeichnet, daß die bei tiefer Temperatur mercerisierte Baumwolle in bekannter Weise der Einwirkung konzentrierter Schwefelsäure von über $50\frac{1}{2}$ Bé ausgesetzt wird, bzw. Baumwolle in ebenfalls bekannter Weise zuerst mit Schwefelsäure von über $50\frac{1}{2}°$ Bé und alsdann bei niedriger Temperatur mercerisiert wird, um erhöhte Transparenzeffekte zu erzielen.

4. Verfahren gemäß Anspruch 3, dadurch gekennzeichnet, daß die konzentrierte Schwefelsäure von über $50\frac{1}{2}°$ Bé in für sich bekannter Weise in abgekühltem Zustande zur Verwendung gelangt, um diese Einwirkungsdauer verlängern zu können.

6. Verfahren nach Anspruch 3 bzw. 4, dadurch gekennzeichnet, daß man im Sinne des Patentes 295 816 bei allen in denselben vorgesehenen Kombinationen die Alkalibehandlung einmal bzw. mehrmals bei einer Temperatur von unter 0° C anwendet und die zur Anwendung gelangende Schwefelsäure von über $50\frac{1}{2}°$ Bé gegebenenfalls in abgekühltem Zustande mehrmals bzw. einmal zur Einwirkung bringt, wobei an Stelle des direkten Aufdrucks gekühlter Säure oder Lauge nur das Reservageverfahren mit nachfolgender Passage durch gekühlte Agentien zur Anwendung kommt.

Erhöhte Transparenzeffekte lassen sich erzielen, indem man das bei niedriger Temperatur mercerisierte Gewebe der Einwirkung von Schwefelsäure aussetzt, oder indem man dasselbe zuerst mit konzentrierter Schwefelsäure behandelt und alsdann bei niedriger Temperatur mercerisiert. Man kann auch die Schwefelsäure bei niedriger Temperatur anwenden, wobei ihre Einwirkungsdauer verlängert werden kann. Endlich kann das Verfahren der Kalt-mercerisation auch im Sinne des D.R.P. 295 816 der Erfinderin angewendet werden, indem die Laugenbehandlung einmal oder mehrmals bei niedriger Temperatur erfolgt.

D.R.P. 360 326, Kl. 8. H. Forster in Bruggen, St. Gallen, Schweiz. Verfahren zur Erzielung von hochtransparen-ten, hochseidenglänzenden Effekten auf rein Baum-woll- oder gemischten Geweben. Vom 1. Mai 1920.

Es sind Verfahren bekannt, Baumwollgewebe mit starker Schwefelsäure von etwa 52—53° Bé, und vor- oder nachher mit starker Natronlauge zu behandeln. Auch ist bekannt, daß man die Säurebehandlungen oder die Alkalibehandlungen wiederholt, und zwar so, daß sich die verschiedenen Behandlungen immer abwechslungsweise folgen, daß z. B. eine Säurebehandlung zwischen zwei Alkalibehandlungen oder eine Alkalibehandlung zwischen zwei Säurebehandlungen stattfindet. Die wechselweise Verwendung von Säure und Lauge ist hierbei das Wesentliche.

Es ist nun gefunden worden, daß man Baumwollgewebe oder gemischtes Gewebe zwecks Erzielung transparenter, seidenähn-licher Effekte zuerst mit einer schwachen Säure und nachher mit einer Säure stärkerer Konzentration behandelt, um das so behan-delte Gewebe schließlich zu mercerisieren, wodurch der Effekt hervortritt und wobei man die Säure durch die bekannten Ersatz-mittel ersetzen kann.

Beispielsweise verfährt man wie folgt: Baumwollgewebe wird mit schwacher Schwefelsäure von 49—50$^{1}/_{2}$° Bé unter Streckung oder mit nachherigem Strecken bei Normaltemperatur während 1—3 Minuten behandelt. Sodann folgt ein Waschen und Trocknen unter möglichst scharfer Spannung. Die so vorbehandelte Baum-wolle wird nun mit starker Schwefelsäure von 52—54° Bé unter Gestreckthalten des Gewebes bei Normaltemperatur während 3 bis 5 Sekunden behandelt. Schließlich mercerisiert man die nasse Ware unter Streckung in gewohnter Weise mit einer Lauge von 36—40° Bé einige Sekunden lang. Zwischen und nach den einzel-nen Operationen kann ein Waschen und Abquetschen, wie ge-wohnt, bzw. ein Trocknen erfolgen.

Das erhaltene Produkt hat einen seidenartigen Glanz und weist einen transparenten Effekt auf.

13*

Man kann, statt dieselbe Säure zuerst in einer schwachen Konzentration und darauf in einer stärkeren Konzentration zu verwenden, die Behandlung auch mit verschiedenen Säuren vornehmen, wobei die Vorbehandlung immer mit der Säure schwächerer Konzentration zu erfolgen hat. Statt Schwefelsäure kann man die bekannten Ersatzmittel wie Phosphorsäure, Salzsäure, Salpetersäure, Chlorzinklösung oder Kupferoxydammoniaklösung verwenden, wobei für die Schwefelsäure von 49—50 $^1/_2$° Bé die Phosphorsäure 55—57° Bé, die Salzsäure spez. Gew. 1,19, die Salpetersäure 43—46° Bé, Chlorzinklösung 66° Bé bei 60—70° C Konzentration haben müssen. Hingegen müssen statt Schwefelsäure von 52 bis 54° Bé, die Phosphorsäure über 57° Bé, die Salzsäure ein höheres spez. Gew. als 1,19, die Salpetersäure über 46° Bé, Chlorzinklösung eine höhere Konzentration als 66° Bé bei 60—70° C und Kupferoxydammoniaklösung eine hohe Konzentration haben.

Statt Gewebe aus reiner Baumwolle können auch gemischte Gewebe behandelt werden. Der erzielte Effekt ist transparenter und seidenglänzender als die bisher erreichten Effekte.

Die Ware kann über die ganze Fläche gleichmäßig oder nur zwecks Erzielung bemusterter Effekte stellenweise nach einem bekannten Druckverfahren behandelt werden.

Patentanspruch: Verfahren zur Erzielung von hochtransparenten, hochseidenglänzenden Effekten auf rein Baumwoll- oder gemischten Geweben, dadurch gekennzeichnet, daß man das Gewebe zuerst mit einer schwachen Säure und nachher mit einer Säure stärkerer Konzentration behandelt, um schließlich zu mercerisieren, wobei man die Säure durch die bekannten Ersatzmittel in entsprechender Konzentration ersetzen kann.

D.R.P. 389 428, Kl. 8. Heberlein & Co., A.-G., in Wattwil, Kant. St. Gallen, Schweiz. Verfahren, um Baumwolle neuartige Beschaffenheit zu geben. Zusatz zum Patent 340 824. Vom 31. August 1921 (vgl. Kap. X).

Patentansprüche: 1. Abänderung des Verfahrens von Patentanspruch 1 des Hauptpatentes 340 824, um Baumwolle neuartige Beschaffenheiten zu verleihen, dadurch gekennzeichnet, daß, um der Baumwolle ein glänzendes Aussehen zu verleihen, vor oder nach oder vor und nach einer Behandlung mit kalter Natronlauge oder zwischen zwei Behandlungen mit kalter Natronlauge eine normale Mercerisation (Behandlung der Baumwolle mit Natronlauge bei normaler Temperatur mit oder ohne Spannung) stattfindet, wobei sich eine der folgenden Gruppen von Laugenbehandlungen ergibt, nämlich:

a) normale Mercerisation — kalte Lauge,

b) kalte Lauge — normale Mercerisation,

c) normale Mercerisation — kalte Lauge — normale Mercerisation,

d) kalte Lauge — normale Mercerisation — kalte Lauge.

3. Verfahren nach Patentanspruch 1, dadurch gekennzeichnet, daß die im Sinne dieses Patentanspruches einer Gruppe von Laugenbehandlungen unterworfene Baumwolle vor oder nach diesen Laugenbehandlungen der Einwirkung konzentrierter Schwefelsäure von über $50\,^1/_2\,^\circ$ Bé ausgesetzt wird.

4. Verfahren gemäß Patentanspruch 3, dadurch gekennzeichnet, daß die konzentrierte Schwefelsäure von über $50\,^1/_2\,^\circ$ Bé in abgekühltem Zustande zur Anwendung gelangt.

6. Verfahren nach Anspruch 1, dadurch gekennzeichnet, daß man im Sinne des D.R.P. 295 816 (abwechselnde Behandlung mit Natronlauge und Schwefelsäure) bei allen in demselben angegebenen Kombinationen eine oder mehrere Behandlungen mit Alkalilauge durch solche mit einer Laugengruppe im Sinne von Patentanspruch 1 ersetzt.

Die Anwendung von Laugengruppen kann beispielsweise im Sinne des Anspruches 3 des D.R.P. 340 824 vor- oder nachgängig mit einer Behandlung mit konzentrierter Schwefelsäure von über $50\,^1/_2\,^\circ$ Bé kombiniert werden, um eine erhöhte Transparenzwirkung zu erhalten. Man kann die Schwefelsäure entsprechend dem Anspruch 4 des D.R.P. 340 824 auch im gekühlten Zustand anwenden. Starke Variationen lassen sich auch erzielen, wenn gemäß Anspruch 6 des D.R.P. 340 824 Laugen und Säuren nochmals abwechselnd auf die Baumwolle einwirken im Sinne des D.R.P. 295 816, wobei jedoch wieder an Stelle einer einzelnen Laugenbehandlung eine Laugengruppenbehandlung eintritt.

Es wurden folgende Vorschriften angegeben: Beispiel 1. Gebleichtes Baumwollgarn wird mit Natronlauge von 30° Bé bei -10° C während einer Minute imprägniert, gewaschen und dann unter Spannung mit Natronlauge von 30° Bé in üblicher Weise mercerisiert, gewaschen und getrocknet. Beispiel 3. Abgekochtes Baumwollgewebe wird mit Schwefelsäure von 54° Bé imprägniert, gewaschen und alsdann in üblicher Weise unter Spannung mercerisiert und gewaschen und endlich mit Natronlauge von 25° Bé bei -10° C während $1\,^1/_2$ Minute behandelt, gewaschen, fertig gebleicht und getrocknet. Beispiel 6. Gebleichtes Baumwollgewebe wird in normaler Weise unter Spannung mercerisiert, gewaschen und alsdann mit Natronlauge von 25° Bé bei -12° C während $1\,^1/_2$ Minuten behandelt, gewaschen, getrocknet, sodann der Einwirkung von Schwefelsäure von 53° Bé ausgesetzt, gewaschen, dann mit Natronlauge von 28° Bé bei —10° C während 1 Minute behandelt, gewaschen, auf normale Weise mercerisiert, gewaschen und getrocknet.

D.R.P. 391 490, Kl. 8. Heberlein & Co., A.-G., in Wattwil, Schweiz. Verfahren zur Erzeugung einer neuartigen, leinenähnlichen Beschaffenheit von Baumwollgarnen und -geweben. Vom 29. Oktober 1921 (vgl. Kap. IX/B).

Patentansprüche: 1. Verfahren zur Erzeugung einer neuartigen, leinenähnlichen Beschaffenheit von Baumwollgarnen und -geweben, dadurch gekennzeichnet, daß man Garne, deren Feinheit die englische Garnnummer 80 nicht übersteigt, bzw. aus solchen hergestellte Gewebe im Sinne von Patentanspruch 1 des Patents 340 824 der Kaltmercerisation unterwirft.

2. Verfahren nach Anspruch 1, dadurch gekennzeichnet, daß die bei tiefer Temperatur mercerisierten Garne und Gewebe der Einwirkung konzentrierter Schwefelsäure von über $50\,{}^1/_2{}°$ Bé ausgesetzt werden bzw. die genannten Garne und Gewebe zuerst mit Schwefelsäure von über $50\,{}^1/_2{}°$ Bé behandelt und alsdann bei niedriger Temperatur mercerisiert werden, um verstärkte Leineneffekte zu erzielen.

3. Verfahren nach Anspruch 2, dadurch gekennzeichnet, daß die konzentrierte Schwefelsäure in abgekühltem Zustande zur Anwendung gelangt, um diese Einwirkungsdauer verlängern zu können.

4. Verfahren nach Anspruch 1, dadurch gekennzeichnet, daß man im Sinne des Patents 295 816 bei allen in demselben vorgesehenen Kombinationen die Alkalilauge einmal, bzw. mehrmals bei einer Temperatur von unter 0° C und die zur Anwendung gelangende Schwefelsäure von über $50\,{}^1/_2{}°$ Bé, gegebenenfalls in abgekühltem Zustande, mehrmals bzw. einmal zur Einwirkung bringt.

5. Verfahren nach Anspruch 1, dadurch gekennzeichnet, daß man im Sinne des Patents 389 428 die Kaltmercerisation bei allen in derselben vorgesehenen Möglichkeiten mit normaler Mercerisation kombiniert, um erhöhte Glanzwirkung zu erhalten.

6. Verfahren nach einem der Patentansprüche 1—5, dadurch gekennzeichnet, daß man die danach vorbehandelten Garne und Gewebe nachträglich einer oder mehrerer mechanischer Appreturbehandlungen unterzieht, um deren Leinencharakter noch zu erhöhen und zu verfeinern.

Verstärkte Leineneffekte lassen sich erreichen, wenn man das bei niedriger Temperatur mercerisierte Fasergebilde der Einwir-

kung von Schwefelsäure von über $50\,^1/_2{}^\circ$ Bé aussetzt, oder indem
man das Fasergebilde zuerst mit konzentrierter Schwefelsäure von
über $50\,^1/_2{}^\circ$ Bé behandelt und dann unter 0° C mercerisiert. Man
kann auch die Schwefelsäure bei niedriger Temperatur anwenden,
um bei besonders dichten Fasergebilden ihre Einwirkungsdauer
erhöhen zu können. Für die Anwendung von Schwefelsäure neben
Natronlauge werden folgende Angaben gemacht. Beispiel 4. Gebleichtes Baumwollgewebe von der Einstellung 19/17 Faden pro
$^1/_4$ franz. Zoll und der englischen Garnnummer 38/44 wird erst
Schwefelsäure von 52° Bé während 5 Sekunden imprägniert, gewaschen und dann mit Natronlauge von 27° Bé bei -12° C während 2 Minuten behandelt, hierauf gewaschen und getrocknet.
Beispiel 5. Dichtes gebleichtes Baumwollgewebe von der Einstellung 25/27 Faden pro $^1/_4$ franz. Zoll und der englischen Garnnummer 48/50 wird mit Natronlauge von 31° Bé bei -10° C während 1 Minute imprägniert, gewaschen und hierauf mit Schwefelsäure von 54° Bé bei -5° C während 15 Sekunden behandelt,
gewaschen und getrocknet. Beispiel 6. Gebäuchtes Baumwollgewebe von der Einstellung 12/12 Faden pro $^1/_4$ franz. Zoll und der
englischen Garnnummer 12/12 wird mit Natronlauge von 20° Bé
bei -5° C während $^1/_2$ Minute imprägniert und gewaschen, dann
während 10 Sekunden durch Schwefelsäure von 51° Bé bei $+5^\circ$ C
gezogen, wiederum gewaschen und endlich mit Natronlauge von
25° Bé bei -10° C während $^3/_4$ Minuten behandelt, gewaschen,
fertig gebleicht und getrocknet. Beispiel 7. Vorgebleichtes Baumwollgewebe von der Einstellung 16/16 Faden pro $^1/_4$ franz. Zoll
und der englischen Garnnummer 20/20 wird mit Natronlauge von
32° Bé bei -8° C während $1\,^1/_2$ Minute behandelt und hierauf auf
normale Weise unter Spannung mercerisiert, gewaschen und getrocknet.

D.R.P. 431 751, Kl. 8. Firma Raduner & Co., A.-G., in
Horn, Thurgau, Schweiz. Verfahren zur Veredelung von
Baumwollgeweben. Vom 3. Januar 1924 (vgl. Kap. XI).

1. Verfahren, um glatten oder gemusterten oder bestickten
Baumwollgeweben ein transparent-durchsichtiges oder durchscheinendes oder wollartiges oder bei schweren Geweben leinenartiges Aussehen und entsprechenden Charakter zu verleihen durch
Behandlung mit Schwefelsäure oder mit Schwefelsäure und Alkalilauge, mit oder ohne Spannung, dadurch gekennzeichnet, daß das
Gewebe wenigstens 30 vH Feuchtigkeitsgehalt, bezogen auf das
Gewicht des trockenen Gewebes, aufweist, wenn es der Säurebehandlung unterzogen wird.

2. Verfahren nach Anspruch 1, dadurch gekennzeichnet, daß statt Schwefelsäure eine andere mercerisierend wirkende anorganische Säure in entsprechend wirksamer Konzentration verwendet wird.

3. Verfahren nach Ansprüchen 1 und 2, dadurch gekennzeichnet, daß mit Hilfe von Reserven in an sich bekannter Weise gemusterte Effekte erzeugt werden, wobei die Reserven die Einwirkung der Säuren oder Alkalilauge verhindern.

4. Verfahren nach Ansprüchen 1 und 2, dadurch gekennzeichnet, daß die Befeuchtung der Gewebe in an sich bekannter Weise nur stellenweise erfolgt, wodurch infolge der an diesen Stellen eintretenden stärkeren Säurewirkung neue Effekte und Musterungen erzielt werden.

Wenn man, wie üblich, an Stelle von trockenen Geweben, solche von wenigstens 30 vH Feuchtigkeit anwendet, so tritt eine erhöhte Einwirkung der Säure ein, die viel größer ist, als wenn man tief gekühlte Säure auf trockene Gewebe einwirken läßt. Es sind für die Kombination dieser Arbeitsweise mit der Mercerisation folgende Vorschriften angegeben: Beispiel 3. Mercerisiertes Musselingewebe wird befeuchtet und darauf mit Schwefelsäure vom spez. Gew. 1,530—1,535 bei 0° C 1—2 Minuten lang behandelt; durch Nachmercerisation unter Spannung mit kalter Lauge erhält man weiche Transparenzeffekte.

Mercerisiertes Musselingewebe mit dem Feuchtigkeitsgehalt von mindestens 30 vH Wasser, wird mit Schwefelsäure vom spez. Gew. 1,520 bei —10° C 1 Minute behandelt, wobei es vollständig verdichtet, geschlossen, weich und wollartig wird. Nichtmerceriertes Musselingewebe mit mindestens 30 vH Wassergehalt wird mit Säure vom spez. Gew. 1,520 bei —5° C 1 Minute behandelt und erfährt eine vollkommene Verdichtung und einen Wolleffekt.

Statt Schwefelsäure können auch andere anorganische Säuren, wie Salzsäure, Salpetersäure, Phosphorsäure oder Mischsäure aus Schwefelsäure und Salpetersäure in entsprechend wirksamer Konzentration verwendet werden.

D.R.P. 433180, Kl. 8. Firma Heberlein & Co., A.-G., Wattwil, Schweiz. Verfahren zur Veredelung von pflanzlichen Faserstoffen. Vom 16. April 1922 (vgl. Kap. XII).
Bei der kombinierten Anwendung von Natronlauge und Schwefelsäure zur Erzeugung von wollartigen transparenten oder leinenartigen Effekten (vgl. die D.R.P. 280 134, 290 444, 292 213, 294 571, 295 816, 340 824, 389 428 und 391 490) ist es schwierig die Einwirkung der Mineralsäure derart zu bemessen, daß eine

Schwächung der Faser durch Abbau der Cellulose vermieden wird. Es hat sich nun ergeben, daß Salze des Pyridins seiner Homologen und Derivate überraschenderweise die Eigenschaft zeigen, bei Zusatz zu Mineralsäuren deren quellende Wirkung zu stabilisieren, d. h. einen hydrolytischen Abbau der Cellulose hintanzuhalten. Auf diese Weise ist es möglich, die Einwirkungsdauer der Schwefelsäure bis auf das Fünfzigfache der normalen Zeit ohne Schaden ausdehnen zu können. Vorgebleichtes mercerisiertes Musselingewebe wird mit einem Gemisch aus 1 Teil Pyridin und 4 Teile Schwefelsäure von 66° Bé etwa 4 Minuten behandelt und erlangt ein transparentes Aussehen, wobei sich eine bemerkenswerte Weichheit des Effektes feststellen läßt. Mercerisiertes Baumwollgewebe wird der Einwirkung einer Mischung von 1 Teil Pyridin und 9 Teile Schwefelsäure von 56,5° Bé für 5 Minuten ausgesetzt. Man erhält einen ausgesprochenen weichen Wolleffekt.

D.R.P. 433 982, Kl. 8. Hans Matt in Bregenz, Österreich. Verfahren, um Baumwolle ein leinenähnliches Aussehen zu verleihen. Vom 10. Dezember 1925.

Die Versuche, leinenähnliche Effekte auf Baumwolle zu erzeugen, sind nicht neu; schon vor Jahren suchte man diese Eigenschaft der Baumwolle dadurch zu verleihen, daß man die Baumwollgewebe einer längeren Mercerisation unterwarf und den Effekt noch zu erhöhen trachtete, indem man härter gedrehte Garne, als für gewöhnliche Gewebe üblich, verwendete. Das Zittauer Mercerisierfoulard war für diese Effekterzeugung besonders geeignet und daher in der Hemdenstoffabrikation besonders beliebt.

In neuester Zeit hat man diesen Effekt weiter zu verbessern gesucht. Die vorgeschlagenen Mittel, die hier zu verwenden sind, bestehen einerseits in der Kaltmercerisation, d. h. in der Mercerisation unter 0° C, und andererseits in der wechselweisen Anwendung von Kaltmercerisation und einer Säurebehandlung von Schwefelsäure über 50 1/2° Bé, sei es, daß die Baumwolle zuerst mercerisiert und dann pergamentiert oder umgekehrt verfahren wird. Die angewendeten Mittel bestehen also in der Transparierung und der damit verbundenen Versteifung der Baumwollfaser.

Gegenstand vorliegender Erfindung ist nun ein Verfahren, um Baumwolle ein leinenähnliches Aussehen zu verleihen, dadurch gekennzeichnet, daß man Garne oder Gewebe, deren Feinheit die englische Garnnummer 60 nicht übersteigt, der Einwirkung von Schwefelsäure von 49—50 1/2° Bé je nach Garnnummer kürzere oder längere Zeit aussetzt, gut auswäscht und unter Spannung mit Natronlauge über 15° Bé und über 0° C mercerisiert. Die Erfindung beruht also auf der Beobachtung, daß dieses Verfahren auf groben Garnen und Geweben nicht wollähnliche, sondern schwach transparente, d. h. leinenähnliche, Effekte liefert.

Überraschen aber muß es, daß mit Schwefelsäure unter $50\,{}^1/_2{}^\circ$ Bé behandelte Garne oder Gewebe beim nachfolgenden Mercerisieren ein leinenähnliches Aussehen annehmen. Bekanntlich benutzt man die Schwefelsäure von unter $50\,{}^1/_2{}^\circ$ Bé zur Erzeugung von Effekten, die weicher sind als die gewöhnliche Baumwolle, d. h. für Effekte, die eine wollähnliche Weichheit besitzen. Der bei groben Garnen erhaltene Leineneffekt bedeutet also ziemlich das Gegenteil von dem, was vorauszusehen war. Zur Ausführung des Verfahrens werden gewöhnlich Garne unter Nr. 60 verwendet. Die Garne oder Gewebe werden mit Schwefelsäure von 49—$50\,{}^1/_2{}^\circ$ Bé am besten bei einer Temperatur von 0—5° C je nach der Dicke der Stoffe längere oder kürzere Zeit behandelt, hierauf gut gewaschen und dann bei gewöhnlicher Temperatur, d. h. über 0° C, unter Spannung merceriert und gut ausgewaschen. Die Garne und Gewebe haben nun vollständig den Charakter von Leinen, und weder ein vielfaches Auskochen noch Waschen vermag die Festigkeit und den Glanz des Produktes zu beeinträchtigen. Um den Leinencharakter zu vollenden, werden die Stoffe gewöhnlich noch einer Mangelbehandlung unterworfen, wie dies auch bei Leinen üblich ist.

Patentansprüche: 1. Verfahren, um Baumwolle durch aufeinander folgende Behandlungen mit konzentrierter Schwefelsäure und Natronlauge ein leinenähnliches Aussehen zu geben, dadurch gekennzeichnet, daß man Garne oder Gewebe, deren Feinheit die englische Garnnummer 60 nicht übersteigt, der Einwirkung von Schwefelsäure unter $50\,{}^1/_2{}^\circ$ Bé je nach der Garnnummer bis 4 Minuten und länger aussetzt, gut auswäscht und hierauf unter Spannung mit Natronlauge über 15° Bé bei einer Temperatur von über 0° C merceriert.

2. Verfahren nach Anspruch 1, dadurch gekennzeichnet, daß die Baumwolle zur Verlängerung der Einwirkung mit gekühlter Schwefelsäure behandelt wird.

3. Verfahren nach Anspruch 1 und 2, dadurch gekennzeichnet, daß zur Erhöhung des Leinencharakters die Garne und Gewebe noch geklopft oder gemangelt oder ähnlichen Behandlungen unterworfen werden.

D.R.P. 444 189, Kl. 8.   Heberlein & Co., A.-G., in Wattwil. Verfahren zur Veredelung von pflanzlichen Faserstoffen. Vom 17. September 1925 (vgl. Kap. XII).

Bei der Behandlung von Baumwolle mit konzentrierter Salpetersäure erhält man Produkte, die beim Färben Schwierigkeiten verursachen und sehr alkaliempfindlich sind. Zur Beseitigung dieser Mißstände soll man sie nach dem Nitrieren einer Denitrierung mit etwa den gleichen Mitteln, die aus der Industrie der Kunstseide bekannt sind, unterwerfen, d. h. also Sulfide, Sulfhydrate, Kupfer-, Eisen-, Zinnchlorür od. dgl. Es hat sich nun als vorteilhaft herausgestellt, daß man vor der Einwirkung der konzentrierten Salpetersäure und der Denitrierung das Gewebe einer Mercerisation unterwirft.

Ö.P. 92 343. F. A. Gillet & Fils in Lyon. Verfahren zur Verbesserung vegetabilischer Fasern (vgl. Kap. XII).

Es ist bereits in vorstehendem auf ein Verfahren zur Erzielung von Wolleffekten auf Baumwolle hingewiesen worden, das darin besteht, in Salpetersäure von 65 vH oder darüber Cellulose oder celluloseähnliche Produkte, wie Stärkemehl od. ähnl., zu lösen und durch Waschen mit Wasser verdünnten Säuren, Basen oder Salzlösungen auf der Faser niederzuschlagen (vgl. auch die D.R.P. 389 547, 392 122 und 392 655).

Man kann dieses Verfahren auch in der Weise ausführen, daß man die Baumwollfasern bei gewöhnlicher Temperatur mit konzentrierter Salpetersäure von 65 vH oder darüber behandelt, abpreßt und wäscht. Die Stärke der Säure kann zwischen 65—75 vH schwanken. Bei diesem Verfahren hat es sich als zweckmäßig herausgestellt, auch vorher zu mercerisieren oder zu bleichen.

E.P. 10 708/1898. Verbesserung beim Mercerisieren von Garnen usw. aus Baumwolle, um ihnen ein seidenähnliches Aussehen zu verleihen. Hall, Lancaster.

Es hat sich bei der Ausführung der Mercerisation gezeigt, daß der Seideneffekt um so besser wird, wenn man nach der Einwirkung der Lauge zunächst nicht auswäscht, sondern starke Säure einwirken läßt und hierauf in gespanntem Zustand auswäscht. Man verwendet zur Mercerisation eine Lauge von 30—47 vH NaOH. Man sättigt damit das Gewebe unter Spannung. Diese Behandlung kann zwischen 1—10 Minuten dauern. Nach dem Herausnehmen aus der Lauge taucht man unter Spannung in starke Schwefelsäure oder eine andere Säure von etwa 6—9 vH, bis das in der Faser enthaltene Alkali vollkommen neutralisiert ist, was 1—10 Minuten dauert. Es wird dann unter Spannung die Säure ausgewaschen.

E.P. 14 283/1900. Verbessertes Verfahren, um kurzstapeliger amerikanischer Baumwolle Seidenglanz zu

verleihen. T. W. Golby, England (vgl. Kap. X, Am.P. 682 494).

Um kurzstapeliger amerikanischer Baumwolle Seidenglanz zu verleihen, soll man sie in gut gesengtem und heiß abgekochtem Zustand auswringen, zentrifugieren, d. h. in noch nassem Zustand spannen und etwa 10 Minuten in eine starke Natronlauge von 80° C und von 45° Bé, der man auf 10 Teile 1 Teil möglichst starke Kupferoxydammoniaklösung zugesetzt hat, einbringen. In der heißen Lösung findet nur eine geringe Schrumpfung der Baumwolle statt, dagegen schrumpft das so behandelte Gewebe sehr stark beim Abkühlen. Man spült zur Vermeidung der Schrumpfung mit kochendem oder kaltem Wasser, das schwach mit Salpetersäure angesäuert ist. Der gewünschte Seidenglanz tritt sofort ein, wenn man die Baumwolle in konzentrierte Salpetersäure von 35° Bé einlegt, die bis auf 5° C abgekühlt ist. Nach etwa 8 Minuten wird aus der Säure herausgenommen und gespült.

E.P. 103 432. Verbessertes Verfahren zur Herstellung von Baumwollwaren. A. G. Cilander, Schweiz (vgl. Kap. XI, F.P. 482 282).

Man kann die Einwirkung von Schwefelsäure von weniger als $50\frac{1}{2}$° Bé, die bei normaler Temperatur so gut wie wirkungslos gegenüber Baumwolle ist, dadurch erhöhen, daß man sie in der Nähe des Gefrierpunktes, mindestens aber bei —4° C anwendet. Um vollkommene Transparenzeffekte zu erhalten, soll man vorteilhaft mercerisiertes Gewebe mit einer Schwefelsäure von weniger als $50\frac{1}{2}$° Bé bei einer Temperatur von mindestens —4° C behandeln, und zwar soll man bei Verwendung einer Schwefelsäure von 50° Bé und wenigstens bei —4° C wenigstens 5 Sekunden behandeln und bei Verwendung einer Säure von 49° Bé und auch bei —4° C einige Minuten. Das so behandelte Gewebe gibt nach dem Mercerisieren einen vollkommenen Transparenzeffekt. Es wird auch vorgeschlagen, 5 Minuten in einer Schwefelsäure von 49° Bé bei —10° C zu behandeln und dann zu mercerisieren.

E.P. 195 620. Verbessertes Verfahren, um Baumwolle transparent zu machen. Textilwerke Horn, Schweiz (vgl. Kap. XII).

Die Behandlung von Baumwolle mit Schwefelsäure über $50\frac{1}{2}$° Bé gibt leicht steife Produkte. Dieser Mißstand soll dadurch behoben werden, wenn man der Schwefelsäure, die eine Konzentration zwischen 69—82 vH aufweist, 5—12 vH Ammoniumsulfat oder andere geeignete Ammoniumsalze zusetzt, wodurch an sich weiche Effekte erzielt werden. Um weiche Effekte von hoher

Transparenz zu erzielen, soll man gut gebleichtes, mercerisiertes Gewebe verwenden, das unter Spannung getrocknet worden ist. Es wird sofort nach der Einwirkung eines Gemisches von Schwefelsäure und Ammoniumsulfat ausgequetscht, gewaschen und unter Spannung getrocknet. Noch besser werden die angestrebten Wirkungen, wenn man hinterher noch mit einer Natronlauge von 28° Bé mercerisiert, wäscht und unter Ausrecken trocknet. Zur weiteren Erhöhung der Effekte kann dann noch eine zweite Behandlung mit Schwefelsäure unter Zusatz von Ammoniumsulfat erfolgen.

E.P. 213 353. Verbesserung in der Behandlung von baumwollenen Geweben. The Calico Printers, England.

Man weiß, daß baumwollene Gewebe, die mercerisiert worden sind, bei der Behandlung mit Schwefelsäure von 49—51° Bé ihren Glanz verlieren und wollähnliche Eigenschaften aufweisen, wobei sie dichter, voller und weicher werden. Die Konzentration der Schwefelsäure für diese Zwecke soll $49\frac{1}{2}$—$50\frac{1}{2}$° Bé stark sein. Wenn bei diesem Verfahren die Schwefelsäure über $50\frac{1}{2}$° Bé, d. h. etwa 51° Bé angewendet wird, so wird die Baumwolle durchscheinend und hat das Aussehen von hoch transparentem Musselin. Bei diesem Verfahren soll Schwefelsäure von 54° Bé einen besonders starken Transparenzeffekt bewirken. Man weiß auch, daß bei diesem Verfahren Zeit und Temperatur äußerst wichtige Faktoren sind, ebenso wie auch die Natur der benutzten Gewebe. Es wurde nun gefunden, daß man Baumwollfasern in ihrer Struktur so verändern kann, daß sie leinenähnlich werden, wenn man sie vor oder nach einer alkalischen Mercerisation mit Schwefelsäure von 50—52° Bé, und zwar unter Innehaltung einer Zeitdauer behandelt, die kürzer ist, als wenn man die eingangs erwähnten Effekte hervorbringen wollte. Die Erfindung betrifft demnach die Herstellung von Leineneffekten auf Baumwollwaren, indem man sie vor oder nach der alkalischen Mercerisation mit Schwefelsäure von 50—52° Bé behandelt. Durch diese Behandlung verschwindet der Mercerisationseffekt, die Ware wird voller, etwas steifer, elastischer, neigt weniger zum Zerknittern und hat das Aussehen von Leinen. Die alkalische Mercerisation kann man mit oder ohne Spannung ausführen. Die Zeitdauer der Anwendung spielt eine große Rolle.

Beispiel 1. Ein dünnfädiges Gewebe aus ägyptischer Baumwolle 140 × 160 benötigte 4 Sekunden Behandlung mit einer Säure von 51,9° Bé bei 10° C. Ein ähnliches Gewebe 60 × 90 benötigte eine Behandlung von 7 Sekunden bei 10° C mit einer Säure gleicher Stärke.

Beispiel 2. Ein dickes Gewebe 32 × 70 benötigte eine Behandlung von 7 Sekunden bei Verwendung einer Säure von 51,9° Bé bei 10° C; ein ähnliches Gewebe aber 32 × 52 brauchte 10 Sekunden.

Beispiel 3. Ein Chestergewebe aus amerikanischer Baumwolle 19 × 20 brauchte 10 Sekunden unter den Bedingungen des Beispiels 2; ein ähnliches Gewebe 21 × 22 brauchte 12 Sekunden.

Beispiel 4. Ein dichtes Gewebe aus 21er amerikanischem Baumwollgarn brauchte 8 Sekunden nach den Bedingungen gemäß Beispiel 2. Wenn man das Gewebe, das nach dem neuen Verfahren behandelt wurde, einer alkalischen Mercerisation unterwirft, so tritt keine große Veränderung ein. Das Produkt wird weicher, elastischer und etwas glänzender. Es sind noch folgende Beispiele für diese Arbeitsweise angegeben.

Beispiel 5. Ein dünnes ägyptisches Batistgewebe $22^1/_2$ × $18^3/_4$ wird bei 7,22° C durch eine Schwefelsäure von 51,65° Bé 6 Sekunden hindurchgezogezogen, gewaschen und getrocknet. Dann wird unter Spannung mit Natronlauge von 27 vH NaOH bei 12,78° C 7 Sekunden behandelt.

Beispiel 6. Das dünne ägyptische Batistgewebe wird mit Spannung mit Natronlauge von 27 vH NaOH bei 12,78° C 7 Sekunden behandelt, gewaschen und getrocknet. Nach der Mercerisation ergab eine Behandlung mit Schwefelsäure von 49,6° Bé für 20 Minuten bei 2,78° C einen Wolleffekt, eine Behandlung mit Schwefelsäure von 51,65° Bé für 6 Sekunden bei 10° C einen Leineneffekt, und eine Nachbehandlung mit Schwefelsäure von 54° Bé bei 8,89° C für 7 Sekunden einen hochtransparenten Musselin.

Am.P. 1 538 370. Behandlung von Cellulosefasern und -geweben. Barett & Foulds, England.

Es ist bereits im Kap. XII darauf hingewiesen worden, daß es sich als sehr zweckmäßig erwiesen hat, bei der Erzeugung von Pergamenteffekten auf Baumwolle mit Hilfe von Schwefelsäure über 1,55 spez. Gew. der Säure eine geringe Menge von Formaldehyd, seinen Polymeren bzw. auch von Hexamethylentetramin zuzusetzen, wodurch man die Einwirkung der Säure verlängern kann, ohne die Faser zu schädigen. Durch diesen Zusatz wird auch das Benetzungsvermögen der Säure erhöht; auch kann man Kunstseide nach diesem Verfahren behandeln. Wenn man nach der gewöhnlichen Weise pergamentierte Baumwolle mercerisiert, so erhält sie ein transparentes Aussehen und wird dabei hart. Man kann die Nachmercerisation der nach dem neuen Verfahren mercerisierten Ware beliebig ausdehnen.

Am.P. 1 616 749. Verfahren zur Erzeugung von Wolleffekten auf Baumwolle. Harold L. Huey, Rhode Island.

Um einen Wolleffekt auf Baumwolle zu erzielen, soll man von einem noch nicht mercerisierten Gewebe ausgehen, das zunächst von den Unreinlichkeiten durch Abkochen befreit, gebleicht und dann getrocknet wird. Dann wird das Gewebe mit Schwefelsäure von 51—53° Bé bei einer Temperatur von 14—16° C während etwa 2 Minuten behandelt. Hierauf wird gewaschen und mit Natronlauge von 15—22° Bé, d. h. etwa der Hälfte der Konzentration der gewöhnlichen Mercerisierlauge bei 30—35° C behandelt. Die Stärke der Lauge muß so gewählt sein, daß sie auf unbehandelte Baumwolle keine mercerisierende Wirkung ausüben würde. Diese Nachbehandlung verleiht der Faser Festigkeit und Wolleffekt. Die Behandlung mit der Natronlauge dauert etwa $^{1}/_{2}$ Stunde, dann wird gewaschen und getrocknet. Das ganze Verfahren wird ohne Spannung ausgeführt. In seiner Ausführung ähnelt das Verfahren sehr dem des D.R.P. 294 571 (Kap. XIII), das etwa 6 Jahre älter ist, mit dem einzigen Unterschied, daß bei dem Verfahren nach D.R.P. 294 571 eine Schwefelsäure von 49—51° Bé und an zweiter Stelle Natronlauge der üblichen Stärke und unter den üblichen Bedingungen verwendet werden soll, und zwar auch ohne Spannung. Dagegen sollen bei beiden Verfahren die gleichen Effekte erzielt werden.

F.P. 519 745. Verfahren, um die Durchsichtigkeit und den Glanz von baumwollenen Geweben zu erhöhen. Lefebvre-Horrent, Frankreich (vgl. Kap. XII).

Es hat sich als zweckmäßig herausgestellt, der zur Erzielung von Pergamenteffekten auf Baumwolle verwendeten Schwefelsäure, wenn man sie in einer Konzentration von 60° Bé zur Anwendung bringen will, zwecks Schonung der Faser Glycerin zuzusetzen. Man verwendet für dieses Verfahren baumwollene, vorher gebleichte Gewebe, z. B. Musselin, und eine Schwefelsäure von 50 bis 60° Bé. Vor der Behandlung nach dem vorliegenden Verfahren soll man das Gewebe mercerisieren. Die Glycerin-Schwefelsäure soll bei 0—10° C möglichst schnell und wiederholt mit Walzen aufgetragen werden.

F.P. 563 734. Verfahren zur Behandlung von Baumwolle. Textilwerke Horn, Schweiz (vgl. Kap. XII).

Man soll die Konzentration der Schwefelsäure zur Erzielung von Transparenzeffekten auf Baumwolle bedeutend steigern können, wenn man der Schwefelsäure Ammoniumsalze, insbesondere Ammoniumsulfat zusetzt. Es sind für diese Zwecke folgende Mischungen vorgeschlagen worden: 69 vH Schwefelsäure, 5 vH Ammoniumsulfat und 26 vH Wasser, oder 72 vH Schwefelsäure, 10 vH Ammoniumsulfat und 18 vH Wasser, oder 82 vH Schwefelsäure, 12 vH Ammoniumsulfat und 6 vH Wasser. Diese Lösungen soll man 5—10 Sekunden bei 10—18° C oder entsprechend länger bei tiefen Temperaturen anwenden. Um mit diesen Lösungen transparente weiche Stoffe zu erlangen, soll man sie vor der beschriebenen Behandlung mit Schwefelsäure bleichen, mercerisieren und dann unter Spannung trocknen. Man kann den Transparenzeffekt auch dadurch erhöhen, daß man nach der Schwefelsäurebehandlung das Gewebe mit einer Natronlauge wechselnder Konzentration, z. B. 28° Bé, behandelt. Hierauf wird gespült und unter Spannung getrocknet. Schließlich kann man hinter dieser Mercerisation noch eine Behandlung mit Schwefelsäure, wie eingangs erläutert, einschalten und unter Spannung trocknen, wenn man einen erhöhten Transparenzeffekt mit großer Weichheit erzielen will.

XIV. Mercerisation mit anderen Chemikalien.

Man darf den Ausdruck Mercerisation in diesem Kapitel nur sinngemäß auslegen, d. h. als Verfahren zur Erzeugung von Glanz o. a. auf Baumwollfasern deuten, und zwar unter Zuhilfenahme auch anderer als der bisher besprochenen Chemikalien. Die Glanzerzeugung der sogenannten Mercerisation besteht nach der am meisten vertretenen Ansicht auf einer Hydratisierung, d. h. einer Veränderung der Oberfläche der Baumwollfaser. Man kann derartige Veränderungen auch durch oberflächlich verlaufende chemische Umwandlungen der Baumwollfaser oder durch mechanische Ablagerung von Cellulose oder Seide u. dgl. in und auf der Faser erreichen, wobei gleichzeitig eine Umwandlung der Baumwollfaser durch Hydratisierung oder auch auf chemischem Wege Hand in Hand gehen kann. Man hat die Baumwolle oberflächlich in den Ester der Xanthogensäure (Viscose) übergeführt, sie mit Kupferoxydammoniak behandelt oder veräthert bzw. verestert. Verwendet wurden bei Gegenwart von Alkali, Monohalogenfettsäuren, Halohydrine, chlorierte Kohlenwasserstoffe, Dialkylsulfat, Säurechloride der aromatischen Reihe und anorganische Säurechloride, Phosphorchloride u. a. m.

Zur oberflächlichen Behandlung wurden benutzt Cellulose-Thiourethane, Cellulose gelöst in Kupferoxydammoniak oder in Chlorzink auch unter nachfolgender Mercerisation. Interessant ist, daß man erst in neuerer Zeit Cellulose in starker Salpetersäure gelöst angewendet hat (vgl. Kap. XII), und daß gelöste Seide bereits vor 30 Jahren auf mercerisierte Baumwolle aufgebracht worden ist (E.P. 18 119/1890). Durch diese Zusammenstellung ist der Inhalt des nachfolgenden Kapitels keineswegs erschöpft.

D.R.P. 115 856, Kl. 8. Erste Österreichische Sodafabrik in Hruschau. Verfahren zur Überführung von Pflanzenfaserstoffen, insbesondere Baumwollgeweben in ein pergamentartiges Produkt. Vom 22. Oktober 1899.

Bekanntlich läßt sich die Cellulose durch Behandeln mit Natronlauge und Schwefelkohlenstoff in eine lösliche Modifikation (Viscose) überführen, welcher die Formel eines Xanthogenates zugeschrieben wird. Aus dieser Modifikation kann die Cellulose durch Behandeln mit Säuren oder durch Trocknen wieder in wenig veränderter Form abgeschieden werden, allein die so regenerierte Cellulose besitzt den Nachteil geringer Festigkeit und Wasserbeständigkeit.

Durch das den Gegenstand der vorliegenden Erfindung bildende neue Verfahren zur Überführung von Cellulose bzw. von Baumwollgeweben in Produkte von pergament- oder celluloidartiger Beschaffenheit, welches Verfahren auf der Umwandlung der Cellulose in Viscose beruht, werden nun die den bisher erzielbaren Produkten genannter Art anhaftenden Nachteile beseitigt.

Behufs praktischer Durchführung des neuen Verfahrens wird das zu verarbeitende Baumwollgewebe (Kattun) zunächst mit Natronlauge (25 vH) energisch durchgearbeitet, sodann ausgepreßt und einige Zeit (etwa 3 Tage) in einem geschlossenen Behälter sich selbst überlassen. Nach Ablauf dieser Zeit läßt man das Gewebe so lange in einer Atmosphäre von Schwefelkohlenstoffdämpfen hängen, bis es eine gelbbraune Färbung angenommen hat und, gegen das Licht gehalten, in eine durchscheinende Masse verwandelt erscheint. Nunmehr wird das Gewebe durch Wasser hindurchgeführt, wobei es aufquillt, ohne jedoch seine Struktur zu verlieren, und sodann getrocknet. Das Trocknen erfolgt zuerst bei gewöhnlicher Temperatur, vorteilhaft auf Platten, dann wird das Gewebe von diesen abgelöst und einer Trocknung bei 100° C unterzogen, wobei Schrumpfung und Braunfärbung eintritt.

Das in diesem Stadium harte und brüchige Gewebe wird nun in eine vorteilhaft 5proz. Essigsäurelösung gebracht, mehrere Stunden in derselben belassen und dann ausgewaschen, bis sowohl das Waschwasser, als auch das nach dieser Behandlung wieder dehnbar gewordene Gewebe neutral reagiert.

Nach abermaligem Trocknen stellt das erhaltene Produkt eine
äußerst feste, durchscheinende Masse dar, welche die Eigenschaft
besitzt, beim Erwärmen auf 100° C bildsam zu werden bzw. zu
erweichen und durch Pressen zwischen gemusterten Platten, Walzen usw. mit bleibenden Musterungen beliebiger bekannter Art
versehen werden zu können. Überdies läßt sich die genannte
Masse mittels Chlorkalk vollständig bleichen und in der Kälte oder
Siedehitze in jeder gewünschten Weise färben.

Im Hinblick auf diese wertvollen Eigenschaften kann das mit
Hilfe des beschriebenen Verfahrens hergestellte Produkt vielfach
als Ersatz für Celluloid, Pergament, Guttapercha, Kautschuk u. dgl.
Verwendung finden.

Patentanspruch: Verfahren zur Herstellung eines celluloid-
oder pergamentartigen, als Ersatz für Pergament, Celluloid, Guttapercha, Kautschuk u. dgl. verwendbaren Produktes aus Cellulose,
insbesondere aus Baumwollgeweben beliebiger Art, wie Kattun,
dadurch gekennzeichnet, daß das Gewebe nach Patent 70 999
mit Natronlauge und Schwefelkohlenstoff — welch letzterer jedoch
anstatt flüssig in Dampfform angewendet wird — behandelt und
das dadurch in ein gelbbraunes, durchscheinendes Produkt übergeführte Gewebe durch Wasser bewegt wird, worauf es zuerst bei
gewöhnlicher Temperatur und dann bei etwa 100° C getrocknet
und das so erhaltene harte, brüchige Material durch Einbringen
in eine vorteilhaft 5proz. Essigsäurelösung wieder dehnbar gemacht, schließlich ausgewaschen und abermals getrocknet wird.

D.R.P. 116 590, Kl. 8. Antoine Boyeux, Louis Francois
Humbert und Antoine Sanlaville in Lyon. Verfahren
zum Dichten von Geweben, welche zur Herstellung von
Laufmänteln für Fahrräder usw. dienen. Vom 26. Oktober 1899.

Durch das vorliegende Verfahren wird bezweckt, das Gewebe,
aus welchem die Laufmäntel der Fahrräder, Motorwagen u. dgl.
Gefährte bestehen, undurchdringlich für die spitzen, scharfen Kör-
perchen (Nägel, Dorne, Glasscherben usw.) zu machen, welche auf
der Fahrstraße vorkommen. Das Verfahren kann sich entweder
auf das fertige Gewebe oder auf das Garn erstrecken, aus welchem
dasselbe zu fertigen ist.

Bei der Herstellung des Gewebes wird darauf Bedacht genommen, es möglichst dicht zu machen. Zu diesem Zwecke erfolgt die
Herstellung unter festem Anschlage der Lade.

Ist das Gewebe aus Baumwolle, so beginnt das Verfahren damit,
daß das Gewebe mercerisiert wird, um seine Dichtheit zu erhöhen.

Hierauf wird das Gewebe mit einer Lösung mit Bleiacetat getränkt und dann in ein Bad gebracht, welches mit Schwefelsäure angesäuert ist, wodurch sich auf die Fasern des Gewebes Bleisulfat niederschlägt. Dann wird das Gewebe getrocknet und gestreckt und, wenn nötig, gebügelt und kalandert. Alsdann wird es in ein Bad gebracht, welches aus einer Lösung von Kautschuk in Benzin (etwa 100 g Kautschuk auf 1 l Benzin) besteht, welchem in größerer Menge Blei- oder Zinkoxyd zugesetzt wird.

Hierauf wird das Gewebe nochmals getrocknet und darauf schließlich mittels eines Bausches gepulvertes Bleiweiß oder Bariumsulfat aufgetragen, um die Poren des Stoffes zu verstopfen.

Wird statt des fertigen Gewebes das Garn behandelt, so geschieht dies in gleicher Weise, nur wird dann auf das Strecken, Bügeln und Kalandern des Gewebes besondere Sorgfalt verwendet.

Handelt es sich um Gewebe oder Garne aus Seide, so unterbleibt das Mercerisieren und statt dessen wird der Stoff wiederholt in ein Bad von Zinnchlorür eingetaucht; alle anderen Operationen bleiben die gleichen wie vorhin.

Besteht der Stoff aus Tussahseide oder Wolle, so ist weder das Mercerisieren noch das Behandeln mit Zinnchlorür nötig, alle anderen Operationen bleiben bestehen.

Die so zugerichteten Gewebe werden in Streifen geschnitten und diese in mehrere Lagen übereinander genäht oder geklebt, um Laufmäntel für Fahrräder usw. aus ihnen zu bilden.

Das Bad, in welches das, wie oben erwähnt, mit Bleiacetat getränkte Gewebe eingebracht wird, kann anstatt mit Schwefelsäure mit einer anderen Säure angesäuert werden, welche gleichfalls geeignet ist, aus der Bleiacetatlösung ein unlösliches Salz niederzuschlagen.

Patentansprüche: 1. Verfahren zum Dichten von Geweben, welche zur Herstellung von Laufmänteln für Fahrräder usw. dienen, dadurch gekennzeichnet, daß entweder auf das baumwollene Gewebe selbst oder auf das zu verwebende Garn nach vorangegangener Mercerisierung durch Tränken mit Bleiacetat und Einbringen in ein angesäuertes Bad ein unlösliches Bleisalz niedergeschlagen wird.

2. Eine für Gewebe oder Garn aus Seide bestimmte Abänderung des Verfahrens nach Anspruch 1, dadurch gekennzeichnet, daß das Mercerisieren durch eine Behandlung des Stoffes mit Zinnchlorürlösung ersetzt wird.

D.R.P. 129 883, Kl. 8. Thomas & Prevost in Krefeld. Verfahren zur Erzeugung von haltbarem Appret auf vegetabilischen Faserstoffen mittels gelatinierend wirkender Mittel und Mercerisieren unter Spannung. Vom 3. Februar 1900. (Vgl. Kap. X.)

Patentansprüche: 1. Verfahren zur Erzeugung von haltbarem Appret auf vegetabilischen Faserstoffen, dadurch gekennzeichnet, daß man auf die Fasern lösende oder gelatinierende Mittel, insbesondere konzentrierte Schwefelsäure, Kupferoxydammoniak, Alkalilauge und Kupfersalzammoniak, Alkalilauge und Schwefelkohlenstoff, Chlorzinklösung, konzentrierte Salpetersäure (besonders in der Kälte), stark abgekühlte konzentrierte Salzsäure u. dgl., einwirken läßt und dadurch die Faserstoffe oberflächlich gelatiniert, worauf man sie unter Anwendung von Spannung mercerisiert.

2. Bei dem unter 1 beanspruchten Verfahren, die Erhöhung des Apprets durch mehr oder weniger starkes Einschrumpfenlassen der vegetabilischen Faserstoffe in dem Gelatinierungs- oder Mercerisierungsmittel vor der Anwendung der Spannung.

3. Bei dem unter 1 und 2 beanspruchten Verfahren, das energische Bleichen der vegetabilischen Faserstoffe vor der Behandlung mit Gelatinierungsmitteln, zwecks Erhöhung des Apprets.

D.R.P. 181 466, Kl. 8. James Henry Ashwell in Forest Nottingham, England. Verfahren zur Behandlung von Garnen und anderen aus Zellstoff bestehenden Faserstoffen. Vom 28. Juni 1902.

Vorliegende Erfindung bezieht sich auf die Behandlung von Baumwollgarnen, um dessen Aussehen und Güte zu erhöhen. Doch kann dasselbe Verfahren auch auf Garn aus anderen Pflanzenfasern wie Flachs, Rhea, Hanf u. dgl. angewendet werden, wobei es sich als vorteilhaft gezeigt hat, wenn man diese Garne in ungebleichtem Zustande behandelt.

Es sind schon verschiedene Verfahren bekannt geworden, Garne aus Zellstoffasern durch zweckmäßige Behandlung zu verbessern; dahin gehört auch das Mercerisieren. In neuerer Zeit ist ein weiteres Verfahren bekannt geworden, Garn nach vorheriger Behandlung mit Alkali zu gelatinieren, etwa durch Schwefelkohlenstoff, und dann zu mercerisieren (vgl. die Patentschrift 129 883). Dabei zeigte sich indes, daß das so gewonnene Garn unbrauchbar war, da es nicht nur unansehnlich wurde, sondern auch seine Festigkeit verlor. Im wesentlichen beruhte dies darauf, daß das durch die Behandlung mit Schwefelkohlenstoff in eine gummiartige Zellstoff-Schwefelkohlenstoffverbindung übergeführte Garn durch das nachfolgende Mercerisieren zerstört wurde.

Alle diese Nachteile werden durch das vorliegende Verfahren beseitigt, dessen Anwendung ein Garn ergibt, das weder in seinem Aussehen noch in seiner Güte etwas zu wünschen übrig läßt. Es ist glänzender, feiner und stärker als vor seiner Behandlung.

Auch nach dem vorliegenden Verfahren wird das Garn in bekannter Weise mit Alkali und dann mit Schwefelkohlenstoff behandelt. Neu aber ist, daß das in bekannter Weise in gespanntem Zustande (durch Schwefelkohlenstoff) gelatinierte Garn getrocknet und schließlich in einer Salzlösung gekocht wird, um in Zellstoff zurückverwandelt zu werden. Dabei muß eine bestimmte Reihenfolge des Verfahrens innegehalten werden, um den gewünschten Erfolg zu erzielen.

Das Verfahren wird wie folgt ausgeführt:

Das feuchte Garn wird etwa 2 Stunden lang in einem Bade von Natron- oder Kalilauge von 1,15—1,30 spez. Gew. behandelt, dann von der überschüssigen Feuchtigkeit am besten mittels einer Schleudermaschine befreit und in Strähnen aufgespannt.

Dazu wird das Garn zweckmäßigerweise auf mit Glasemaille versehene Rollen gebracht und dann der Einwirkung des Schwefelkohlenstoffs etwa 2—5 Stunden lang bei 32—49° C ausgesetzt, bis es gelatiniert ist. Nach Entfernung des Schwefelkohlenstoffs wird das Garn durch einen heißen Luftstrom getrocknet und dann etwa 1 Stunde lang in einer Kochsalz- oder Natriumsulfatlösung oder einem Gemisch beider Salze gekocht und schließlich gewaschen und getrocknet.

Die Zeitdauer der einzelnen Vorgänge und die Mischungsverhältnisse können je nach der Art des Garnes, das man zu erhalten wünscht, geändert werden.

Patentanspruch: Verfahren zur Behandlung von Garnen und anderen aus Zellstoff bestehenden Faserstoffen, dadurch gekennzeichnet, daß die betreffenden Faserstoffe in feuchtem Zustande der Behandlung mit Natronlauge, darauf unter Spannung der Einwirkung von Schwefelkohlenstoff in bekannter Weise unterworfen werden und schließlich nach gleichfalls unter Spannung erfolgtem Trocknen behufs Rückbildung des Zellstoffs in Kochsalz-, Natriumsulfat- oder dergleichen Lösungen gekocht werden.

D.R.P. 425 330, Kl. 8. Dr. Leon Lilienfeld in Wien. Verfahren zum Veredeln von Baumwolle. Vom 3. Mai 1924.

Es sind Verfahren bekannt, vegetabilische Faserstoffe wie Baumwollgewebe u. dgl. mit Alkalilauge und Schwefelkohlenstoff zu behandeln, teils um diese Stoffe in ein pergamentartiges Produkt überzuführen, um ihnen einen haltbaren Appret zu geben.

Diese Verfahren bestehen darin, daß man die Faserstoffe, insbesondere Gewebe, mit starker Alkalilauge behandelt und dann der Einwirkung von Schwefelkohlenstoff in Dampfform aussetzt, oder darin, daß man das Arbeitsgut vorerst mit konzentrierter Alkalilauge, dann mit Schwefelkohlenstoff behandelt und schließlich unter Spannung mercerisiert.

Es wurde die Beobachtung gemacht, daß man der Baumwolle in Strang- oder Gewebeform sehr wertvolle Eigenschaften verleiht, wenn man sie, ohne sie in Alkalicellulose überzuführen, gleichzeitig mit unverdünnten oder mit geeigneten Verdünnungsmitteln (z. B. Benzol, Chloroform, Benzin, Petroläther, Ligroin, Tetrachlorkohlenstoff od. dgl.), verdünntem Schwefelkohlenstoff und Alkalilauge behandelt. Dies kann entweder so geschehen, daß man die Baumwolle bzw. das aus ihr bestehende oder sie enthaltende Material mit verdünntem oder unverdünntem Schwefelkohlenstoff tränkt und dann mit Alkalilauge behandelt, oder so, daß man das Baumwollmaterial der Einwirkung von Alkalilauge aussetzt, welche vor oder nach Einbringung der Baumwolle einen Schwefelkohlenstoffzusatz erhalten hat bzw. erhält.

Je nach der besonderen Art des Baumwollmaterials und der Dauer der Schwefelkohlenstoffeinwirkung in Gegenwart der Alkalilauge erzielt man nach dem vorliegenden Verfahren entweder hochtransparente, hochseidenglänzende Effekte oder einen mehr oder weniger steifenden Appret oder beides.

Die Baumwolle kann in Form von Gewebe, von Garnen, in Strähnen oder Copsen oder von Ketten nach dem vorliegenden Verfahren behandelt werden.

Die Baumwolle bzw. das aus ihr bestehende oder sie enthaltende Material kann roh oder vorbehandelt (z. B. ausgekocht), benetzt oder unbenetzt, ungebleicht oder mit oxydierenden oder reduzierenden Bleichmitteln gebleicht, mercerisiert oder nicht mercerisiert dem vorliegenden Verfahren zugeführt werden.

Sie kann auch mit einem hydrolisierenden bzw. gelatinierenden Mittel (z. B. einer starken Mineralsäure, wie Schwefelsäure von 49 bis 60° Bé, oder Phosphorsäure von 55—57° Bé oder darüber, oder Salzsäure von 24° Bé, oder Salpetersäure von 43—46° Bé oder darüber, oder heißer Chlorzinklösung von 60° Bé, oder einer Kupferoxydammoniaklösung höherer Konzentration) vorbehandelt sein.

Durch Reservieren gewisser Stellen nach einer bekannten Methode (z. B. durch Aufdruck hierzu geeigneter Stoffe wie Albumin, Gummi, Säuren u. dgl.) können nach dem vorliegenden Verfahren gemusterte Effekte erzielt werden.

Dem vorliegenden Verfahren können auch gemischte, d. h. aus

vegetabilischen und animalischen Fasern zusammengesetzte Waren unterzogen werden.

Bei entsprechender Wahl der Arbeitsbedingungen erzielt man nach dem vorliegenden Verfahren Seideneffekte, welche die nach den üblichen Mercerisierungsmethoden erzielten übertreffen.

Für die Erzielung des Seidenglanzes ist Streckung der Ware wesentlich. Nicht ausschlaggebend ist, ob die Spannung vor oder nach der Behandlung mit Alkalilauge in Gegenwart von Schwefelkohlenstoff vorgenommen wird. (Das D.R.P. enthält noch weitere Angaben.)

Patentansprüche: 1. Verfahren zum Veredeln von Baumwolle durch Behandlung mit Alkalilauge und Schwefelkohlenstoff, dadurch gekennzeichnet, daß die Baumwolle ohne vorherige Überführung in Alkalicellulose gleichzeitig mit Schwefelkohlenstoff und Alkalilauge behandelt wird.

2. Ausführungsform des Verfahrens nach Anspruch 1, dadurch gekennzeichnet, daß die Baumwolle vorerst mit Schwefelkohlenstoff und dann mit Alkalilauge behandelt wird.

3. Ausführungsform des Verfahrens nach Anspruch 1, dadurch gekennzeichnet, daß die Baumwolle mit einer Mischung von Alkalilauge und Schwefelkohlenstoff behandelt wird.

4. Ausführungsform des Verfahrens nach Anspruch 1—3, dadurch gekennzeichnet, daß die Baumwolle mit mercerisierenden Mitteln (z. B. starker Alkalilauge) oder mit oxydierenden oder reduzierenden Bleichmitteln oder mit hydrolisierenden Mitteln, z. B. einer starken Mineralsäure, vorbehandelt wird.

D.R.P. 441 526, Kl. 8. Julius Huebner in Stockport, England. Textilveredelungsverfahren. Vom 12. Juli 1924.

Die Textilveredelung mit Kupferoxydammoniak wird bereits in der Weise ausgeführt, daß zuerst die Oberfläche der Pflanzenfasern oder daraus hergestellten Stoffe durch Behandlung mit Kupferoxydammoniak teilweise aufgelöst und gelatiniert wird, worauf die Fasern oder Stoffe nach Entfernung des Kupfers in bekannter Weise mercerisiert werden.

Nach dem neuen Veredelungsverfahren wird der Textilstoff mit einer Lösung von Cellulose in Kupferoxydammoniak behandelt und die niedergeschlagene Cellulose dauernd auf den Fasern fixiert, was durch ein Übermaß an Kupfer in der Celluloselösung erreicht wird. Der so behandelte Stoff wird dann vor oder nach der Entfernung des Kupfers einer einmaligen Mercerisation oder statt dessen einer Behandlung mit Säure unterworfen.

Das neue Verfahren ist ferner dadurch gekennzeichnet, daß zur

Erzielung bleibender Kräusel- oder Kreppeffekte einige Behandlungsvorgänge ohne jede Spannung oder mit geregelter Spannung durchgeführt werden.

Der gemäß der Erfindung durch einmalige Mercerisierung oder Säurebehandlung erzielte Transparent- oder Seidenglanzeffekt ist bedeutender, als wenn man bloß die Fasern oder Stoffe mittels Kupferoxydammoniak od. dgl. gelatiniert und darauf wiederholt mercerisiert.

Der zu veredelnde Stoff kann, falls erforderlich, ausgewaschen, gebleicht, gebeizt oder gefärbt oder auch vor der Anwendung der Zellstofflösung einer zweckentsprechenden Behandlung unterworfen werden. Ferner können weiße oder gefärbte Schutzbeizen in Anwendung kommen, um die Wirkung der Zellstofflösung und bzw. oder des mercerisierenden Mittels, Beiz- oder Färbemittels, auf bestimmte Teile des Gewebes zu beschränken.

Die Zellstofflösung kann auf den Stoff durch Aufklotzen, Drukken, Schablonieren oder auf irgendeine andere geeignete Weise aufgebracht werden.

Bei der Zubereitung der Zellstofflösung in ammoniakalischem Kupferoxyd kann Baumwolle oder irgendein anderer Zellstoff verwendet werden, wobei das Kupferoxyd nach irgendeinem geeigneten Verfahren gewonnen wird. Die Lösung kann voll oder auch nur teilweise mit Zellstoff gesättigt sein. Mit teilweise gesättigter Lösung werden bessere Wirkungen erzielt. Abhängig von den Sättigungsgraden der Lösung und daher der Menge des freien Kupfers in derselben werden große Verschiedenheiten in den Wirkungen erzielt. Bei bestimmten Sättigungsgraden, z. B. $1\,^1/_2$—2 vH Zellstoff in einer Lösung von ammoniakalischem Kupferoxyd, die ungefähr 30 g Kupfer auf 1000 ccm Lösung enthält, besitzt diese genügend Kupfer, um nicht nur die innige Verbindung des Zellstoffs mit dem Webstoff zu erzielen und den Zellstoffniederschlag dauernd zu fixieren, sondern auch um ein Durchscheinen oder dauerndes Zusammenziehen oder Schrumpfen der mit Zellstofflösung behandelten Stoffteile zu bewirken, wenn die darauf folgende Mercerisation mit oder ohne Spannung erfolgt. Andererseits genügt bei höheren Sättigungsgraden, beispielsweise ungefähr 4 vH Zellstoff, der Betrag an vorhandenem Kupfer, um die innige Bindung oder das Zusammenschließen der Zellstoffhaut und des Webstoffes zu bewirken; die Zellstoffhaut erzeugt hierbei eine hochglänzende, seidenartige, nicht durchscheinende Wirkung. Kann die Zellstoffhaut sich während einer oder mehrerer der aufeinanderfolgenden Behandlungen zusammenziehen, so werden bleibende, hochglänzende Kräusel- oder Kreppwirkungen hervorgerufen. Mit zunehmender Dicke der auf die Ware aufgebrachten Zellstoffhaut nehmen die Wirkungen ab.

Folgende Beispiele sollen die praktische Ausführung der Erfindung näher veranschaulichen:

Baumwoll- oder baumwollhaltiges Zeug, das gegebenenfalls in vorstehend angegebener Weise vorbehandelt ist, wird mit einer $1^1/_2$—2proz. Lösung von Zellstoff (gebleichter Baumwolle) in ammoniakalischem Kupferoxyd aufgeklotzt. Die Ware wird dann, vorzugsweise ohne Trocknen, im Sauerbade vorzugsweise mit Salzsäure von ungefähr 2° Tw behandelt, weiter gewaschen und mit kaustischer Soda mit oder ohne Spannung mercerisiert; sodann wieder gewaschen, gesäuert, durch die Tuchpresse geführt und dann getrocknet. Die Ware kann auch abweichend nur einmal, nachdem sie mercerisiert wurde, gesäuert werden. In jedem Falle ändert sich der „Griff“ der Ware für die Dauer. Er wird kreppartig, und die Ware selbst mehr durchscheinend.

Patentansprüche: 1. Textilveredelungsverfahren unter Anwendung von Kupferoxydammoniak, dadurch gekennzeichnet, daß der Stoff mit einer Lösung von Cellulose in Kupferoxydammoniak behandelt und dann vor oder nach der Entfernung des Kupfers einer einmaligen Mercerisation unterworfen wird.

2. Verfahren nach Anspruch 1, dadurch gekennzeichnet, daß an Stelle der Mercerisation eine Behandlung mit Säuren beispielsweise Salz- oder Schwefelsäure, erfolgt.

3. Verfahren nach Anspruch 1, dadurch gekennzeichnet, daß zur Erzielung bleibender Kräusel- oder Kreppeffekte einige Behandlungsvorgänge ohne jede Spannung durchgeführt werden.

Ö.P. 101 300, Kl. 8. Dr. Leon Lilienfeld in Wien. Verfahren zum Veredeln von Baumwolle. Vom 15. Mai 1925. (E.P. 216 477.)

Es sind Verfahren bekannt, vegetabilische Faserstoffe wie Baumwollgewebe u. dgl. mit Alkalilauge und Schwefelkohlenstoff zu behandeln, teils um diese Stoffe in ein pergamentartiges Produkt überzuführen, teils um ihnen einen haltbaren Appret zu geben. Diese Verfahren bestehen darin, daß man die Faserstoffe, insbesondere Gewebe, mit starker Alkalilauge tränkt und dann der Einwirkung von Schwefelkohlenstoff in Dampfform aussetzt, oder darin, daß man das Arbeitsgut vorerst mit konzentrierter Alkalilauge, dann mit Schwefelkohlenstoff behandelt und schließlich unter Spannung mercerisiert.

Es wurde die Beobachtung gemacht, daß man der Baumwolle in Strang- und Gewebsform sehr wertvolle Eigenschaften verleiht, wenn man sie mit Alkalilauge und Schwefelkohlenstoff in der Weise behandelt, daß im Verlaufe dieser Behandlung fortwährend oder vorübergehend Temperaturen zur Verwendung gelangen, welche wesentlich $+5°$ C nicht übersteigen, z. B. Temperaturen zwischen $0°$ und $-25°$ C oder darunter.

Je nach der Natur des Baumwollmaterials und der Arbeitsweise, insbesondere der Dauer der Einwirkung des Schwefelkohlenstoffs in Gegenwart der Alkalilauge, erzielt man nach dem vorliegenden Verfahren entweder hochtransparente, hochseidenglänzende Effekte oder einen mehr oder weniger steifenden Appret oder beides.

Wesentlich für das Verfahren sind zwei Vorgänge: 1. Die Behandlung der Baumwolle mit Schwefelkohlenstoff in Gegenwart von Alkalilauge, und 2. die Einwirkung der niedrigen Temperatur in Gegenwart von Alkalilauge.

Diese zwei Operationen können getrennt oder gleichzeitig vorgenommen werden.

Die Baumwolle kann der Behandlung nach dem vorliegenden Verfahren in Form von Geweben, von Garnen, in Strähnen oder Copsen oder von Ketten unterworfen werden.

Die Baumwolle bzw. das aus ihr bestehende oder sie enthaltende Material kann roh oder vorbehandelt (z. B. ausgekocht), benetzt oder unbenetzt, ungebleicht oder mit oxydierenden oder reduzierenden Bleichmitteln gebleicht, mercerisiert oder nicht mercerisiert dem vorliegenden Verfahren zugeführt werden. Sie kann auch mit einem hydrolysierenden bzw. gelatinierenden Mittel (z. B. einer starken Mineralsäure, wie Schwefelsäure von $49-60°$ Bé oder Phosphorsäure von $55-57°$ Bé oder darüber oder Salzsäure von $24°$ Bé oder Salpetersäure von $43-46°$ Bé oder darüber oder heißer Chlorzinklösung von $60°$ Bé oder einer Kupferoxydammoniaklösung hoher Konzentration) vorbehandelt sein.

Alle bei der Mercerisierung üblichen bzw. dafür vorgeschlagenen Nebenoperationen können auch bei dem vorliegenden Verfahren zur Anwendung gelangen, z. B. Lüstrieren, Druck, mechanisches Schlagen u. dgl.

Durch Reservieren gewünschter Stellen nach einer bekannten Methode (z. B. durch Aufdruck hierfür geeigneter Stoffe wie Albumin, Säure od. dgl.) können nach dem vorliegenden Verfahren gemusterte Effekte erzielt werden.

Dem vorliegenden Verfahren können auch gemischte, d. h. aus vegetabilischen und animalischen Fasern zusammengesetzte Waren unterzogen werden. (Das Ö.P. enthält noch weitere Angaben.)

Patentansprüche: 1. Verfahren zum Veredeln von Baumwolle durch Behandlung mit Alkalilauge und Schwefelkohlenstoff, gekennzeichnet durch fortwährende oder vorübergehende Anwendung von Temperaturen, welche wesentlich $+5°$ C nicht übersteigen, z. B. von Temperaturen zwischen $0°$ und $-25°$ C oder darunter.

2. Ausführungsform des Verfahrens nach Anspruch 1, dadurch gekennzeichnet, daß die Behandlung der Baumwolle mit Schwefelkohlenstoff in Gegenwart von Alkalilauge bei $0°$ übersteigende Temperaturen, z. B. bei Zimmertemperaturen oder darüber, wie bei $+30-50°$ C erfolgt und daß die so behandelte Baumwolle dann bei An- oder Abwesenheit von Schwefelkohlenstoff der Einwirkung von Alkalilauge bei Temperaturen ausgesetzt wird, welche wesentlich $+5°$ C nicht übersteigen, z. B. bei $0°$ bis $-25°$ C oder darunter.

3. Ausführungsform des Verfahrens nach Anspruch 1 und 2, dadurch gekennzeichnet, daß man Baumwolle vorerst mit, gegebenenfalls verdünntem, Schwefelkohlenstoff behandelt, dann mit Alkalilauge bei Temperaturen über $0°$, z. B. bei Zimmertemperatur oder darüber, wie bei $+30-50°$ C behandelt und schließlich bei Anwesenheit von Alkalilauge und bei An- oder Abwesenheit von Schwefelkohlenstoff der Einwirkungen von Temperaturen aussetzt, welche wesentlich $+5°$ C nicht übersteigen, z. B. von $0°$ bis $-25°$ C oder darunter.

4. Ausführungsform des Verfahrens nach Anspruch 1 oder 2 oder 3, dadurch gekennzeichnet, daß man Baumwolle zuerst mit, gegebenenfalls verdünntem, Schwefelkohlenstoff behandelt und dann mit Alkalilauge bei Temperaturen behandelt, welche wesentlich $+5°$ C nicht übersteigen, z. B. bei $0°$ bis $-25°$ C oder darunter.

5. Ausführungsform des Verfahrens nach Anspruch 1 oder 2 oder 3, dadurch gekennzeichnet, daß man Baumwolle mit Alkalilauge, welche einen Zusatz von Schwefelkohlenstoff enthält, teilweise oder ganz bei Temperaturen behandelt, welche wesentlich $+5°$ C nicht übersteigen, z. B. bei $0°$ bis $-25°$ C oder darunter.

6. Ausführungsform des Verfahrens nach Anspruch 1 oder 2 oder 3, dadurch gekennzeichnet, daß man Baumwolle mit starker Alkalilauge tränkt, gegebenenfalls den Überschuß der Lauge entfernt, dann mit Schwefelkohlenstoff in flüssiger oder Dampfform behandelt und schließlich der Einwirkung von Alkalilauge bei Temperaturen aussetzt, welche wesentlich $+5°$ C nicht übersteigen, z. B. von Temperaturen zwischen $0°$ und $-25°$ C oder darunter.

7. Ausführungsform des Verfahrens nach Anspruch 1 oder 2 oder 3 oder 6, dadurch gekennzeichnet, daß man Baumwolle mit starker Alkalilauge tränkt, gegebenenfalls den Überschuß der Lauge entfernt und dann mit einer Mischung von Alkalilauge mit Schwefelkohlenstoff teilweise oder ganz bei Temperaturen behandelt, welche $+5°$ C nicht übersteigen, z. B. bei $0°$ bis $-25°$ C oder darunter.

8. Ausführungsform des Verfahrens nach Anspruch 1—7, dadurch gekennzeichnet, daß man der Alkalilauge, mit der die Baumwolle bei tiefen Temperaturen behandelt wird, eine Substanz aus der Cellulosegruppe, z. B. Cellulose oder in Gegenwart von Wasser gemahlene Cellulose oder mercerisierte Cellulose oder ein Cellulosehydrat vor oder während der Wirkung der niedrigen Temperaturen zusetzt.

9. Ausführungsform des Verfahrens nach Anspruch 1—8, dadurch gekennzeichnet, daß die Baumwolle mit mercerisierenden Mitteln (z. B. starker Alkalilauge) oder mit oxydierenden oder reduzierenden Bleichmitteln oder mit hydrolysierenden Mitteln, z. B. einer starken Mineralsäure, vorbehandelt wird.

10. Ausführungsform des Verfahrens nach Anspruch 1—9, dadurch gekennzeichnet, daß die Kältebehandlung bei Anwesenheit verdünnter Alkalilauge, z. B. einer 15 vH nicht übersteigenden Natronlauge, stattfindet und bis zur beginnenden oder gänzlichen Krystallisierung oder Frierung der Alkalilauge geführt wird.

Ö. P. 105 039, Kl. 8.   Dr. Leon Lilienfeld in Wien. Verfahren zum Veredeln vegetabilischer Textilfaserstoffe. Vom 4. April 1924.   (E. P. 231 803, F. P. 596 421.)

Die Erfindung betrifft ein neues Verfahren zum Veredeln pflanzlicher Textilfaserstoffe.

Es wurde gefunden, daß Gewebe und Gespinste vegetabilischen Ursprungs sehr wertvolle Eigenschaften erlangen, wenn man sie der Einwirkung von Monohalogenfettsäuren in Gegenwart von Alkalien aussetzt.

Die Wirkungen dieses Verfahrens sind: entweder hohe Transparenz und seidenartiger Glanz von einer bisher unerreichten Brillanz oder ein mehr oder weniger steifender Appret oder beides: Glanz und Appret.

Welcher dieser Effekte erzielt wird, hängt zum Teil von der Konzentration und den Mengenverhältnissen der Reagenzien, zum Teil von deren Einwirkungsdauer, zum Teil von den Temperaturen, zum Teil von der Natur und Vorbehandlung des Faserstoffes und zum Teil davon ab, ob und in welchem Stadium des Verfahrens Streckung des behandelten Materials zur Anwendung kommt.

Das Verfahren besteht darin, daß man aus einem pflanzlichen Faserstoff, insbesondere Baumwolle, bestehendes oder einen solchen Faserstoff enthaltendes Gespinst oder Gewebe mit Monohalogenfettsäuren oder deren Salzen oder Derivaten (z. B. Estern) in Gegenwart von Alkalien behandelt. Man kann die Alkalien und

Halogenfettsäuren gleichzeitig oder in beliebiger Reihenfolge nacheinander auf das Gespinst oder Gewebe einwirken lassen.

Als Alkalien kommen in erster Linie die Ätzalkalien in Betracht. Aber auch mit Alkalisulfiden erzielt man, wenn auch untergeordnete, Effekte.

Alle vegetabilischen Faserstoffe, wie Leinen, Flachs, Hanf, Ramie, Jute und insbesondere Baumwolle in Gestalt von rein pflanzlichen (z. B. rein baumwollenen) oder gemischten Geweben oder in Form von Garnen in Strähnen oder Copsen oder von Ketten können mit Erfolg nach dem vorliegenden Verfahren behandelt werden.

Das aus der Pflanzenfaser bestehende oder sie enthaltende Textilmaterial kann roh oder vorbehandelt (z. B. ausgekocht oder mit Sodalösung oder verdünntem Alkali oder beiden unter Druck erhitzt), benetzt oder unbenetzt, entfettet oder nicht entfettet, ungebleicht oder mit oxydierenden oder reduzierenden Bleichmitteln gebleicht, mercerisiert oder nicht mercerisiert, dem vorliegenden Verfahren zugeführt werden. Es kann auch in bekannter Weise mit einem hydrolysierenden bzw. gelatinierenden Mittel (z. B. einer starken Mineralsäure, wie Schwefelsäure von 49 bis 60° Bé oder Phosphorsäure von 55—57° Bé oder Salzsäure von 24° Bé oder Salpetersäure von 43—46° Bé oder darüber oder einer Kupferoxydammoniaklösung oder mit einer kalten oder heißen Lösung von Calciumthiocyanat bzw. einem anderen Thiocyanat) vorpräpariert sein. Die Vorbehandlung kann auch aus einer Kombination zweier oder mehrerer dieser Methoden bestehen.

Vorliegende Erfindung gewährt großen Spielraum in bezug auf die Arbeitsbedingungen. Sie soll daher an die Einzelheiten der nachstehend gegebenen Schilderung ihrer praktischen Ausübung nicht gebunden sein.

Als Beispiele werden folgende Ausführungsformen des Verfahrens angeführt: die erste besteht darin, daß das Gespinst oder Gewebe vorerst mit Alkalilösung behandelt und dann der Einwirkung einer Monohalogenfettsäure, z. B. Monochloressigsäure, ausgesetzt wird. Die Zufuhr der Alkalilauge zum Textilfaserstoff kann auf verschiedene Weise erfolgen, z. B. durch Eintauchen oder Tränken mit einem kleinen oder großen Überschuß an Lauge oder durch Eintauchen oder Tränken und Entfernung der überschüssigen Alkalilösung durch Ausquetschen, Abschleudern od. dgl., oder durch Imprägnieren auf einem Imprägnierungsfoulard oder Jigger od. dgl., oder durch Klotzen mittels glatter oder gradierter Walzen auf einer Klotz- bzw. Paddingmaschine, oder durch Auftragen mittels dicht gravierter Klotzwalzen auf einer Rouleauxmaschine, wobei man sich vorteilhaft eines geeigneten Verdickungsmittels bedient, oder durch Zerstäuben oder auf irgendeinem anderen bekannten Wege.

Als Alkalilauge kann z. B. eine 10—50proz. Natronlauge verwendet werden. Als recht geeignet haben sich Natronlaugen von 12—40 vH erwiesen.

Die Menge der dem Gespinst oder Gewebe einzuverleibenden Alkalilauge bzw. der von dem Gespinst oder Gewebe zurückzubehaltenden Alkalilauge kann innerhalb sehr weiter Grenzen variiert werden. So werden beispielsweise vorzügliche Ergebnisse mit dem Zweifachen bis Zehnfachen des Gewichtes des Textilfaserstoffes erzielt. In der Regel findet man mit dem Zwei- bis Vierfachen des Gewichtes des Textilfaserstoffes sein Auslangen.

Die Temperatur der Alkalilösung kann recht verschieden gewählt werden. Je nach der Laugenstärke bekommt man bei —10° C und bei +50° C noch brauchbare Resultate. Bei nicht zu schwachen Laugen kommt man im allgemeinen mit Zimmertemperatur aus.

Um ein tiefes Eindringen der Alkalilösung in die Faser zu erreichen und den Glanz zu erhöhen, kann man während der Laugenbehandlung das Gespinst oder Gewebe zwischen Walzen laufen lassen oder das Material auf andere Weise einem starken Druck aussetzen. Wenn gewünscht, kann die Lauge einen Zusatz von Alkohol erhalten. (Das Ö.P. enthält noch weitere Angaben.)

Patentansprüche: 1. Verfahren zum Veredeln von vegetabilischen Textilfaserstoffen, dadurch gekennzeichnet, daß man sie in Gegenwart von Alkali der Einwirkung einer Monohalogenfettsäure aussetzt.

2. Verfahren nach Anspruch 1, dadurch gekennzeichnet, daß man vegetabilische Textilfaserstoffe mit Alkalilauge behandelt und dann der Einwirkung einer Monohalogenfettsäure aussetzt.

3. Verfahren nach Anspruch 1 oder 2, dadurch gekennzeichnet, daß man vegetabilische Textilfaserstoffe mit Alkalilauge behandelt und dann stellenweise der Einwirkung einer Monohalogenfettsäure aussetzt.

4. Verfahren nach Anspruch 1 oder 2 oder 3, dadurch gekennzeichnet, daß man vegetabilische Textilfaserstoffe stellenweise mit Alkalilauge behandelt und dann der Einwirkung einer Monohalogenfettsäure aussetzt.

5. Verfahren nach Anspruch 1, dadurch gekennzeichnet, daß man vegetabilische Textilfaserstoffe mindestens stellenweise mit einer Monohalogenfettsäure zusammenbringt und dann mit Alkalilauge behandelt.

6. Verfahren nach Anspruch 1 oder 2 oder 3 oder 4 oder 5, dadurch gekennzeichnet, daß man vegetabilische Textilfaserstoffe in Gegenwart von Alkali der Einwirkung einer Monohalogenfettsäure aussetzt und dann mit einem Mittel behandelt, welches Cellulosehydroxyparaffinmonokarbonsäure zu fällen vermag.

7. Verfahren nach Anspruch 1 oder 2 oder 3 oder 4 oder 6, dadurch gekennzeichnet, daß man vegetabilische Textilfaserstoffe mit Alkalilauge behandelt, dann der Einwirkung einer Monohalogenfettsäure aussetzt und dann mit einem Mittel behandelt, welches Cellulosehydroxyparaffinmonokarbonsäuren zu fällen vermag.

Ö.P. Nr. 105 040. Dr. Leon Lilienfeld in Wien. Verfahren zum Veredeln vegetabilischer Textilfaserstoffe. Vom 4. April 1924. (F.P. 596 426.)

Vorliegende Erfindung betrifft ein neues Verfahren zum Veredeln pflanzlicher Textilfaserstoffe.

Es wurde gefunden, daß Gewebe und Gespinste vegetabilischen Ursprungs sehr wertvolle Eigenschaften erlangen, wenn man sie der Einwirkung von Halohydrinen, beispielsweise Monohalohydrinen von Polyalkoholen in Gegenwart von Alkalien aussetzt.

Die Wirkungen dieses Verfahrens sind: seidenartiger Glanz von großer Brillanz und ein gefälliger, griffiger, elastischer Appret.

Das Verfahren besteht darin, daß man ein aus einem pflanzlichen Faserstoff, insbesondere Baumwolle, bestehendes oder einen solchen Faserstoff enthaltendes Gespinst oder Gewebe mit einem Halohydrin, beispielsweise einem Monohalohydrin eines Polyalkohols in Gegenwart von Alkalien behandelt. Man kann das Alkali und Halohydrin gleichzeitig oder in beliebiger Reihenfolge nacheinander auf das Gespinst oder Gewebe einwirken lassen.

Als Alkalien kommen in erster Linie die Ätzalkalien in Betracht. Aber auch mit Alkalisulfiden erzielt man, wenn auch untergeordnete Effekte.

Alle vegetabilischen Faserstoffe, wie Leinen, Flachs, Hanf, Ramie, Jute und insbesondere Baumwolle in Gestalt von rein pflanzlichen (z. B. rein baumwollenen) oder gemischten Geweben oder in Form von Garnen in Strähnen oder Copsen oder von Ketten können mit Erfolg nach dem vorliegenden Verfahren behandelt werden.

Das aus der Pflanzenfaser bestehende oder sie enthaltende Textilmaterial kann roh oder vorbehandelt (z. B. ausgekocht oder mit Sodalösung oder verdünntem Alkali oder beiden unter Druck erhitzt), benetzt oder unbenetzt, entfettet oder nicht entfettet, ungebleicht oder mit oxydierenden oder reduzierenden Bleichmitteln gebleicht, mercerisiert oder nicht mercerisiert dem vorliegenden Verfahren zugeführt werden. Es kann auch in bekannter Weise mit einem hydrolysierenden bzw. gelatinierenden Mittel (z. B. einer starken Mineralsäure wie Schwefelsäure von 49 bis 60° Bé oder darüber oder einer Kupferoxydammoniaklösung oder mit einer kalten oder heißen Lösung von Calciumthiocyanat bzw. einem anderen Thiocyanat) vorpräpariert sein. Die Vorbehandlung kann auch aus einer Kombination zweier oder mehrerer dieser Methoden bestehen.

Vorliegende Erfindung gewährt großen Spielraum in bezug auf die Arbeitsbedingungen. Sie soll daher an die Einzelheiten der nachstehend gegebenen Schilderung ihrer praktischen Ausübung nicht gebunden sein.

Als Beispiele werden folgende Ausführungsformen des Verfahrens angeführt.

Die erste besteht darin, daß das Gespinst oder Gewebe vorerst mit Alkalilösung behandelt und dann der Einwirkung eines Halohydrins, z. B. a-Monochlorhydrin oder Äthylenchlorhydrin ausgesetzt wird. Die Zufuhr der Alkalilauge zum Textilfaserstoff kann auf verschiedene Weise erfolgen, z. B. durch Eintauchen oder Tränken und Entfernung der überschüssigen Alkalilösung durch Ausquetschen, Abschleudern od. dgl. oder durch Imprägnieren auf einem Imprägnierungsfoulard oder Jigger od. dgl. oder durch Klotzen mittels glatter oder gravierter Walzen auf einer Klotz- bzw. Paddingmaschine oder durch Auftragen mittels dicht gravierter Klotzwalzen auf einer Rouleauxmaschine, wobei man sich vorteilhaft eines geeigneten Verdickungsmittels bedient, oder durch Zerstäuben oder auf irgendeinem anderen bekannten Wege.

Als Alkalilauge kann z. B. eine 10—50 proz. Natronlauge verwendet werden. Als recht geeignet haben sich Natronlaugen von 12—40 vH erwiesen.

Die Menge der dem Gespinst oder Gewebe einzuverleibenden Alkalilauge bzw. der von dem Gespinst oder Gewebe zurückzubehaltenden Alkalilauge kann innerhalb sehr weiter Grenzen variiert werden. So werden beispielweise vorzügliche Ergebnisse mit dem Zwei- bis Zehnfachen des Gewichts des Textilfaserstoffes erzielt. In der Regel findet man mit dem Zwei- bis Vierfachen des Gewichtes des Textilfaserstoffes sein Auslangen.

Die Temperatur der Alkalilösung kann recht verschieden gewählt werden. Je nach der Laugenstärke bekommt man bei — 10° C und bei +50° C noch brauchbare Resultate. Bei nicht zu schwachen Laugen kommt man im allgemeinen mit Zimmertemperatur aus.

Um ein tiefes Eindringen der Alkalilösung in die Faser zu erreichen und den Glanz zu erhöhen, kann man während der Laugenbehandlung das Gespinst oder Gewebe zwischen Walzen laufen lassen oder das Material auf andere Weise einem starken Druck aussetzen. Wenn gewünscht, kann die Lauge einen Zusatz von Alkohol erhalten. (Das Ö.P. enthält noch andere Angaben.)

Patentansprüche: 1. Verfahren zum Veredeln von vegetabilischen Textilfaserstoffen, dadurch gekennzeichnet, daß man sie in Gegenwart von Alkali der Einwirkung eines Halohydrins, vorteilhaft eines Monohalohydrins eines Polyalkohols, aussetzt.

2. Verfahren nach Anspruch 1, dadurch gekennzeichnet, daß man vegetabilische Textilfaserstoffe mit Alkalilauge behandelt und dann der Einwirkung eines Halohydrins, vorteilhaft eines Monohalohydrins eines Polyalkohols, aussetzt.

3. Verfahren nach Anspruch 1 oder 2, dadurch gekennzeichnet, daß man vegetabilische Textilfaserstoffe mit Alkalilauge behandelt und dann stellenweise der Einwirkung eines Halohydrins, vorteilhaft eines Monohalohydrins eines Polyalkohols aussetzt.

4. Verfahren nach Anspruch 1 oder 2 oder 3, dadurch gekennzeichnet, daß man vegetabilische Textilfaserstoffe stellenweise mit Alkalilauge behandelt und dann der Einwirkung eines Halohydrins, vorteilhaft eines Monohalohydrins eines Polyalkohols, aussetzt.

5. Verfahren nach Anspruch 1, dadurch gekennzeichnet, daß man vegetabilische Textilfaserstoffe mindestens stellenweise mit einem Halohydrin, vorteilhaft einem Monohalohydrin eines Polyalkohols, zusammenbringt und dann mit Alkalilauge behandelt.

6. Verfahren nach Anspruch 1 oder 2 oder 3 oder 4 oder 5, dadurch gekennzeichnet, daß man vegetabilische Textilfaserstoffe in Gegenwart von Alkali der Einwirkung eines Halohydrins, vorteilhaft eines Monohalohydrins eines Polyalkohols, aussetzt und dann mit einem Mittel behandelt, welches alkalilösliche Oxyalkylderivate der Cellulose zu fällen vermag.

7. Verfahren nach Anspruch 1 oder 2 oder 3 oder 4 oder 6, dadurch gekennzeichnet, daß man vegetabilische Textilfaserstoffe mit Alkalilauge behandelt, dann der Einwirkung eines Halohydrins, vorteilhaft eines Monohalohydrins eines Polyalkohols, aussetzt und dann mit einem Mittel behandelt, welches alkalilösliche Oxyalkylderivate der Cellulose zu fällen vermag.

E.P. 20 827/1899. Verfahren, um das Aussehen von Textilstoffen zu verbessern. Edwart Lodge.

Textilwaren, die weiß sind oder viel Weiß enthalten, erhalten bei der Verarbeitung leicht ein schmutziges Aussehen oder einen

gelblichen Ton. Um diese Tönung wegzubringen bzw. wieder ein
reines Weiß zu erhalten, verwendet man eine Lösung von Hy-
droxylaminchlorid, -sulfat, -oxalat, -acetat, -nitrat, -tartrat oder
-citrat. Man läßt die Ware durch ein derartig zusammengesetztes
Bad laufen oder bringt es durch Aufsprühen od. dgl. auf. Der
schmutzige Ton der Ware verschwindet beim Abkochen, Dämpfen
oder Fertigmachen. Das Behandlungsbad soll nicht alkalisch sein.

E.P. 14 283/1900. Verbessertes Verfahren zum Mercerisieren und Erzeugung von Seidenglanz auf kurzstapeliger amerikanischer Baumwolle. G. Reichmann and
Lagerquist, Schweden. (Vgl. auch Kap. X und XIII.)

Man soll auf kurzstapeliger Baumwolle einen beständigen
hochglänzenden Seideneffekt erzielen, wenn man gut gesengtes
Garn 2 Stunden in einem Sodabad von 7° Bé abkocht, auswringt
oder zentrifugiert und dann den Überschuß an Feuchtigkeit durch
Trocknen entfernt. Dann wird in gestrecktem Zustand etwa
10 Minuten in eine starke Natronlauge von 45° Bé bei 80° C, der
man 10 vH einer möglichst starken Lösung von Kupferoxydammoniak zugefügt hat, eingebracht. Eine Kontraktion des Gewebes tritt erst beim Abkühlen ein, das möglichst zu vermeiden
ist. Vor dem Abkühlen wird die behandelte Ware mit kochendem
Wasser oder mit kalter stark verdünnter Salpetersäure gespült.
Hierauf bringt man die Ware in konzentrierte Salpetersäure von
etwa 35° Bé, die auf 5° C gekühlt ist, für etwa 8 Minuten; dann
wird gewaschen und getrocknet.

E.P. 189 968. Erzeugung von Finish auf Textilwaren.
Stevensen und McHaffie, England.

Zur Ausführung des Verfahrens behandelt man die Baumwolle
zunächst mit etwa 10 vH Kali- oder Natronlauge und hierauf mit
Kohlenstofftetrachlorid, Schwefelkohlenstoff oder ähnliches in gas-
förmigem oder flüssigem Zustand von 15 Minuten bis etwa 3 Stunden, dann neutralisiert man mit 1,57 vH Schwefelsäure und schließlich mit Schwefelsäure von 68,70 vH bis 77,17 vH.

E.P. 225 680. Verbesserung in der Herstellung von Permanentfinish durch Mercerisation. Humphrey Chee-
tham, Manchester.

Man kann aus baumwollenen Geweben Musselin herstellen,
wenn man gebleichte oder ungebleichte baumwollene Gewebe zunächst mit einer Lösung von Chlorzink von 82—104° Tw behandelt
und dann trocknet. Man kann das Trocknen sofort vornehmen
oder aber das Gewebe einige Stunden mit der Chlorzinklauge ge-

tränkt lassen. Man trocknet vorteilhaft auf Zylindern mit glatter, vorzugsweise emaillierter Oberfläche. Die Temperatur der Zylinder soll 100° C betragen und das Trocknen so lange ausgedehnt werden, bis ein Glaseffekt erreicht ist, was etwa nach 30 Sekunden eintritt. Bei leichtgewebten Waren genügt ein Trockenzylinder, bei dickeren müssen mehrere angewendet werden. Verwendet man an Stelle eines Trockenzylinders heiße Luft unter Spannung, so treten ähnliche, aber nicht so gute Wirkungen ein. Sofort nach dem Trocknen geht man in ein kaltes Bad einer organischen Säure, wie Essigsäure, Ameisensäure, Milchsäure, Weinsäure oder Zitronensäure von 90° Tw ein oder in eine Mineralsäure, wie Schwefelsäure, Salzsäure, Salpetersäure in der Kälte von etwa 1,5 vH. Der Überschuß der Säure wird vor dem Auswaschen durch Absaugen entfernt. Dieses Verfahren liefert einen beständigen Sandpapiereffekt, den sogenannten Musselinfinish. Um weiche Effekte zu erzielen, wird das Gewebe durchmercerisiert, mit oder ohne Spannung, vor oder nach der Imprägnierung mit Chlorzink.

E.P. 234 847. Verfahren zur Veredelung von pflanzlichen Textilmaterialien. Dr. Leon Lilienfeld, Wien.

Nach dem neuen Verfahren soll man Seideneffekte auf Baumwolle erhalten, wenn man sie in Gegenwart von Alkali mit einem anorganischen Ester eines einwertigen Alkohols behandelt, z. B. mit Dialkylsulfat, Alkylhalogenen, oder Aralkylhalogenen. Die Baumwolle kann entweder mit einer Mischung von Alkali und Ester oder nacheinander mit diesen Einwirkungsmitteln behandelt werden. Als Alkali kommen in erster Linie die Ätzalkalien in Betracht. Alkalisulfide liefern weniger befriedigende Resultate: Man kann die Faser unversponnen oder versponnen anwenden, roh oder abgekocht, angefeuchtet oder nicht angefeuchtet, gebleicht oder ungebleicht, mercerisiert oder unmercerisiert. Man kann die Baumwolle auch mit einem der bekannten hydrolysierend oder gelatinierend wirkenden Mittel, wie mit starker Schwefelsäure von 49—60° Bé, Phosphorsäure von 53—57° Bé, Salzsäure von 24° Bé, Salpetersäure von 43—60° Bé oder mehr mit einer ammoniakalischen Lösung von Kupferoxyd oder mit einer kalten oder heißen Lösung von Calciumthiocyonat behandeln. Man kann auf die Baumwolle zuerst eine Lösung des Alkalis und dann einen der genannten Ester einwirken lassen, auch mit Hilfe einer Centrifuge, einem Jigger od. dgl. durch Preßwalzen in einer Klotzmaschine od. dgl. Die Natronlauge kann 10—50 vH sein, vorteilhaft 12—40 vH. Man soll 2—12 mal vorzugsweise 2—4 mal soviel Natronlauge wie Baumwolle nehmen. Die Natronlauge wird vor-

teilhaft unter Druck eingebracht, auch unter Zusatz von Alkoho
Nach der Behandlung mit Alkali erfolgt die mit dem Ester eine
einwertigen Alkohols, z. B. Dialkylsulfat, Halogenalkylen ode
Halogenaralkylen entweder sofort nach der Behandlung mit Alka
oder nachdem das Alkali längere Zeit eingewirkt hat, entweder i
feuchtem oder in trockenem Zustand. Der Ester kann unverdünn
oder unter Zusatz von Benzol, Alkohol od. dgl., auch unter Zusat
von Verdickungsmitteln, wie Stärke, Dextrin, Eiweiß od. dgl. au
gebracht werden. Das Aufbringen des Esters kann durch Imprä
gnieren, durch ein- oder doppelseitiges Aufbringen, durch Hin
durchpressen, Zentrifugieren, in Lösung oder Suspension usv
erfolgen. Nach der Einwirkung des Esters wird das Material sofo
oder später gewaschen, auch nach vorhergehendem Trocknen ode
Behandlung mit einer kalten oder warmen anorganischen ode
organischen Säure, oder sauren Salzen bzw. Ammoniumsalzel
oder Tannin bzw. Formaldehyd oder anderen bei der Herstellun
von Kupferseide oder Viscoseseide kekannten Fällungsmittel
Man kann auch in dem ganzen Verfahren unter Spannung arbeite
oder nur während einzelner Arbeitsphasen. Zur Ausführung diese
Verfahren soll man auch Baumwolle anwenden, die vorher m
Schwefelsäure von 49—54° Bé vorbehandelt worden ist. Vor de
Behandlung mit Schwefelsäure kann auch mercerisiert werde
Man kann auch Baumwolle anwenden, die nur mit Alkalien vo
mercerisiert worden ist.

E.P. 241 854. Verfahren, um die Farbaufnahmefähig
keit von mercerisierter Baumwolle, Kupferseide un
Viscoseseide gegen direkt ziehende Farbstoffe zu re
servieren. Chemische Werke vorm. Sandez, Basel.

In den D.R.P. 346 883, Kl. 8 und 396 926 sind Verfahre
zur Herstellung von Effektfäden aus Baumwolle oder ähnliche
beschrieben, darin bestehend, daß man Säurechloride der aromat
schen Reihe in Gegenwart von indifferenten Lösungsmitteln au
alkalisch vorbehandelte pflanzliche Fasern einwirken läßt, oder da
man Baumwolle od. dgl. für die Aufnahme von substantiven Farl
stoffen unempfänglich macht, dadurch, daß man auf die in be
kannter Weise mit Alkalien behandelte ungefärbte oder m
Küpenfarbstoffen gefärbte Cellulose aromatische Sulfochlorid€
insbesondere p-Toluolsulfochlorid einwirken läßt. Als esterif
sierende Agentien für die Baumwolle sind genannt: Chloride un
Anhydride von aliphatischen und aromatischen Carboxylverbir
dungen, und Chloride aromatischer Sulfosäuren, z. B. Acety
chlorid, Essigsäureanhydrid, Benzoylchlorid, Benzoesäureanhy

drid, Phthalsäureanhydrid, und o- und p-Toluolsulfochlorid. Die
so vorbehandelten Fasern besitzen noch Affinität gegenüber geeigneten sauren und Chrombeizenfarbstoffen wie Gallocyaninabkömmlingen. Es hat sich nun gezeigt, daß diese für Baumwolle
geeigneten Reservageverfahren sich ebensogut auf veränderte
Cellulosefasern anwenden lassen, wie sie in der mit Säure oder
Alkali mercerisierten Baumwolle oder in der Kupferseide bzw.
Viscoseseide vorliegen. Die Veresterungsmittel sind die für Baumwolle im vorstehenden genannten. Durch diese Behandlung wird
die mercerisierte Baumwolle und Kunstseide unempfänglich gegenüber substantiven Farbstoffen und auch in ihren physikalischen
Eigenschaften und dem Aussehen in gewisser Hinsicht geändert.

E.P. 253 853. Verfahren zur Veredelung von künstlichen Fasern. Dr. Lilienfeld, Wien.

Das Verfahren betrifft eine Verbesserung von Kunstfasern, die
aus Cellulose oder Cellulosehydrat bestehen, wie Viscoseseide,
Kupferseide, denitrierte Nitroseide od. dgl. Nach dem vorliegenden Verfahren soll man die Zerreißfähigkeit derartiger Fasern um
30—100 vH erhöhen, wenn man sie mit einer Natronlauge von
nicht mehr als 5 vH behandelt, wobei die Fasern gespannt sein
sollen. Man kann die Fasern unversponnen oder versponnen und
verwebt anwenden. Auch wenn man gemischte Waren behandelt,
in denen nur ein Teil Kunstfasern vorhanden sind, während der
andere Teil aus Baumwolle, Seide, Wolle oder ähnlichem besteht.
Sehr gute Resultate sollen erhalten werden, wenn man mit stark
verdünnten Lösungen arbeitet, die weniger als 1 vH Natriumhydroxyd enthalten.

E.P. 253 854. Verfahren zur Veredelung von Kunstfasern. Dr. Lilienfeld, Wien.

In dem E.P. 231 806 ist die Herstellung von Kunstfasern beschrieben, für die als Ausgangsmaterial ein Cellulose-Thiourethan
verwendet wird, in dem mindestens ein Wasserstoffatom der Aminogruppe durch ein Alkoholradikal ersetzt ist. Dieses Produkt ist
äußerst geeignet als Glanzfüllmittel usw. Es hat sich nach dem
vorliegenden Verfahren als sehr wertvoll erwiesen, um die Festigkeit von Kunstseiden zu erhöhen. Als solche gelten sowohl die
Celluloseseiden, wie Viscoseseide, Kupferseide, denitrierte Nitroseide, als auch Acetatseide. Man kann dieses Verfahren auch auf
gemischte Waren anwenden, die aus Kunstseide und Baumwolle,
Seide oder Wolle bestehen. Die Lösung des Cellulose-Thiourethans
kann mit Wasser hergestellt werden oder auch mit einem flüchtigen
Lösungsmittel, sowie auch mit einer wässerigen Lösung von Pyridin

oder Ammoniak. Man kann diese Lösung auch in Form eines feinen Nebels aufbringen und auch unter Anwendung von Druckwalzen. Zur Fällung des Imprägnierungsmittels können auch Körper angewendet werden, welche Alkalien neutralisieren. Wo hohe Elastizität der behandelten Faser erwünscht ist, erfolgt eine Kochbehandlung mit den Dämpfen einer wässerigen Pyridinlösung.

E.P. 255 453. Verfahren zur chemischen Veränderung von pflanzlichen Fasern. Heberlein & Co., A.-G., Wattwil.

Um die tinktoriellen Eigenschaften von pflanzlichen Fasern zu verändern, hat man sie unter anderem zunächst mit Alkalien behandelt und dann feucht oder in trockenem Zustand mit dem Chlorid einer anorganischen Säure, wie Thionylchlorid, Sulfurylchlorid, Pyrosulfurylchlorid, Chlorsulfonsäuren, Phosphorchlorid od. dgl. behandelt. Derartig vorbehandelte baumwollene Fasern besitzen eine erhöhte Affinität gegenüber basischen Farbstoffen und können zur Herstellung von Zweifarbeneffekten benutzt werden. Nach dem vorliegenden Verfahren soll man Baumwolle mit einer Chlorverbindung des Phosphors bei Gegenwart von Alkali behandeln, wobei das Alkali in alkalischer Lösung zur Anwendung kommen soll. Derartige behandelte Fasern unterliegen keiner Schrumpfung bei der Weiterverarbeitung. Sie besitzen eine erhöhte Affinität gegenüber basischen Farbstoffen und werden von substantiven Farbstoffen nicht angefärbt. Die Phosphorhalogene können Phosphoroxychlorid, Phosphortrichlorid oder organische Phosphorverbindungen sein. Man soll Baumwollgarn mit 16 vH alkoholischer Natronlauge behandeln, ausquetschen und dann in eine Lösung von 200 g Phosphoroxychlorid in 1 l Xylol einbringen.

E.P. 261 792. Verbessertes Verfahren, um die Eigenschaften der Kunstseide zu verändern. Heberlein & Co., A.-G., Wattwil.

Das vorerwähnte Verfahren, das hauptsächlich darin besteht, auf Baumwolle Phosphorchloride, Phosphoroxychlorid oder organische Phosphorverbindungen einwirken zu lassen, nachdem die Baumwolle mit einer alkoholischen Lösung von Natronlauge behandelt worden ist, kann man auch auf Kunstseide anwenden, die aus regenerierter Cellulose besteht, d. h. auf Viscoseseide, Kupferseide und denitrierte Nitroseide. Die so behandelte Seide verliert ihre Affinität gegenüber substantiven Farbstoffen und gewinnt Affinität gegenüber basischen Farbstoffen. Bei der Verwendung von Kunstseide, die aus Celluloseestern oder Celluloseäthern besteht, z. B. Acetatseide und die keine Affinität für die gewöhnlich benutzten Farbstoffe aufweisen, ist dieses neue Verfahren, wodurch die Seide eine ausgesprochene Affinität gegenüber basischen Farbstoffen gewinnt, von großer Bedeutung.

E.P. 260 374. Verfahren zur Herstellung von pergamentierter oder vulkanisierter Faser. Dr. Arnot, London.
Bei der Anwendung hydrolytisch wirkender Mittel auf Baumwolle oder Papier, wie Chlorzink oder einer Säure, bereitet es Schwierigkeiten, das zurückbleibende hydrolysierende Agenz aus dem Faserstoff zu entfernen. Man versucht dies in erster Linie durch Waschen mit Wasser zu erreichen. Nach dem vorliegenden Verfahren soll das Waschen soviel als möglich eingeschränkt werden, indem man die in der Faser nach oberflächlichem Waschen zurückbleibende hydrolytisch wirksame Substanz in eine unlösliche Verbindung oder ein Additionsprodukt überführt, das indifferent gegenüber der Cellulose ist. Das hydrolysierend wirkende Mittel wird durch Druck, Vakuum oder Zentrifugalkraft, auch unter Anwendung von Lösungsmitteln, durch die Faser hindurchgeführt. Bei der Anwendung von Chlorzink behandelt man mit der Lösung eines Alkalis nach, oder mit dem Salz der Kieselsäure oder Phosphorsäure, oder eines Oleats oder Resinats oder eines Caseinats oder Albuminats, oder mit Pyridin, einem Amin oder einer anderen organischen Base oder mit einem Öl wie Tungöl, das vorteilhaft in Alkohol oder Aceton gelöst ist. Bei der Anwendung dieses Öls wird die pergamentierte oder vulkanisierte Faser beständig gegen Wasser. Vor der Behandlung mit dem hydrolysierend wirkenden Mittel oder nach seiner Behandlung kann man die Cellulose z. B. mit Latex behandeln, oder man kann vorher mit Tungöl und dann mit Chlorzink behandeln.

Am.P. 657 849. Verfahren zum Mercerisieren. Aykroyd and Krais, England.
Man hat die Mercerisation gleichzeitig mit der oberflächlichen Bildung von Viscose ausgeführt, um einen Seidenglanz auf Baumwolle zu erzeugen. Die Faser wird unter Spannung in eine Natronlauge von etwa 22—27 vH bei 20° C behandelt und zwar etwa 5 Minuten lang. Dann nimmt man die Baumwolle aus der Lauge und entfernt den Überschuß der Lauge durch Ausquetschen, Zentrifugieren o. ä., d. h. ohne Verdampfung. Das so alkalisierte Material setzt man 10 Minuten lang der Einwirkung von Dämpfen des Schwefelkohlenstoffes aus, wobei ein Kochen des Schwefelkohlenstoffes nicht erforderlich ist. Man kann ihn auch gelöst in Benzol, Kohlenstofftetrachlorid, Alkohol, Methylalkohol, Aceton, Naphtha od. dgl. anwenden. Die auf der Faser gebildete Viscose

wird in bekannter Weise durch Chlorammonium durch Erhitzen auf 70° C oder durch Glaubersalz zersetzt. Dann wird das braun gewordene Gewebe gebleicht.

Am.P. 889 861. Verfahren zum Mercerisieren. Smith und Milliken, U. S. A.

Nach dem vorliegenden Verfahren soll man Baumwolle von besonderem Glanz, von großer Festigkeit und Transparenz dadurch herstellen, daß man mit einer Lösung von Rohviscose entweder vor oder während der alkalischen Mercerisation behandelt. Zur Herstellung der Rohviscose werden 120 g Baumwolle mit 500 ccm einer Natronlauge von 21° Bé 24 Stunden lang behandelt, dann werden 60 g Schwefelkohlenstoff zugesetzt, gut gemischt und im geschlossenen Gefäß 4 Stunden stehen gelassen. Die resultierende gummiartige Masse wird durch Übergießen mit Wasser und Stehenlassen gelöst. Darauf wird bis zu einem Volumen von 9 l mit Wasser aufgefüllt. Gleiche Volumina der Viscoselösung und von Natronlauge von 26,5° Bé werden gemischt. Die Cellulosefaser wird in gestrecktem Zustand in diese Lösung eingebracht und 3 Minuten darin gelassen. Hierauf wird sie in gewöhnlicher Weise mit einer Natronlauge von 37,5° Bé mercerisiert, dann gewaschen und mit verdünnter Säure behandelt. Bei einer anderen Ausführungsform soll man 1 Teil Lösung der Rohviscose mit 2 Teilen einer Natronlauge von 37,5° Bé mischen und wie ein Mercerisierbad auf die gespannte Faser einwirken lassen. Die erzielten Resultate sind auf die starke Hydrolyse durch das konzentrierte Alkali bei Gegenwart der Rohviscose zurückzuführen.

Am.P. 1 564 943. Verfahren zur Herstellung von Leineneffekten auf Baumwolle. Clark, Pittsburg.

Durch das vorliegende Verfahren soll in erster Linie die Aufgabe gelöst werden, Tafeldamast mit Leinenaussehen herzustellen, der beständig gegen mechanische Beanspruchung und Waschen ist. Zur Ausführung wird die Baumwolle mit einer geeigneten Lösung von Viscose behandelt, dann wird der Überschuß der Viscose abgepreßt und die Viscose in Cellulose umgewandelt. Die Lösung der Viscose kann man zweckmäßig aus gebleichten Linters, aus Holz od. dgl. herstellen, die frei von Verunreinigungen, Öl u. dgl., sein sollen. Man verwendet wenig Alkali, d. h. 2 Mol. Ätznatron auf 1 Mol. Cellulose. Durch Verwendung von einer schwach alkalischen Viscoselösung wird beim Trocknen der damit behandelten Baumwolle eine Verfärbung vermieden. Zur Herstellung der Viscoselösung soll man 50 kg gebleichte Linters mit 225 l einer Natronlauge vom spez. Gew. 1,255, die 20 vH Ätznatron enthält, bei 15,55° C verrühren, den Überschuß der Lauge auspressen, und mechanisch so bewegen, daß die Luft Zutritt hat. Dann wird die Masse mit etwa 25 kg Schwefelkohlenstoff in einem geschlossenen Mischgefäß zusammen geknetet, während etwa 3 Stunden. Der Überschuß des Schwefelkohlenstoffs wird abgesaugt und die gelatinöse Masse in etwa 585 l weiches Wasser eingetragen. Der Baumwolldamast, der, entschlichtet, gesengt und gebleicht ist, wird weiter mit der Viscoselösung, die 5—10 vH Cellulose enthalten soll, breit in einer Mangelmaschine behandelt. Dann wird der Überschuß der Viscoselösung ausgequetscht, die Ware auf einen Spannrahmen gebracht und einem warmen Luftstrom von etwa 50° C ausgesetzt. Dann wird kalandert und ohne Waschen durch ein Bad von 5—10 vH Schwefelsäure hindurchgezogen. Dann wird die Säure heiß ausgewaschen und bei Bedarf gebleicht. Die so hergestellte Ware zeigt einen weichen leinenartigen Griff und ein sehr weißes Aussehen.

F.P. 499 717. Verfahren zur Erzeugung von hydralisierter Cellulose. Cross und Bevan, England.

Bei der Ausführung der Mercerisation benutzt man eine Natronlauge von 15—17,5 vH NaOH bei gewöhnlicher Temperatur. Von weniger konzentrierten Laugen wie 12,5 vH oder 9 vH wird die Baumwolle nicht mehr im Sinne einer Mercerisation verändert. Bei der Herstellung von Viscose nach den Vorschriften des E.P. 8700/1892 soll die Baumwolle vollkommen mercerisiert sein, weshalb man sie mit einer Natronlauge von mehr als 15 vH NaOH behandelt. Man stellt die zur Bildung von Viscose erforderliche Alkalicellulose dadurch her, daß man die Baumwolle mit einer Natronlauge von 17 vH NaOH behandelt, und so weit auspreßt, bis die Cellulose das 3fache an Gewicht an Ätznatron enthält. Bei Verwendung von schwächeren Laugen ist die Bildung der Alkalicellulose nur partiell, wobei keine vollkommene Umwandlung in Viscose eintritt. Man soll aber eine vollkommene Hydratisierung der Baumwolle, wie sie für die Bildung von Viscose erforderlich ist, durchführen, wenn man eine Natronlauge von 6 bis 10 vH NaOH anwendet. Man imprägniert zu diesem Zweck die rohe Baumwolle mit der doppelten Menge Natronlauge von 9 vH, dann wird, sofort oder nach einiger Zeit, Schwefelkohlenstoff hinzugesetzt. Die Hydratisierung der Cellulose ist nicht so durchgreifend, wenn man die Menge der verwendeten Natronlauge vergrößert, d. h. das $2^1/_2$fach bis 3fache der Faser an Lauge anwendet. Tiefe Temperatur erhöht die Wirkung der Natronlauge. Anstatt daß man das Reaktionsprodukt mit Schwefelkohlenstoff mit Wasser wäscht, kann man es auch mit einer konzentrierten neutralen Lösung eines Alkalisalzes auswaschen. Man kann dieses Verfahren in erster Linie anwenden, um Produkte für die Papierfabrikation zu gewinnen, aber auch in der Textilindustrie unter Anwendung von Spannung, wobei Mercerisationswirkungen erzielt werden.

F.P. 28 234. Zusatz zum F.P. 563 735 (D.R.P. 396 926, Kl. 8 m). Verfahren zur Herstellung einer gegenüber substantiven Farbstoffen unempfänglichen Celluloseverbindung. Textilwerke Horn, Schweiz.

Das französische Zusatzpatent will lediglich Irrtümern vorbeugen, die aus den Angaben des Hauptpatentes geschlossen werden könnten. Nach dem Hauptpatent soll man cellulosehaltige Fasern alkalisieren und dann mit aromatischen Sulfochloriden, insbesondere Toluolsulfochlorid behandeln. In dem Hauptpatent ist angegeben, daß man die Baumwolle nach der Behandlung mit Alkali auswäscht und die anhängende Lauge durch Druck oder Schleudern entfernt wird. Bei dieser Nachbehandlung der Baumwolle soll es sich naturgemäß nur darum handeln, den Überschuß der anhaftenden Lauge zu entfernen und zwar durch Auswringen und schließlich durch Druck und Abschleudern. Dann läßt man auf das so vorbehandelte Material aromatische Sulfochloride einwirken, dann soll gebleicht werden und zwar mit Chlor, worauf ein Absäuern folgt.

E.P. 18 119/1890. Verfahren, um Fasermaterialien Seidenglanz zu verleihen. Brodbeck, Paris. (Vgl. D.R.P. 64 457, Kap. I.)

Nach dem vorliegenden Verfahren soll man dadurch Seidenglanz auf Cellulosegeweben od. dgl. erzielen, daß man sie zunächst hydratisiert und dann mit Seidenlösungen behandelt. Zum Hydratisieren wird Schwefelsäure vom spez. Gew. 1,530—1,560 oder, falls ein weiches Produkt gewünscht wird, Natronlauge vom spez. Gew. 1,530—1,400 vorgeschlagen bei einer Temperatur von 4—8° C und einer Einwirkungsdauer von 5—30 Sekunden. Die Säure wird mit Walzen aufgebracht. Es wird auch unter Anwendung von Walzen gewaschen und dann auf Spannrahmen getrocknet. Gemischte Gewebe soll man nur mit Säure hydratisieren. Dann wird auf die hydratisierte Cellulose Seide niedergeschlagen, indem man sie entweder mit konzentrierter alkalischer und hierauf mit schwefelsaurer Seidenlösung (eventuell mehrmals) behandelt oder mit einer Lösung von Seide in ammoniakalischer Kupferoxydhydrat- oder Nickeloxydhydratlösung durchtränkt, trocknet und hierauf mit angesäuertem Wasser auszieht, so daß durch die abwechselnde Behandlung unter Entfernung der Fremdkörper die Seide gefällt wird.

E.P. 943/1894. Verfahren zum Schlichten von Textilmaterialien. Mauby, Manchester.

Nach dem E.P. 18 119/1890 hat man Seide auf Baumwollfasern niedergeschlagen. Nach dem vorliegenden Verfahren soll man Cellulose auf Baumwolle niederschlagen. Die Baumwolle wird zu diesem Zweck in einer starken Lösung von Zinkchlorid gelöst und stellt eine gelatinöse Lösung dar. Man soll zur Herstellung der Lösung 5—8 Teile trockene Cellulose auf 100 Teile einer gesättigten Lösung von Chlorzink nehmen. Die Lösung der Cellulose tritt schneller ein, wenn man ihr zunächst etwas Salzsäure zusetzt, die durch einen weiteren Zusatz von Alkalien neutralisiert wird. Zur Fällung der Cellulose auf der Faser wird die mit Celluloselösung getränkte Faser mit Wasser, einer anderen geeigneten Flüssigkeit, schwacher Säure oder einer Salzlösung oder einem Gas behandelt, das das Chlorzink und die Cellulose zurückläßt.

E.P. 8076/1901. Verfahren, um Baumwollgarnen seidenähnliche Eigenschaften zu verleihen. Hill, England.

Um baumwollenen Fasern die Eigenschaft der Rohseide, die sie wegen der Gegenwart des Seidenbastes (Seidenleim) zeigt, zu verleihen, soll man sie zunächst hydratisieren, d. h. also mercerisieren mit einem der bekannten Einwirkungsmittel wie Natronlauge, Chlorzink, Schwefel- oder Phosphorsäure und dann mit einem dünnen Überzug versehen, der den Seidenbast ersetzen soll. Als solche dem Seidenleim ähnliche Substanzen werden vorgeschlagen Lösungen von Cellulose oder Celluloid, Rohseide, Albumin oder andere Produkte. Der Überzug soll nicht mehr als 25 vH des Ausgangsmaterials betragen. Es werden folgende Lösungen zum Überziehen vorgeschlagen: 1. 96,1 Teile Chlorzink (spez. Gew. 1,8), 1,3 Teile Calciumchlorid und 2,6 Teile Baumwollcellulose; 2. 15 Teile Casein, 1 Teil Soda und 84 Teile Wasser; 3. 10 Teile Gelatine, 89,9 Teile Wasser und 0,1 Teile Paraformaldehyd. Ähnliche Verfahren wie das beschriebene sind Gegenstand des D.R.P. 64 457 und der E.P. 18 119/1890 und 943/1894.

E.P. 25 245/1911. Verbesserung beim Schlichten u. dgl. von Geweben. Lilienfeld, Wien.

Auch nach dem vorliegenden Verfahren soll Cellulose bzw. hydratisierte Cellulose auf Baumwollfasern abgeschieden werden. Man bedient sich zu diesem Zweck einer Viscoselösung. Bei der

Verwendung einer gewöhnlichen Lösung von Viscose zeigt sich der Übelstand, daß die aus ihr abgeschiedene Cellulose sich oberflächlich auf den Fasern abscheidet, ohne in das Innere der Fasern einzudringen. Hierdurch verliert die Faser an Aussehen und Griff. Zur Vermeidung dieses Übelstandes verwendet man zur Herstellung der Viscose so viel Alkali, wie die Lösung Cellulose enthält. Durch den hohen Gehalt an Alkali ist die Viscoselösung befähigt, tief in die Faser einzudringen und als Schlicht- oder Beschwerungsmittel zu wirken, ohne das Aussehen der Faser schlecht zu beeinflussen.

F.P. 554 395. Verfahren zur Behandlung von Cellulose und von Cellulose enthaltenden Waren. Dr. Moeller, Deutschland.

Man hat schon vorgeschlagen, Baumwolle schwer netzfähig oder wasserdicht zu machen dadurch, daß man sie während einer kurzen Zeit den Dämpfen von Thionylchlorid oder Chlorschwefel unterwirft, wobei man die gebildete Säure durch Spülen oder verdünnte Alkalien bzw. durch Ammoniakgas entfernt. Man hat die vorerwähnte Behandlung auch schon im kontinuierlichen Betrieb ausgeführt. Es hat sich als zweckmäßig herausgestellt, die Behandlung mit Dämpfen vorzunehmen, die Thionylchlorid oder Chlorschwefel in feiner Verteilung enthalten, vorteilhaft unter Mitverwendung von Wärme. Die feine Verteilung kann man dadurch erreichen, daß man die Dämpfe oder die pulverisierten Substanzen in Luft zerstäubt. In diesem Falle ist es besser, die feine Verteilung nicht im kontinuierlichen Betrieb vorzunehmen. Die Überführung in den fein verteilten Zustand soll man außer der Kammer vornehmen, in welcher die Behandlung der Gewebe stattfindet. Die Behandlung soll etwa 1—10 Minuten dauern. Man kann die zu verstäubenden Imprägnierungsmittel auch in poröse Massen aufsaugen lassen und in dieser Form zur Anwendung bringen.

XV. Spezielle Mercerisationsverfahren für gemischte Fasern (Kreppeffekte), tierische Fasern, Kunstseide, topische Musterungen u. dgl.

Ohne den Inhalt dieses Kapitels erschöpfend behandeln zu wollen, sei darauf hingewiesen, daß ein großer Teil der hier zur Herstellung von Kreppeffekten aus gemischten Geweben verwendeten Lösungen bereits in den Kapiteln X und XII besprochen worden ist. In diesem Kapitel handelt es sich um Lösungen zum

Mercerisieren von Halbwolle, denen zum Schutz der tierischen Faser Traubenzucker, Glycerin, Zellpech u. dgl. zugesetzt worden ist. Wolle hat man mit Bisulfiten, Rhodaniden und auch mit Salpetersäure behandelt; Naturseide mit konzentrierten Fettsäuren und Anhydriden auch unter Zusatz von Glycerin sowie auch im Bast mit anorganischen Säuren. Beschrieben ist ferner die Mercerisation von Kunstseide und diese enthaltenden Geweben.

D.R.P. 30 966, Kl. 8. Paul Depoully und Charles Depoully in Paris und die Société C. Garnier & Francisque Voland in Lyon. Verfahren, um Gewebe durch partielle Kontraktion ihrer Fäden mittels chemischer Mittel zu mustern. Vom 14. Juni 1884 (vgl. Kapitel I).

Patentanspruch: Ein Verfahren, um Gewebe zu mustern, darin bestehend, daß Gewebe, welche aus vegetabilischen und animalischen Stoffen bestehen, mit alkalischen Lösungen, die nur einen der Stoffe kontrahieren, behandelt werden, während Gewebe, welche lediglich aus vegetabilischen bestehen, entweder mit verdickter alkalischer Lösung bedruckt oder an bestimmten Stellen mit Schutzpapp bedeckt und dann der alkalischen Lösung ausgesetzt werden.

Als Schutzpapp wird verwendet ein gummi- oder gallertartiger Schleim der Fettkörper oder der Kombination von Fettkörpern oder selbst eine harzige Lösung, Kautschuk, Guttapercha od. dgl. Nach dem Auftragen des Schutzpapps wird das Gewebe der Wirkung konzentrierter alkalischer Lösungen ausgesetzt und schließlich der Papp durch geeignete Auflösungsmittel entfernt. Als kontrahierend wirkende Mittel werden angewendet: konzentrierte Ätznatronlauge von 15—32° Bé oder konzentrierte Schwefelsäure. Man kann die Natronlauge, um sie druckfähig zu machen, auch verdicken (vgl. auch Kap. I).

D.R.P. 37 658, Kl. 8. Paul Depoully und Charles Depoully in Paris und die Firma C. Garnier & Francisque Voland in Lyon. Neuerung bei dem Verfahren, um Gewebe durch partielle Kontraktion ihrer Fäden mittels chemischer Mittel zu mustern. Zusatz zum Patent 30 966 vom 14. Juni 1884. Vom 13. Dezember 1885 (vgl. Kapitel I).

Patentansprüche: Bei dem unter Nr. 30 966 geschützten Verfahren, um Gewebe zu mustern, folgende Veränderungen:

a) Der Ersatz der alkalischen Lösungen durch saure Bäder, am besten Schwefelsäure von 49—51° Bé, um auf den Geweben weiche Beulen oder Bossierungen zu erhalten, und Schwefelsäure von 52—66° Bé, um auf den Geweben harte Beulen oder Bossierungen zu erhalten;

b) anstatt der Anwendung der alkalischen oder sauren Bäder von gewöhnlicher mittlerer Temperatur die Anwendung solcher Bäder von ungefähr 0° C, zum Zwecke, die Bäder längere Zeit (5—15 Minuten) auf die Gewebe wirken zu lassen.

Gemischte Gewebe sollen eine Natronlauge von 15—32° Bé bei etwa 0° C 5—10 Minuten ohne Schädigung der Wolle aushalten. Nur aus Baumwolle bestehende Gewebe, die mit Schutzpapp bedruckt sind, kann man mit einer Schwefelsäure von 49—51° Bé bei sehr niedriger Temperatur 5—10 Minuten ohne Schädigung der Faser behandeln. Bei Verwendung von Säuren von 52 oder 53° Bé bis 66° Bé muß man sehr schnell operieren, wobei man durch die Säure gehärtete Stellen erhält. Im allgemeinen tritt sowohl bei der vegetabilischen als auch animalischen Faser eine bedeutende Erhöhung der Festigkeit ein. Man kann dieses Verfahren auch auf Gewebe aus Seide, Baumwolle und Wolle anwenden. Zum besseren Eindringen der Flüssigkeit soll man Luftleere anwenden. Bei Anwendung dieses Verfahrens auf Fäden aus vegetabilischen Stoffen wird eine lokale Reservage durch Schutzpapp bewirkt (vgl. auch Kap. I).

D.R.P. 83 314, Kl. 8. J. Heilmann & Cie. in Mülhausen i. E. Verfahren zur Herstellung gemusterter krepppartiger Baumwoll- oder Leinengewebe mittels Ätzalkalilaugen und koagulierbaren Substanzen. Vom 2. Februar 1895.

Patentansprüche: 1. Verfahren zur Herstellung gemusterter krepppartiger Baumwoll- oder Leinengewebe, dadurch gekennzeichnet, daß die Gewebe vor dem Mercerisieren mit Ätzalkalilaugen bzw. Bedrucken mit solchen mit einer koagulierbaren Substanz wie Albumin, Casein oder einem Gemisch von Gummi mit Chromsalzen bedruckt werden, welches mit dem Gewebe fest verbunden bleibt.

2. Bei dem durch Anspruch 1 gekennzeichneten Verfahren der Zusatz von Farbstoffen zu der aufzudruckenden koagulierbaren Substanz.

3. Bei dem durch Anspruch 1 gekennzeichneten Verfahren der Zusatz von substantiven Baumwollfarbstoffen zu den zum Mercerisieren benutzten Ätzalkalilaugen.

4. Bei dem durch Anspruch 1 gekennzeichneten Verfahren das Aufdrucken von Schutzreserven, z. B. Zinnsalz, vor dem Auftragen der koagulierbaren Substanzen auf die Gewebe.

Bei der Anwendung von Reserven zur Herstellung von Druck-

oder Kreppeffekten unter Mithilfe der Mercerisation, hat man bisher so gearbeitet, daß man leicht abwaschbare Reserven verwandte. Nach dem neuen Verfahren werden solche Reserven angewendet, die sich mit der Faser unlösbar verbinden, d. h. z. B. koagulierte Eiweißstoffe od. ähnl. Man verwendet zu diesem Zweck Eieralbumin, Blutalbumin, Casein od. dgl. und passiert durch Natronlauge von 30—50° Bé. Der Überschuß der Lauge wird durch Walzen ausgedrückt, einige Zeit verhängt, dann mit Salzsäure abgesäuert, gewaschen und im Spannrahmen getrocknet. Die Reservage besteht aus einer Lösung von 3 kg Blutalbumin in 3 l Wasser und 1 l Wasserstoffsuperoxyd. Man kann als Reservage auch Mischungen von Gummi mit Chromsalzen, Chromaten, Bichromaten, Aluminiumsalzen od. ähnl. verwenden. Man kann auch die mit Britishgum verdickte Natronlauge aufdrucken. Sie hat folgende Zusammensetzung: 4 l Ätznatronlauge 62,5 vH und 1 l Britishgumlösung 75 vH. Die koagulierbaren Reservagen kann man auch mit Pigmentfarben wie Zinnober, Ocker, Guinetgrün, Krapplack, gerbsaures Rosanilin, Methylenblau oder lösliche Farbstoffe zersetzen, die beim Dämpfen mit den Eiweißkörpern unlösliche Verbindungen bilden, wie Benzopurpurin, Erika, Diaminblau, Diamingelb; auch kann man dem Gemisch von Gummi und Metallsalzen solche Farbstoffe hinzusetzen, wie Blauholzextrakt oder Indigosubstitut, die Metallacke bilden. Man kann zur Erzielung besonderer Wirkungen den weißen Stoff mit gefärbtem Albumin bedrucken und nach dem Dämpfen durch eine Natronlauge ziehen, welche Farbstoffe enthält, die sich in alkalischem Bade fixieren, wie substantive Farbstoffe, oder diese mit verdickter Lauge gemischt aufdrucken. Als Zusatz zu der verdickten Natronlauge werden alle alkaliechten substantiven Baumwollfarbstoffe, wie z. B. Diaminreinblau, Erika usw. vorgeschlagen. Man kann auch die als Reservagen dienenden Eiweißstoffe reservieren, und zwar durch Aufdruck von Zinnsalz, das etwa folgende Zusammensetzung hat: 125 g Zinnsalz und 1 l Gummiwasser. Durch das Zinnsalz können gefärbte Stoffe reserviert werden, oder man kann die Zinnsalzreserve durch beständige Farbstoffe illuminieren.

D.R.P. 85 564, Kl. 8. Thomas & Prevost in Krefeld. Mercerisieren vegetabilischer Fasern in gespanntem Zustande. Vom 24. März 1895 (vgl. Kapitel I).

Patentanspruch: Neuerung bei dem Mercerisieren von vegetabilischen Fasern mit alkalischen Laugen oder Säuren, dadurch gekennzeichnet, daß die vegetabilische Faser in Strang- oder Gewebeform in stark gespanntem Zustande der Einwirkung der Basen oder Säuren ausgesetzt und unter Beibehaltung dieses Zustandes ausgewaschen wird, bis die innere Faserspannung nachgelassen hat, behufs Vermeidung des Einlaufens der Faser.

Dem vorstehenden Verfahren sollen in erster Linie gemischte Gewebe aus vegetabilischen Fasern und Seide unterworfen werden, um der Baumwolle eine hohe Affinität gegenüber Farbstoffen (direkten, substantiven) zu verleihen. Für diese Behandlung soll man eine Alkalilauge von 15—32° Bé anwenden, die in kaltem Zustand weder die Seide noch die Baumwolle angreift, sondern ihre Festigkeit erhöht. Als Säure verwendet man eine starke Schwefelsäure von 49,5—55,5° Bé unter kurzer Einwirkung. Die Baumwolle soll entfettet und in etwas feuchtem Zustand angewendet werden. Das Beizen und Färben kann in der üblichen Weise stattfinden. Das Aufbringen der Lauge kann auch auf die trockenen Gewebe stattfinden (vgl. Kap. I).

D.R.P. 89 977, Kl. 8. Württembergische Cattun-Manufactur in Heidenheim a. Brenz. Verfahren zur Herstellung von weißen oder farbigen kreppartigen Mustern oder Effekten auf vegetabilischen Geweben oder Garnen. Vom 28. November 1895 (vgl. E.P. 8235/1896).

Patentansprüche: 1. Verfahren zur Erzeugung von weißen oder farbigen kreppartigen Mustern oder Effekten auf baumwollenen, leinenen oder sonstigen vegetabilischen Geweben oder Garnen, gekennzeichnet dadurch, daß die mit Ätzalkalilauge imprägnierten Gewebe oder Garne naß und so zeitig mit Neutralisationsmitteln wie Säuren, geeigneten Salzen oder Oxyden mit oder ohne Zusatz von Zeugdruckfarben überdruckt werden, daß das Ätzalkali teilweise oder ganz neutralisiert wird, bevor die zusammenziehende Wirkung der Ätzalkalilauge an den bedruckten Stellen stattgefunden hat.

2. Bei dem zu 1 gekennzeichneten Verfahren die Anwendung von geeigneten Salzen wie Tonerdeacetat, Tonerdesulfat, Chromacetat u. a. als Neutralisationsmittel, deren Oxyde auf der Faser fixiert und gefärbt werden können, behufs Erzielung farbiger Kreppeffekte auf weißem Grunde.

3. Bei dem zu 1 gekennzeichneten Verfahren der Zusatz zum Neutralisationsmittel von Tannin, welches zu weiteren Ausfärbungen fixiert werden kann, von Indigosalz (Patent Nr. 73 377), von Indigo mit Glykose, von diazotierten Amidoverbindungen auf mit Naphtholen vorimprägniertem Stoff, oder von substantiven Farbstoffen behufs Erzielung farbiger Kreppeffekte auf weißem Grunde.

4. Bei dem zu 1 gekennzeichneten Verfahren das Zusetzen von alkalilöslichen Oxyden zum Ätzalkali, gleichzeitiges Aufdrucken von Säuren und nachfolgendes Färben der fixierten Oxyde behufs Erzielung weißer Kreppeffekte auf farbigem Grunde.

5. Bei dem zu 1 gekennzeichneten Verfahren das Zusetzen zum Neutralisationsmittel von Ferricyankalium oder von sauren chromsauren Salzen behufs Erzielung weißer Kreppeffekte auf indigoblauem Grunde.

6. Bei dem zu 1 gekennzeichneten Verfahren das Zusetzen von Reduktionsmitteln zum Neutralisationsmittel für Azofarben und substantive Farbstoffe, behufs Erzielung weißer Kreppeffekte auf farbigem Grunde.

Bei den bisher genannten Verfahren der D.R.P. 30 966, 37 658 und 83 314 verfuhr man derart, daß man zum Abwerfen der Natronlauge mechanisch wirkende Reserven benutzte, die, soweit sie aus Albuminen od. ähnl. bestanden, durch Dämpfe fixiert wurden. Nach dem vorliegenden Verfahren wirken die Säuren oder sauer reagierenden Reserven chemisch, indem sie die Natronlauge neutralisieren, bevor sie kontrahierende Wirkungen entfalten kann. Das Verfahren wird in einer Operation durchgeführt, und zwar vorteilhaft auf einer Mehrfarbendruckmaschine. Das rohe, weiße oder glatt mordancierte, glatt gefärbte oder vorher bedruckte Gewebe oder Garn wird mit einer gravierten Klotzwalze auf der ganzen Fläche mit verdickter oder nicht verdickter kaustischer Natrolauge von 30—50° Bé imprägniert und auf derselben Maschine gleichzeitig mit einer oder mehreren Walzen behandelt, auf denen der zu erzielende Kreppeffekt graviert ist. Das mit der Natronlauge imprägnierte Gewebe oder Garn wird überdruckt mit Druckfarben z. B. aus 1 l Wasser und 600 g Britishgum oder gebrannter Stärke mit Zusätzen von Säuren, wie z. B. Essigsäure, Weinsäure, Salzsäure, welche die Natronlauge teilweise oder ganz neutralisieren. Statt der Säuren kann man schwefelsaure Tonerde, Chlormagnesium, Zinnsalz, Eisenchlorid, essigsaure Tonerde, saure chromsaure Salze, Chromacetat, Bleinitrat, sowie alkalilösliche Oxyde wie Tonerdehydrat, Chromoxyd, Bleioxyd anwenden. Nach dem Klotzen und Überdrucken wird entweder getrocknet oder ohne zu trocknen durch Wasser oder Säurebäder die kaustische Natronlauge entfernt. Um die Anwendung basischer Farbstoffe wie Methylenblau zu ermöglichen und mit diesen gefärbte Kreppeffekte auf weißem Grunde herzustellen, setzt man der Druckfarbe, welche Essigsäure als Neutralisationsmittel enthält, Tannin zu, fixiert dieses durch Antimonsalz und färbt mit basischen Farbstoffen.

D.R.P. 100 701, Kl. 8. Ferd. Mommer & Co. in Barmen-Rittershausen. Herstellung mehrfarbiger mercerisierter Gewebe oder Wirkwaren. Vom 24. Dezember 1897.

Patentanspruch: Neuerung bei Herstellung mehrfarbiger mercerisierter Gewebe oder Wirkwaren, darin bestehend, daß man die als Mercerisiermittel dienende Natronlauge auf Gewebe oder Wirkwaren aus Pflanzenfasern einwirken läßt, welche gefärbte, vor dem Verweben mit Albuminlösung als Schutzmittel gegen das Mercerisiermittel getränkte Fäden enthalten.

Es hat sich bei der Mercerisierung von Geweben, die vorgefärbte Garne enthalten, herausgestellt, daß die starke Natronlauge auch die echtesten Färbungen wie Türkischrot, Anilinschwarz und Entwicklungsfarbstoffe angreift, indem diese Farbstoffe die ungefärbten Fäden anfärben. Zur Vermeidung des Ausblutens werden die gefärbten Fäden mit einer Reservage behandelt, die sowohl die Mercerisierung des gefärbten Fadens als auch den Angriff auf den Farbstoff verhindert. Als Reservage dient eine Auflösung, die 100 Teile Albumin, 10 Teile Glycerin und je nach der Art des Garnes bis 1000 Teile Wasser enthält. Mit dieser Lösung wird das gefärbte und getrocknete Garn imprägniert, getrocknet, unter Überdruck gedämpft und dann zu Strickware verwebt.

D.R.P. 101 915, Kl. 8. K. K. Priv. Neunkirchner Druckfabriks-Aktien-Gesellschaft in Neunkirchen und Wien. Vom 15. Februar 1898 (vgl. auch D.R.P. 233 210, Kl. 8; E.P. 4222/1898).

Patentanspruch: Verfahren zur Herstellung gekräuselter reiner oder mit Seide oder Baumwolle gemischter Wollstoffe, gekennzeichnet durch das Bedrucken dieser Stoffe mit solchen Salzen, welche, wie z. B. die doppelschwefligsauren Salze oder Rhodansalze, bei dem nachherigen Dämpfen sich zersetzen, wobei die freiwerdende Säure die bedruckten Stellen zusammenzieht, während die nicht bedruckten Stellen gekräuselt werden.

Es ist seit langem bekannt, daß man durch konzentrierte Schwefel-, Phosphor-, Salpeter- und Ameisensäure die Wollfaser zusammenziehen kann. Doch wird die Wollfaser durch die genannten Säuren stark angegriffen oder die Reserven widerstehen den Säuren nicht. Nach dem vorliegenden Verfahren soll das Zusammenziehen der Wollfaser nicht durch eine augenblicklich wirkende Substanz, sondern durch eine solche hervorgerufen werden, die erst beim darauffolgenden Dämpfen die gewünschte Wirkung zeigt. Von in dieser Richtung wirkenden Substanzen sind folgende zu nennen: doppeltschwefligsaure Salze, Rhodansalze, leicht lösliche Chloride (Aluminium, Zink, Calcium), leicht lösliche organische Säuren (Wein- und Zitronensäure), auch einige Phenole (Resorcin), die aber zum Teil die Wollfaser angreifen. Es sind folgende Druckpasten angegeben: $1/_2$ l dickes Gummiwasser, 1 l doppeltschwefligsaures Natron 40° Bé und Glycerin, oder 4 kg Rhodankalium, 1 l Traganthwasser.

D.R.P. 103 041, Kl. 8. Farbwerke vorm. Meister Lucius & Brüning in Höchst a. M. Verfahren zur Herstellung topischer haltbarer seidenartiger Glanzeffekte auf Baumwoll- oder Leinenstoffen auf dem Wege der Drukkerei. Vom 23. Dezember 1896 (vgl. E.P. 29 832/1896).

Patentanspruch: Verfahren zur Erzeugung damastartiger Musterung, dadurch gekennzeichnet, daß man Baumwoll- oder Leinenstoffe unter Benutzung des durch Patent Nr. 97 664 geschützten Verfahrens in gespanntem Zustande, aber nur stellenweise mercerisiert, indem man

1. verdickte kaustische Lauge mit oder ohne Zusatz von Beiz- oder Farbstoffen aufdruckt, oder

2. eine im Bedarfsfalle mit einem Beiz- oder Farbstoff versetzte Reserve aufdruckt, welche, wie Albumin, auf mechanischem oder auf chemischem Wege, wie Tonerdesalze, organische Säuren u. dgl., die Einwirkung der Lauge auf den Stoff verhindert bzw. aufhebt.

Das vorliegende Verfahren betrifft eine Übertragung des Verfahrens gemäß D.R.P. 97 664 zur Erzeugung von topischen Druckeffekten. Nach dem Verfahren des D.R.P. 97 664 wird bekanntlich Seidenglanz auf Baumwolle durch Mercerisierung unter Streckung erzielt. Man wendet nun dieses Verfahren an, um unter Benutzung von topisch aufgedruckten Reserven die Einwirkung der Natronlauge zu lokalisieren, ohne daß aber Kreppeffekte od. dgl. auftreten sollen. Zur Erzielung des beabsichtigten Effektes wird im übrigen die aufgedruckte, auch Eiweißstoffe enthaltende Reserve nicht gedämpft, sondern es ist erforderlich, daß die Reserven, nachdem sie ihre Wirkung erfüllt haben, nachträglich entfernt werden. Falls die Albuminreserve nicht entfernt wird, kann sie zum Animalisieren der bedruckten Fasern dienen, die dann durch Woll- oder Säurefarbstoffe angefärbt werden können. Es sind für die Ausführung folgende Angaben gemacht: Mercerisationsdruckmasse: 200 g British Gum, 200 g Wasser und 600 g Lauge von 40° Bé oder 100 g Weizenstärke, 200 g Wasser und 2000 g Lauge von 40° Bé. Reservedruckmasse: 700 g Albuminlösung 1 : 1 und 300 g Traganthschleim 60 : 1000.

D.R.P. 109 607, Kl. 8. F. W. Scheulen in Unter-Barmen. Verfahren zur Veredelung von Textilfasern. Vom 24. Oktober 1896.

Patentanspruch: Verfahren zur Veredelung vegetabilischer und animalischer Gespinste und Gewebe, insbesondere aus Baumwolle, Wolle und Tussahseide, dadurch gekennzeichnet, daß man diese Gespinste oder Gewebe wenige Minuten lang der Einwirkung von starker Salpetersäure unterwirft, wobei der durch diese Behandlung eintretenden Kontraktion durch Auflegen der Gespinste oder Gewebe in ihrer natürlichen Länge auf zwei Walzen aus Porzellan, Aluminium usw. entgegengewirkt wird, nach welcher Behandlung ein Auswaschen erfolgt.

Beim Behandeln von Gespinsten und Geweben, insbesondere aus Baumwolle, Wolle und Tussahseide mit starker Salpetersäure (vgl. D.R.P. 58 133 und 72 969) tritt ein starkes Einlaufen der Baumwollfaser bis zu 15 vH ein. Wenn man aber bei dieser Behandlung der Kontraktion entgegenwirkt, indem man die Garne oder Gewebe in ihrer natürlichen Länge auf zwei Walzen aus Porzellan oder Aluminium auflegt, so wird nach dem Auswaschen der mit Salpetersäure behandelten Faser nicht nur die Spannung aufgehoben, sondern es tritt eine Verlängerung der Faser um 5 vH ein. Für die Behandlung von Wolle und Tussahseide verwendet man eine Salpetersäure von 35° Bé, für Baumwolle eine solche von 42—44° Bé etwa 2—5 Minuten.

D.R.P. 110 633, Kl. 8. Badische Anilin- und Sodafabrik in Ludwigshafen a. Rh. Neuerung beim Entbasten von Rohseide in Baumwoll-Seidegeweben. Vom 3. Januar 1899.

Patentanspruch: Neuerung beim Entbasten von Rohseide in Baumwoll-Seidegeweben, bestehend im Zusatz von Traubenzucker bei der Behandlung der Halbseide mit Alkalilauge.

Das Entbasten von Rohseide hat man bisher nicht mit Natronlauge vornehmen können, weil die Lauge zwar den Seidenbast löste, aber auch die Seidenfaser angriff. Überraschenderweise tritt eine Entbastung der Rohseide ohne Schwächung der Faser auf, wenn man die Alkalilauge bei Gegenwart von Traubenzucker einwirken läßt. Dieses Verfahren kann bei gewöhnlicher Temperatur ausgeführt werden. Bei der Anwendung dieses Verfahrens auf Halbseide, d. h. auf solche, die aus Rohseide und Baumwolle bestehen, tritt erstens eine Entbastung der Rohseide und daneben eine Mercerisierung der Baumwolle ohne Einlaufen dieser Faser ein. Wegen Erhöhung der Farbaffinität mercerisierter Baumwolle in gemischten Geweben ergeben sich dadurch besondere Vorteile. Man kann dieses Verfahren auf dem Abkochjiggern ausführen. Es wird folgendes Bad angegeben: 700 g Natronlauge 40° Bé, 200 g Wasser und 300 g Traubenzucker.

D.R.P. 117 249, Kl. 8. Badische Anilin- und Sodafabrik in Ludwigshafen a. Rh. Verfahren zum Entbasten und Mercerisieren von Halbseide durch Alkalilauge und Glycerin. Zusatz zum Patent 110 633 vom 3. Januar 1899. Vom 5. März 1899 (vgl. auch D.R.P. 113 205, Kl. 8).

Patentanspruch: Abänderung des durch Patent 110 633 geschützten Verfahrens zur Entbastung der Rohseide in Baumwollseidegeweben, darin bestehend, daß die Halbseide mit Alkalilauge unter Zusatz von Glycerin statt Traubenzucker behandelt wird, wodurch zugleich Mercerisierung der Baumwolle erfolgt.

Das Glycerin besitzt ebenso wie der im Hauptpatent benutzte Traubenzucker die Eigenschaft, die Seide beim Entbasten zu schützen und gleichzeitig eine Mercerisierung der Baumwolle ohne Einschrumpfen zu bewirken.

D.R.P. 130 455, Kl. 8. Badische Anilin- und Sodafabrik in Ludwigshafen a. Rh. Verfahren zum Entbasten von Rohseide in Baumwollseidegeweben unter Mercerisation der Baumwolle. Zusatz zum Patent 110 633 vom 3. Januar 1899. Vom 12. März 1901 (vgl. E.P. 6644/1901).

Patentanspruch: Abänderung des durch Patent 110 633 und dessen Zusatzpatent 117 249 geschützten Verfahrens zur Entbastung von Rohseide in Baumwollseidegeweben, darin besthend, daß man die Halbseide statt wie dort mit Alkalilauge und Traubenzucker bzw. Glycerin, hier mit Schwefelalkalien unter Zusatz dieser Agentien behandelt.

Von den Schwefelalkalien war es zwar bekannt, daß sie geeignet wären, den Seidenbast aufzulösen, wobei indessen eine Schwächung des Seidenfadens eintrat. Es hat sich nun gezeigt, daß die gleichen Zusätze, die im D.R.P. 110 633 und 117 249 zu den Alkalilaugen gemacht werden, um die Angriffsfähigkeit der Ätzlauge gegenüber dem Seidenfaden aufzuheben, nämlich Traubenzucker oder Glycerin, auch in Lösungen der Alkalisulfide wirksam sind. Es wird folgendes Bad angegeben: 400 g Schwefelnatrium (krystallisiert), 100 g Traubenzucker oder Glycerin in 500 ccm Wasser. Man hantiert etwa $^1/_4$ Stunde bei 20° C.

D.R.P. 111 370, Kl. 8. James Ashton und Edwin Cuno Kayser in Hyde (England). Verfahren zur Erzeugung von Seidenglanz auf vegetabilischen Geweben. Vom 15. November 1898.

Patentanspruch: Verfahren zur Erzeugung von Seidenglanz, auch topisch, auf Baumwolle und anderen vegetabilischen Geweben auf kontinuierliche Weise dadurch, daß man das mit Natronlauge oder mit gleichwirkenden Agentien getränkte oder gemäß Patent 103 041 bedruckte, in der Längsrichtung straff gehaltene Gewebe unverzüglich über einen oder mehrere dicht zusammenliegende, sich drehende Zylinder, welche zweckmäßig eine rauhe Oberfläche haben, hinwegführt, in einer Weise, wie dies bei Kontinuiertrockenmaschinen üblich ist, und es noch während seines Aufenthaltes auf einem Zylinder wäscht.

Es ist bereits in der Patentschrift 103 041, Kl. 8 ein Verfahren beschrieben, um topische seidenartige Druckeffekte auf Baumwolle dadurch zu erzeugen, daß man beim topischen Aufdruck von Natronlauge das Gewebe im Sinne des D.R.P. 97 664 gespannt erhält. Nach dem vorliegenden Verfahren wird in ähnlicher Weise gearbeitet, indem aber das mit Natronlauge bedruckte Gewebe einen drehbaren Zylinder zum Teil umfaßt, wobei es an den Enden kräftig angezogen wird. Das Waschen der Ware findet gleichfalls auf dem Zylinder statt. Infolge der Adhäsion des Gewebes auf der Zylinderfläche wird ein Einschrumpfen vermieden.

D.R.P. 113 205, Kl. 8. Farbenfabriken vorm. Friedrich Bayer & Co. in Elberfeld. Verfahren zum Mercerisieren animalischer Fasern. Vom 30. Oktober 1897.

Patentanspruch: Verfahren zum Mercerisieren animalischer Fasern, darin bestehend, daß man dieselben entweder mit Ätzalkalilösungen beliebiger Konzentration in Gegenwart von Glycerin oder mit Laugen hoher Konzentration ohne Zusatz von Glycerin behandelt.

Das Verfahren beruht auf der Beobachtung, daß Wolle nur dann von Ätzlaugen zerstört wird, wenn deren Konzentration unter 36° Bé liegt. Beispielsweise wirkt eine Lauge von 20° Bé am stärksten zerstörend auf Wolle ein, während Laugen von 36—50° Bé, sofern man die Behandlungsdauer nicht bis auf 1 Stunde ausdehnt, sondern auf etwa 5—10 Minuten beschränkt, eine bedeutende Erhöhung ihrer Festigkeit und Farbstoffaffinität bewirken. Man wird aber von der Konzentration der Lauge vollkommen unabhängig, wenn man ihr Glycerin zusetzt. Die mercerisierte Wolle gleicht in ihrem Aussehen dem Ausgangsmaterial. Der Zusatz des Glycerins kann ebenso hoch sein wie derjenige der Lauge. Man kommt aber auch mit geringeren Zusätzen, wie z. B. 25 vH aus.

Man arbeitet zweckmäßig bei normaler Temperatur, kann aber auch z. B. bis auf 40° C heraufgehen. Die Seide verhält sich ähnlich wie Wolle, nur daß sie sich dem Einfluß der Lauge gegenüber beständiger erweist (vgl. auch D.R.P. 117 249).

D.R.P. 177 979, Kl. 8. Dr. Rudolf Hömberg in Charlottenburg und Mawcycy J. Poznanski in Lodz, Rußland. Verfahren zur Erzeugung erhabener reliefartiger, waschechter Muster auf Geweben. Vom 11. November 1905.

Patentanspruch: Verfahren zur Erzeugung erhabener reliefartiger, waschechter Muster auf Geweben, insbesondere aus pflanzlichen Faserstoffen, dadurch gekennzeichnet, daß man die Muster in die Gewebe einpreßt und gleichzeitig oder darauffolgend den Fond des Gewebes mit denselben zusammenziehenden Mitteln behandelt.

Als zusammenziehende Mittel werden Natronlauge oder Schwefelsäure verwendet. Man kann das Gewebe zunächst auf dem Gaufrierkalander mit einem Muster versehen und darauf die nicht erhabenen Stellen, also den Fond, über eine mit starker, am besten verdickten Natronlauge benutzte Walze streichen lassen; dann wird gründlich gespült, wobei die erhabenen Stellen wegen Zusammenziehung des Grundes stark hervortreten. Oder man kann die erhabenen Stellen der Ware nach dem Pressen in dem Gaufrierkalander mit einer Reserve überziehen, das ganze Gewebe durch die Lauge ziehen und nachher die Ware degummieren. Schließlich kann man auch auf die nicht vertieften Stellen der Gaufrierwalze, die das Muster vertieft enthält, verdickte Natronlauge aufbringen und aufdrucken. Man kann die erhöhten Stellen des Musters aufrauhen.

D.R.P. 233 210, Kl. 8. Dr. Emil Elsaesser in Langerfeld, Westfalen. Verfahren zur Behandlung von Wolle mit Bisulfitlösung bei höherer Temperatur. Vom 11. Juli 1909 (vgl. Ö.P. 53 013, E.P. 16 949/1910, F.P. 418 082).

Patentanspruch: Verfahren zur Behandlung von Wolle mit Bisulfitlösung bei höherer Temperatur, dadurch gekennzeichnet, daß man die Wolle zwecks Erzielung von Mercerisiereffekten mit starker Bisulfitlösung bei höherer Temperatur bis zur gummiartigen Erweichung, d. h. vornehmlich nur kurze Zeit, behandelt, wobei die Wolle gleichzeitig gespannt gehalten oder nachträglich, gegebenenfalls über die natürliche Länge, gestreckt und in diesem Zustande die schrumpfende Wirkung des Bisulfits aufgehoben wird.

In der Patentschrift 101 915 ist ein Verfahren beschrieben zur Herstellung gekräuselter Effekte auf reinen sowie mit Seide oder

Baumwolle gemischten Wollstoffen durch Bedrucken mit doppelt-schwefligsauren oder Rhodansalzen und darauf folgendes Dämpfen bzw. durch Aufbringen von Reserven im Druckwege und Hindurch-ziehen des Gewebes durch die vorgenannten Salzlösungen. Nach dem vorliegenden Verfahren wird auch Bisulfitlösung angewendet, aber in der Weise, daß man die Wolle mit starken Bisulfitlösungen (1 Vol.-Teil Lösung Bisulfit von 40° Bé mit 5—6 Vol. Wasser etwa 8 Minuten kochend heiß behandelt, bis eine gummiartige Erwei-chung der Wolle eintritt und sie entweder gleichzeitig gespannt hält, oder nach erfolgter Schrumpfung wieder ausreckt und in die-sem Zustand fixiert. Die Fixierung kann durch längeres Kochen in Wasser, Abkühlen oder Waschen der Wolle mit kaltem Wasser oder durch Einwirkung von Bädern, die das Bisulfit zerstören oder binden, erfolgen.

D.R.P. 256 851, Kl. 8. Dr. Emil Elsaesser in Langerfeld, Westfalen. Verfahren zur Behandlung von Wolle mit Bisulfitlösung bei höherer Temperatur. Zusatz zum Patent 233 210. Vom 3. Mai 1912.

Patentanspruch: Abänderung des Verfahrens zur Behand-lung von Wolle mit Bisulfitlösung bei höherer Temperatur gemäß Patent 233 210, dadurch gekennzeichnet, daß die mit Bisulfit-lösung bei gewöhnlicher oder erhöhter Temperatur imprägnierte Wolle in einem zweckmäßig überhitzten und gespannten, Dampf enthaltenden Dampfraum gestreckt wird, worauf die fertiggestellte Wolle zweckmäßig einer Nachbehandlung mit einer Emulsion von Wollfett unterworfen wird.

Bei der Ausführung des Verfahrens nach D.R.P. 233 210 hat es sich gezeigt, daß der Garnstrang nur zu einem Drittel oder zur Hälfte in das heiße Bisulfitbad eintaucht, wodurch sich Unregel-mäßigkeiten im Garn ergeben. Man vermeidet diesen Übelstand dadurch, daß man das Garn oder Gewebe mit Bisulfitlösung bei gewöhnlicher oder erhöhter Temperatur imprägniert und unter Verwendung von überhitztem Dampf und gespanntem Dampf in einem geschlossenen Dampfraum streckt. Die Stärke der Bisulfit-lösung soll zweckmäßig 40° Bé betragen. Das imprägnierte Woll-material wird von einem Überschuß der Bisulfitlösung durch Ab-pressen oder Zentrifugieren befreit, unter Streckung gedämpft und dann mit kochendem oder kaltem Wasser ausgewaschen und mit verdünnter Schwefelsäure nachbehandelt; schließlich folgt die Be-handlung mit einer Emulsion von Wollfett.

D.R.P. 280 134, Kl. 8. Heberlein & Cie. in Wattwil, St. Gallen, Schweiz. Verfahren zur Erzeugung von gemusterten Effekten auf Baumwollgeweben. Vom 21. November 1913.

Patentanspruch: Verfahren zur Erzeugung von gemusterten Effekten auf Baumwollgeweben, gemäß welchem man konzentrierte Schwefelsäure auf das Gewebe aufdruckt und nach der Einwirkung auswäscht oder eine Reserve auf das Gewebe aufdruckt und dasselbe alsdann durch konzentrierte Schwefelsäure passiert und nachher auswäscht, dadurch gekennzeichnet, daß man zur Ausführung des Verfahrens einerseits vorher mercerisierte Baumwollgewebe bzw. Gewebe aus mercerisierter Baumwolle und andererseits ausschließlich Schwefelsäure von über $50\,^1/_2\,°$ Bé verwendet.

Es hat sich gezeigt, daß das bekannte Verfahren zur Erzielung gemusterter Effekte auf Baumwollgeweben, d. h. das Aufdrucken von Mustern mit Schwefelsäure oder das Aufdrucken einer Reserve und nachfolgendes Überziehen mit Schwefelsäure von 45—53° Bé zwar Pergamentmuster auf der Baumwolle hervorbringt, die aber lange nicht so ausgeprägt sind, als wenn man einerseits vorher mercerisierte Baumwolle anwendet und andererseits Schwefelsäure von über $50\,^1/_2\,°$ Bé. Diese Erhöhung der Effekte erklärt sich dadurch, daß durch die chemische Veränderung, welche die Baumwolle beim Mercerisieren erfährt, sie viel reaktionsfähiger wird und infolgedessen höhere Transparenz der behandelten Stellen zeigt.

D.R.P. 295 070, Kl. 8. Dr. Wolfgang Reidemeister in Berlin. Verfahren zur Erzeugung erhöhten Glanzes auf Naturseide im Strang und in Geweben. Vom 21. Juli 1914.

Patentanspruch: Verfahren zur Erzeugung erhöhten Glanzes auf Naturseide im Strang und in Geweben, dadurch gekennzeichnet, daß man diese in gespanntem Zustande mit höher konzentrierten Fettsäuren, deren Anhydriden oder Gemischen daraus, eventuell unter Mitverwendung von Glycerin behandelt, hernach wäscht und trocknet, oder in ungespanntem Zustande mit den vorgenannten Substanzen behandelte Seide der Spannung unterwirft.

Besonders empfohlen zur Ausführung wird Ameisensäure von 90—100 vH während einer Zeitdauer von 2—10 Minuten unter Gestreckthalten, oder indem man um 1—2 vH über die normale Länge ausreckt. Statt der Ameisensäure können mit ähnlichem Erfolg Essigsäureanhydrid, Essigameisensäureanhydrid oder ein Gemisch von Eisessig und Essigsäureanhydrid angewendet werden. Gegenüber der bekannten Einwirkung von Ameisensäure auf Seide ohne Spannung wird eine starke Erhöhung des Glanzes erzielt.

D.R.P. 340 824, Kl. 8. Heberlein & Co., A.-G., in Wattwil, Kant. St. Gallen, Schweiz. Verfahren, um Baumwolle ein transparentes Aussehen zu verleihen. Vom 12. August 1916.

Patentansprüche: 1. Verfahren, um Baumwolle ein transparentes Aussehen zu verleihen, dadurch gekennzeichnet, daß man sie mit Natronlauge von zu Mercerisationszwecken üblichen Konzentrationen, also von mindestens 15° Bé, bei Temperaturen von unter 0° C so lange behandelt, bis der Transparenzeffekt eintritt.

2. Verfahren nach Anspruch 1, dadurch gekennzeichnet, daß das Baumwollgewebe mit Reserven bedruckt und alsdann der Einwirkung von unter 0° C gekühlter Lauge ausgesetzt wird zwecks Erzielung gemusterter Effekte.

5. Verfahren nach Anspruch 3 bzw. 4, dadurch gekennzeichnet, daß im Sinne des Patentes 280 134 vor der Säure- oder Natronlaugebehandlung eine Reserve aufgedruckt wird und alsdann mit gegebenenfalls gekühlter Schwefelsäure bzw. mit abgekühlter Natronlauge behandelt wird.

6. Verfahren nach Anspruch 1, dadurch gekennzeichnet, daß man im Sinne des Patentes 295 816 bei allen in demselben vorgesehenen Kombinationen die Alkalilauge einmal bzw. mehrmals bei einer Temperatur von unter 0° C anwendet und die zur Anwendung gelangende Schwefelsäure von über $50^{1}/_{2}°$ Bé gegebenenfalls in abgekühltem Zustande mehrmals bzw. einmal zur Einwirkung bringt, wobei an Stelle des direkten Aufdrucks gekühlter Säure oder Lauge nur das Reservageverfahren mit nachfolgender Passage durch gekühlte Agentien zur Anwendung gelangt (vgl. D.R.P. 340 824, Kap. IX B).

D.R.P. 389 428, Kl. 8. Heberlein & Co., A.-G., in Wattwil, St. Gallen, Schweiz. Verfahren, um Baumwolle neuartige Beschaffenheit zu geben. Zusatz zum Patent 340 824. Vom 31. August 1921 (vgl. Kap. X).

Patentansprüche: 1. Abänderung des Verfahrens von Patentanspruch 1 des Hauptpatentes 340 824, um Baumwolle neuartige Beschaffenheiten zu verleihen, dadurch gekennzeichnet, daß, um der Baumwolle ein glänzendes Aussehen zu verleihen, vor oder nach oder vor und nach einer Behandlung mit kalter Natronlauge oder zwischen zwei Behandlungen mit kalter Natronlauge eine normale Mercerisation (Behandlung der Baumwolle mit Natronlauge bei normaler Temperatur mit oder ohne Spannung) stattfindet, wobei sich eine der folgenden Gruppen von Laugenbehandlungen ergibt, nämlich:

a) normale Mercerisation — kalte Lauge,
b) kalte Lauge — normale Mercerisation,

c) normale Mercerisation — kalte Lauge — normale Mercerisation,

d) kalte Lauge — normale Mercerisation — kalte Lauge.

2. Verfahren nach Patentanspruch 1, dadurch gekennzeichnet, daß vor den Laugenbehandlungen bzw. zwischen den Laugenbehandlungen das Baumwollgewebe mit Reserven bedruckt wird zwecks Erzielung gemusterter Effekte, wobei jedoch stets nach dem Aufdrucke der Reserve eine Behandlung mit kalter Lauge folgen muß.

5. Verfahren nach Patentanspruch 3 bzw. Patentanspruch 4, dadurch gekennzeichnet, daß zwecks Erzielung gemusterter Effekte das Baumwollgewebe vor einer Säure- bzw. vor einer Laugenbehandlung mit Reserven bedruckt wird, wobei jedoch stets nach dem Aufdrucke der Reserve eine Behandlung mit konzentrierter Schwefelsäure von über $50^1/_2°$ Bé bzw. mit kalter Lauge erfolgen muß (vgl. auch D.R.P. 389 428, Kap. X).

D.R.P. 357 831, Kl. 8. Aktien-Gesellschaft für Anilin-Fabrikation in Berlin-Treptow. Verfahren zum Mercerisieren von halbwollenen und halbseidenen Geweben. Vom 23. August 1917.

Patentanspruch: Verfahren zum Mercerisieren von halbwollenen und halbseidenen Geweben mit Alkalien, dadurch gekennzeichnet, daß dem alkalischen Bade Sulfitcelluloseablauge oder Zellpech zum Schutze der tierischen Faser zugesetzt wird.

Beim Mercerisieren von halbseidenen und halbwollenen Geweben mit Natronlauge tritt bekanntlich der große Übelstand ein, daß durch die Einwirkung der Natronlauge die Wolle bzw. die Seide mehr oder weniger stark angegriffen wird. Man hat diesen Übelstand dadurch zu vermeiden gesucht, daß man den alkalischen Bädern Glycerin oder Glucose zugesetzt hat. Die schädigende Wirkung des Alkalis auf die tierische Faser kann man auch durch einen Zusatz von Sulfitcelluloseablauge oder Zellpech beseitigen. Man soll 100 l Natronlauge von 40° Bé mit 5 kg Sulfitcelluloseablauge von 36° Bé mischen, von den ausgeschiedenen harzsauren Salzen trennen und die etwa 33 vH Lauge zur Mercerisation wie üblich anwenden.

D.R.P. 398 583, Kl. 8. William Marshall in Greenwood Lee, Cheadle Hulme, England. Neuerung bei der Herstellung von mercerisierte Cellulose und künstliche Seide enthaltenden Stoffen. Vom 6. Oktober 1923.

Patentansprüche: 1. Neuerung bei der Herstellung von mercerisierte Cellulose und künstliche Seide enthaltenden Stoffen, dadurch gekennzeichnet, daß man unmercerisiertes oder teilweise mercerisiertes Garn und Acetylcellulosegarn zusammenwebt und die Stoffe der Einwirkung von kaustischem Alkali von Mercerisierungsstärke unterwirft.

2. Verfahren nach Anspruch 1, bei welchem der Stoff unter Streckung mercerisiert wird.

3. Verfahren nach Anspruch 1, bei welchem der Stoff ohne Streckung zwecks Erzielung eines Kreppeffektes behandelt wird.

4. Verfahren nach Anspruch 1, bei welchem das Garn mit einer lichtechten Farbe ausgefärbt wird.

Künstliche Seide, hergestellt aus Viscose, Kupferammoniakseide, Nitrocellulose od. dgl., wird durch den Mercerisierungsprozeß beschädigt. Man hat unter Verwendung derartiger Seiden gemischte Gewebe mit mercerisierter Baumwolle durch Verweben von mercerisierter Baumwolle mit Kunstseide hergestellt. Dagegen zeigt Acetatseide bei einer Temperatur von 18° C oder darunter durch starke kaustische Soda keine Zusammenziehung und keinen Verlust an Glanz. Man kann kaustische Sodalösung vom spez. Gew. 1,24 benutzen, oder auch eine solche vom spez. Gew. 1,30. Auch kann man so weit verdünnte Lösungen anwenden, daß sie noch eine mercerisierende Wirkung auf Baumwolle ausüben. Die Temperatur soll so niedrig als möglich gehalten werden, um die Seide zu schützen. Oberhalb 15° C tritt leicht eine Verseifung ein. Die Einwirkung der Natronlauge soll möglichst kurz sein. Beim Mercerisieren, Waschen und Säuern verwendet man tiefe Temperaturen.

D.R.P. 412 164, Kl. 8. Courtaulds Limited in London. Verfahren zur Behandlung von Kunstseide. Vom 18. September 1924 (vgl. E.P. 230 187, F.P. 586 689).

Patentansprüche: 1. Verfahren zur Behandlung von Cellulosekunstseide (einschließlich Viscoseseide, Kupferoxydammoniakseide und Nitrocelluloseseide), dadurch gekennzeichnet, daß die Kunstseide mit einem Schutzstoff wie Gelatine oder einem anderen anhaftenden Kolloid, dann mit einer Alkalilösung, wie der gewöhnlichen Mercerisierungsflüssigkeit, und darauf mit verdünnter Säure zur schnellen Entfernung des Alkalis behandelt wird.

2. Verfahren zur Hervorbringung von Mercerisierungswirkungen auf gemischten Geweben, die aus mercerisierbarer Cellulosefaser und künstlicher Celluloseseide (einschließlich Viscoseseide, Kupferoxydammoniakseide und Nitrocelluloseseide) zusammengesetzt sind, dadurch gekennzeichnet, daß man die Kunstseide mit einem Schutzstoff wie Gelatine oder einem anderen anhaftenden

Kolloid behandelt, die so behandelte Seide alsdann in geeigneter Weise mit der mercerisierbaren Cellulosefaser vereinigt und die vereinigten Kunstseide- und mercerisierbaren Fasern mit einer Mercerisierungsflüssigkeit und darauf mit verdünnter Säure zur schnellen Entfernung des Alkalis behandelt.

3. Verfahren nach Anspruch 1 oder 2, dadurch gekennzeichnet, daß eine Mercerisierungsflüssigkeit mit einem Zusatz von Glycerin verwendet wird.

4. Verfahren nach einem der Ansprüche 1—3, dadurch gekennzeichnet, daß für die Kunstseide ein Schutzstoff verwendet wird, der mehr oder weniger wasserunlöslich gemacht ist.

Es ist bekannt, daß die Celluloseseide wie Viscoseseide, Kupferseide und Nitroseide durch das gewöhnliche Mercerisierverfahren angegriffen werden. Man kann sie aber vorher mit einem Schutzstoff überziehen, der die Einwirkung der Natronlauge ohne Schädigung der Faser ermöglicht. Die Wirkung der Natronlauge auf die geschützte Faser hängt von der angewendeten Spannung und von der Konzentration der zum Auswaschen benutzten Säure ab. Beim Arbeiten ohne Spannung verliert die Seide den metallischen Glanz und nähert sich in ihrem Aussehen der natürlichen Seide. Bei Anwendung von Spannung erleidet die Seide die Strukturveränderung nicht in so sichtbarem Maße. Man soll das Alkali nach dem Mercerisieren gemischter Kunstseide enthaltenden Gewebe mit verdünnter Säure schnell aus dem Gewebe auswaschen. Die Zusammenziehung der ungespannten Seide beträgt bis zu 20 vH. In allen den Fällen, in denen man ein die geschützte Kunstseide enthaltendes Gewebe vor der Mercerisierung auswaschen, bleichen oder einfach einweichen will, muß man den Gelatineüberzug durch Aluminiumsalze gerben. Zum Schlichten der Kunstseide verwendet man eine Gelatinelösung von 1,5—2,8 vH. Die Natronlauge soll etwa 1,300 spez. Gew. haben. Temperatur 33—36° C.

D.R.P. 364 030, Kl. 8. Hans Wünschmann in Limbach i. Sa. Verfahren zur Herstellung von Milaneseseiden-Crêpe de Chine. Vom 29. September 1921.

Patentanspruch: Verfahren zur Herstellung von Milaneseseiden-Crêpe de Chine, dadurch gekennzeichnet, daß man die Ware erst etwa $^1/_2$ Stunde lang mit einem etwa 10proz. Seifenbad von 30° C behandelt, spült und nach dem Spülen, also vor dem Schwefeln, etwa 1 Stunde lang mit einem Bad behandelt, das für je 100 l Wasser 25 g Natriumnitrit, 300 g Schwefelsäure und 600 g Salzsäure gelöst enthält.

Durch das vorliegende Verfahren wird der auf dem Milanesestuhl hergestellten seidenen Wirkware der Griff und das Aussehen von Crêpe de Chine gegeben. Es ist folgende Vorschrift gegeben. Man bereitet ein Bad, das aus einer Lösung von ungefähr 10 vH Marseiller Seife in Wasser besteht, und läßt dieses Bad bis auf annähernd 30° C abkühlen. In dieses Bad bringt man die rohe Stückware der Milaneseseide und läßt sie darin ungefähr $^1/_2$ Stunde. Darauf wird gespült. Nachdem man dann ein Bad hergestellt hat, in dem sich auf 100 l Wasser 25 g Natriumnitrit, 300 g Schwefelsäure und 600 g Salzsäure befinden, gibt man die Ware in dieses Bad und läßt sie etwa $^1/_2$ Stunde lang darin. Hierauf wird die Ware gespült und dann gefärbt. Die so behandelte Seide verliert bei dem genannten Verfahren nur 6—10 vH an Gewicht. Das Aussehen der Seidenware ist matt wie Crêpe de Chine-Seide. Der Griff ist rauh und weich.

In dem bereits besprochenen Ö.P. 92 343 (vgl. Kap. XI) ist ein Verfahren beschrieben, um vegetabilischen Fasern einen wollartigen Charakter zu verleihen, indem man sie bei gewöhnlicher Temperatur mit konzentrierter Salpetersäure von 65 vH oder darüber behandelt. Man kann dieses Verfahren auch zur Erzeugung von Druckeffekten direkt oder unter Verwendung von Reserven benutzen.

E.P. 5533/1895. Verfahren zur Herstellung von Kreppeffekten auf Seide oder gemischten Fasern. Charles und Paul Depoully, Paris.

Man kann analog wie Baumwolle durch Mercerisieren auch Seide zum Schrumpfen bringen, wenn man sie in Form von Fäden, Ketten oder Geweben der Einwirkung von Säuren in rohem, unentbastetem oder abgekochtem Zustand aussetzt. Man beläßt die Seide so lange in der Säure, bis die erforderliche Schrumpfung eingetreten ist. Man soll Schwefelsäure von 1,375—1,401 spez. Gew. anwenden bei 15—37° C und während 5—15 Minuten, oder Salzsäure vom spez. Gew. 1,130—1,145 bei 5—35° C während 1 bis 15 Minuten, oder Salpetersäure spez. Gew. 1,270—1,330 bei 5 bis 45° C während $^1/_2$—15 Minuten, oder Orthophosphorsäure spez. Gew. 1,450—1,500 bei 25—45° C während 2—15 Minuten. Bei der Verwendung von Seide allein kann man Reserven mitbenutzen. Bei der Verwendung gemischter Gewebe erleidet nur die Seide eine Verkürzung, während Baumwolle und Wolle ihre natürliche Länge behalten. Beim Aufdruck von Säuren mit Verdickungsmitteln wird nachher erwärmt.

E.P. 2915/1898. Verfahren zur Herstellung von Kreppeffekten. Douglas, England.

Kreppeffekte kann man auch auf solchen Geweben herstellen, die ausschließlich aus Baumwolle bestehen, wenn man die Gewebe teils aus bereits mercerisierten Baumwollfäden und teils aus unmercerisierten Fäden herstellt und das fertige Gewebe der Mercerisation unterwirft, wobei die Fäden ungleichmäßig einschrumpfen. Man kann zur Herstellung dieser Gewebe auch noch animalische Fäden benutzen.

E.P. 27 361/1898. Verfahren zur Herstellung von Kreppeffekten. Kay and The Thornliebank Co., England.

Zur Herstellung von Kreppeffekten stellt man Gewebe her, die zum Teil aus bereits unter Spannung mercerisierten Garnen, zum Teil aus unmercerisierten Garnen bestehen. Die unmercerisierten Garne können ganz oder teilweise durch Gummi, Eiweiß oder Gelatine reserviert werden, während die unmercerisierten Garne gar nicht oder nur teilweise reserviert sind.

Nach dem Verweben der mercerisierten mit den unmercerisierten Garnen wird mercerisiert. Das vorliegende Verfahren ist sehr ähnlich dem des vorbesprochenen E.P. 2915/1898.

E. P. 11 834/1908. Behandlung von Wolle oder tierischen Fasern. Schneider, England.

Lose Wolle oder tierische Fasern u. dgl. erhalten nach der Behandlung mit kaustischen Lösungen unter 20° Bé die gleichen Eigenschaften wie bei der Behandlung mit Chlor. Bei der Behandlung mit Alkali tritt die gleiche Schrumpfung wie bei der mit Chlor ein, indessen ohne den großen Gewichtsverlust. Nach der Behandlung ist die Wolle so gut wie krimpfrei. Gegenüber der Behandlung mit Chlor läßt sich die Alkalibehandlung gut überwachen; auch wird das giftige Chlor durch Natronlauge ersetzt. Die Einwirkung der Natronlauge soll zwischen 5—10° C stattfinden.

In dem E.P. 103 432 (vgl. Kapitel XIII) ist ein Verfahren erläutert, nach dem man Transparenz- oder Wolleffekte auf Baumwolle dadurch erzielen kann, daß man zur Behandlung von mercerisierter oder nicht mercerisierter Baumwolle nacheinander Schwefelsäure von weniger als 50$^1/_2$° Bé bei mindestens —4° C und dann Natronlauge anwendet, oder aber die Schwefelsäure unter den gleichen Verhältnissen allein auf Baumwolle zur Anwendung bringt. Diese Verfahren soll man auch unter Benutzung der üblichen Arbeitsweise zur Herstellung topischer Effekte verwenden.

In dem E.P. 195 620 (vgl. Kapitel XII) ist ein Verfahren beschrieben, um Baumwolle ohne Schwächung der Faser transparent zu machen, indem man sie mit einer Schwefelsäure behandelt, der man Ammoniumsulfat zugesetzt hat. Dieses Verfahren kann auch zur Herstellung topischer Effekte dienen, indem man Gummilösung, Leim od. dgl. aufdruckt, trocknet und dann wie vorstehend erläutert, behandelt.

E.P. 224 642. **Verbesserte Herstellung von Textilgeweben. Dreyfus, London** (vgl. Am.P. 1 538 030).

Zur Herstellung von Kreppeffekten aus den sogenannten Celluloseseiden soll man ein Gewebe herstellen aus einem Schuß, zu dem Fäden von 45 Denier aus Celluloseseide verwendet werden, die man mit Bastseifenbad oder Klebemitteln schlichtet und dann mit einem Drall von 44—86 Windungen pro Zoll versieht. Aus so vorbereiteten Schußfäden und aus einer Kette, die gleichfalls aus Celluloseseide besteht, wird ein Gewebe hergestellt. Die Kettenfäden sollen einen Drall von 5 Windungen pro Zoll besitzen. Sie können in ähnlicher Weise geschlichtet werden wie die Schußfäden. Nach der Fertigstellung des Gewebes wird abgekocht oder entschlichtet.

E.P. 226 256. **Verbesserte Herstellung von Textilgeweben. Henry Dreyfus, London.**

Das vorliegende Verfahren betrifft eine Abänderung des Verfahrens nach E.P. 224 642. Nach dem neuen Verfahren werden als Schußfäden nicht solche aus Celluloseseide verwendet, sondern Fäden aus Celluloseacetat, Äthyl-, Methyl-, Benzylcellulose, oder andere Ester oder Äther der Cellulose. Die Stärke der Fäden soll auch 45 Denier betragen. Der Drall, die Vorpräparation der Schußfäden, das Verweben und Abkochen ist wie in dem E.P. 224 642.

E.P. 228 585. **Verfahren zum Finishen von Geweben. Broadhurst Co., Manchester.**

Nach dem vorliegenden Verfahren wird ein Gewebe mit Bossierungen versehen, nachdem es einer doppelten Vorbehandlung unterworfen worden ist, indem man es zunächst mit Schwefelsäure von 58,74—64,26 vH behandelt und dann mit Natronlauge unter Spannung mercerisiert. An Stelle der Schwefelsäure kann man auch Schwefelsäure unter Zusatz von Formaldehyd (vgl. E.P. 200 881, Kap. XII) anwenden.

Durch die Behandlung mit Schwefelsäure ohne Spannung erhält man matte Kreppeffekte. Durch die Nachbehandlung mit Natronlauge unter Spannung wird die Ware transparenter. Nach der Pressung unter Anwendung von Hitze und nach erfolgtem Waschen werden die Preßstellen voller, weich und seidenartig, während die nicht gepreßten Stellen durchscheinend bleiben. Man kann auch ohne Spannung mercerisieren, und zu der Säurebehandlung auch ein vormercerisiertes Gewebe benutzen.

In dem E.P. 234 847 (vgl. Kap. XIV) ist ein Verfahren beschrieben, um Baumwolle dadurch zu veredeln, daß man sie bei Gegenwart von Alkali mit dem anorganischen Ester eines einwertigen Alkohols behandelt, wie z. B. Dialkylsulfat, Halogenalkyle oder Halogenaralkyle. Man kann dieses Verfahren auch zur Ausführung von Druckmustern unter Anwendung von Reserven oder von Druckverdickungen wie üblich benutzen.

E.P. 253 853. Veredelung von Kunstfasern. Dr. Lilienfeld, Wien (vgl. Kap. XIV).

Es handelt sich um eine Verbesserung der Celluloseseide (Viscose, Kupferseide, denitrierte Nitroseide), indem man sie mit einer höchstens 5 vH NaOH und zweckmäßig weniger als 1 vH NaOH enthaltenden Lösung von Alkali behandelt und während der ganzen Dauer der Behandlung oder eines Teiles die Ware streckt. Die Seidenfäden können auch mit anderem Spinnmaterial wie Baumwolle, Seide, Wolle od. dgl. zu gemischten Textilmaterialien versponnen oder verwebt sein.

E.P. 253 854. Veredelung von Kunstfasern. Dr. Lilienfeld, Wien (vgl. Kap. XIV).

Man soll die Eigenschaften von Kunstseiden wie Viscose, Kupferseide, denitrierter Nitroseide, Acetatseide od. dgl. dadurch veredeln, daß man sie mit einer Lösung von eines Cellulose-Thiourethans (E.P. 231 806) behandelt, in dem wenigstens ein Wasserstoffatom der Aminogruppe durch ein Alkoholradikal ersetzt worden ist. Man kann zu dieser Behandlung sowohl reine Kunstseidenfabrikate als Fäden, Garne, Copse, Ketten, Geweben od. dgl. anwenden, sowie auch gemischte Textilwaren, die außerdem noch andere Fasern wie Baumwolle, Seide, Wolle od. dgl. enthalten.

E.P. 210 484. Verbesserung von Geweben mit Kunstseide. Marshall, England (vgl. Am.P. 1 511 741).

Es hat sich ergeben, daß Natronlauge von 28° Bé, wie sie beim Mercerisieren Verwendung findet, keinen schädlichen Einfluß auf Acetatseide ausübt. Da Baumwolle bei dieser Behandlung einschrumpft, kann man Kreppeffekte erzielen, wenn man gemischte Gewebe aus Baumwolle und Acetatseide der Einwirkung von Lauge von 28° Bé unterwirft. Die Temperatur soll 15,55° C betragen. Man kann die Behandlung der gemischten Gewebe ohne Kreppeffekte durchführen, wenn man unter Spannung arbeitet. Ohne Anwendung von Spannung tritt ein Kreppeffekt ein. Die Acetatseide wird wenig verändert, indessen werden die Fäden zylindrischer. Man soll die Lauge nur möglichst kurz und bei tiefen Temperaturen einwirken lassen.

E.P. 261 792. **Veredelung von Kunstseide. Heberlein & Co., Wattwil (vgl. Kap. XIV).**

Kunstseide, die aus regenerierter Cellulose oder hydratisierter Cellulose besteht, wie Viscose, Kupferseide oder denitrierte Nitroseide, soll man mit Phosphorhalogeniden unter Zusatz von alkoholischem Alkali (E.P. 255453, vgl. Kap. XIV) behandeln, wobei sie ihre Affinität für substantive Farbstoffe verliert und Affinität für basische Farbstoffe gewinnt. Behandelt man Acetatseide oder Celluloseäther in der gleichen Weise, die keine Affinität zu Farbstoffen besitzen, so färben sie sich nach der Behandlung leicht mit basischen Farbstoffen.

E.P. 264 783. **Herstellung von waschbaren Steifgeweben. A.-G. Cilander, Herisau.**

Steifgewebe aus weichen Fasern besitzen für gewöhnlich keine ausreichende Waschbarkeit. Verwendet man dagegen zu einem gleichen Zwecke Fasern, die eine natürliche Steifheit besitzen, so treten beim Verweben Schwierigkeiten auf, auch sind sie leicht brüchig usw. Man hat auch schon pflanzliche Fasern mit Schwefelsäure unter Spannung oberflächlich erweicht. Man kann auf diese Weise nur einen gewissen Grad von Steifheit erreichen. Bei Anwendung von stärkerer Schwefelsäure verliert die Faser ihr früheres Aussehen, klebt zusammen und verliert ihre Elastizität. Man vermeidet diese Mißstände, wenn man gemischte Gewebe aus Kunstseide und Baumwolle herstellt und diese für kurze Zeit der Einwirkung von Schwefelsäure von über 45° Bé bei gewöhnlicher Temperatur unterwirft. In den gemischten Geweben bei Gegenwart von Kunstseide schrumpft die Baumwolle nicht ein. Man kann auch gemischte Gewebe aus Kunstseide und Seide, Wolle oder Leinen anwenden. Als Kunstseide verwendet man die Celluloseseiden oder Acetatseide. Die Schwefelsäure kann stark gekühlt sein. Die Einwirkungsdauer soll etwa 15 Sekunden betragen. Außer Schwefelsäure kann man auch Salzsäure, Salpetersäure oder Phosphorsäure benutzen.

Am.P. 629 780. **Verfahren zum Mercerisieren. Dosne, Frankreich.**

Nach dem Verfahren soll man Moiréeffekte auf Baumwolle herstellen unter Erzeugung von Seidenglanz. Das Baumwollgewebe soll mit Streifen, die eng aneinander liegen, bedruckt werden. Die Streifen sollen von gleicher oder verschiedener Farbe sein. Dann werden Reserven in weiß oder bunt ebenso wie die Streifen aufgedruckt, wobei das Gewebe hin und her bewegt wird, und wodurch die Reserven irregulär werden. Nach dem Aufdruck wird mit einer konzentrierten Natronlauge von 15—40°, mit Wismut (?) oder mit konzentrierter Schwefelsäure behandelt. Man passiert dann durch gravierte Druckwalzen.

Am.P. 1 201 961. Druckeffekte auf baumwollenen Geweben. Heberlein, Wattwil.

Bei der Herstellung der Druckeffekte geht man von mercerisierter Ware aus, druckt Schwefelsäure von über $50^1/_2$° Bé auf und beläßt sie für einige Sekunden auf dem Gewebe, dann wird ausgewaschen und das ganze Gewebe nochmals mercerisiert. Die Wirkung des Aufdrucks mit Schwefelsäure wird durch die nachfolgende Mercerisation bedeutend verbessert.

Die nachstehend beschriebenen Verfahren betreffen die Mercerisation von gemischten Geweben, die aus Cellulosefasern und künstlichen Seidenfäden (Viscose) bestehen, wobei die Viscose vor den zerstörenden Einflüssen des Alkalis geschützt werden soll. Man kann diesen Zweck dadurch erreichen, daß man der Mercerisationslauge einwertige Alkohole zusetzt, die sich in der Lauge lösen. Vorgeschlagen werden Äthyl- und Methylalkohol, und zwar insbesondere denaturierter Alkohol, und zwar 75 g auf 943 g Natronlauge von 33° Bé (Am.P. 1 316 958). Der Zusatz von einwertigen Alkoholen zu Natronlauge ist bereits in vorstehendem beschrieben (vgl. Kap. X).

In gleicher Weise wie in dem Verfahren des Am.P. 1 316 958 soll man zum Schutz der Viscose an Stelle von einwertigen Alkoholen der Natronlauge Formaldehyd zusetzen. Man soll 57 g Formaldehyd zu 943 g einer Natronlauge von 33° Bé hinzufügen (Am.P. 1 343 138). An Stelle von Formaldehyd kann man auch Phenol, und zwar 50 g auf 950 g Natronlauge von 33° Bé anwenden (Am.P. 1 343 139). Zu einer gleichen Wirkung soll auch ein Zusatz von Glycerin oder Glycerol führen, und zwar soll man 165 g Glycerin mit 868 g Natronlauge von 35,50° Bé mischen (Am.P. 1 346 802). Das Glycerin soll auch mit derselben Wirkung durch Monoacetin ersetzt werden können. Es wird eine Mischung von 181 g Monoacetin auf 819 g Natronlauge von 37,5° Bé vorgeschlagen (Am.P. 1 346 803).

In dem Am.P. 1 392 264 ist ein Verfahren beschrieben, um matte Wolleffekte auf Baumwolle dadurch zu erzeugen, daß man sie mit Schwefelsäure von 49—51° Bé behandelt, wäscht und dann ohne Streckung mercerisiert. Man kann dieses Verfahren auch zur Herstellung von Musterungen verwenden, durch Aufdruck von verdickter Säure oder unter Anwendung mechanischer oder chemischer Reserven.

Es sind in vorstehendem verschiedene Verfahren beschrieben worden, um in gemischten, aus Baumwolle und Viscose bestehenden Geweben die Viscose bei der Mercerisation durch Zusatz von einwertigen Alkoholen, Formaldehyd, Phenol, Glycerin oder Monoacetin zu schützen. Zu einem gleichen Zweck soll man auch der Natronlauge Alkalisalze zusetzen, wie Natriumnitrit, Natriumformiat, Natriumcitrat, Natriumlaktat, Kaliumsulfit, Kaliumformiat, Kaliumacetat, Kaliumcitrat und Ammoniumnitrat. Es sind auch Arsenite und Arseniate genannt. Von den Alkalisalzen soll man mindestens einen Zusatz von 20 vH anwenden (Am.P. 1 392 833).

In dem Am.P. 1 538 370 (Barnett & Foulds, Manchester) ist ein Verfahren beschrieben, um auf Cellulosefasern einen Pergamenteffekt dadurch zu erzielen, daß man sie mit Schwefelsäure von 1,55 spez. Gew. behandelt, der man zur Schonung der Faser Formaldehyd zugesetzt hat. Dieser Zusatz soll sich auch empfehlen, wenn man an Stelle von Cellulosefäden Kunstseide oder gemischte Gewebe aus den vorgenannten Fasern und Wolle, Seide, Haare od. dgl. anwendet. Auch zur Herstellung topischer Effekte ist das vorerwähnte Verfahren anwendbar.

In dem Am.P. 1 546 121 (Foulds & Barnett, Manchester, vgl. Kap. XIII) ist ein Verfahren beschrieben, um durch Einwirkung von Schwefelsäure pergamentierten Geweben einen weicheren Griff dadurch zu verleihen, daß man sie mit verdünnter Schwefelsäure von 1,44—1,55 spez. Gew. nachbehandelt. Dieses Verfahren soll man auch auf solche Gewebe anwenden, die vorher mit einem Druckmuster versehen worden sind.

In dem Am.P. 1 558 453 ist ebenso wie in dem bereits besprochenen Am.P. 1 538 370 ein Verfahren zur Behandlung von Baumwolle mit Schwefelsäure von 1,49—1,55 spez. Gew. zur Erzielung von Wolleneffekten beschrieben, wobei der Schwefelsäure Formaldehyd, seine Polymeren oder Kondensationsprodukte wie Hexamethylentetramin zugesetzt werden sollen. Man kann an Stelle von nur aus Baumwolle bestehenden Geweben Kunstseide oder gemischte, auch noch Wolle, Seide oder Haare enthaltenden Gewebe verwenden und die Säure zur Erzielung topischer Effekte auch im Druckwege, z. B. auch unter Anwendung der üblichen Reserven, aufbringen.

F. P. 461 977. **Verfahren zur Veredelung von Baumwollgeweben. Société Negret Frères, Paris.**

Zur Ausführung des Verfahrens verwendet man ein Gewebe, dessen Kette aus Fäden besteht, die teils unmercerisiert, teils ohne

Spannung mercerisiert sind. Nach seiner Herstellung wird das Gewebe mit Natronlauge oder anderen schrumpfenden Mitteln behandelt, wodurch die mercerisierten Fäden unverändert bleiben, während die nicht mercerisierten Fäden sich zusammenziehen, wodurch eine Einschnürung oder Bildung von Falten erfolgt.

F.P. 463 764. Verfahren zur Herstellung von Kräuselungseffekten in baumwollenen Geweben. Société Negret, Frankreich.

Nach dem vorliegenden Verfahren wird das baumwollene Gewebe senkrecht zu seiner Kante und nur auf einer Kantenseite in ein schrumpfend wirkendes Bad eingetaucht, während die andere Kante außerhalb des Bades bleibt. Man taucht das Gewebe bis zu einer gewissen Höhe ein und beläßt es eine gewisse Zeit in dem Schrumpfungsbad. Die Flüssigkeit steigt in dem Gewebe durch Kapillarität empor und bewirkt die Schrumpfung. Zur Behandlung langer Gewebsbreiten kann man das Gewebe zusammengerollt eintauchen.

In dem F.P. 482 282 (A.-G. Cilander, Schweiz) ist u. a. ein Verfahren beschrieben, um auf Baumwollgeweben Transparenzeffekte mit stark abgekühlter Schwefelsäure von wenigstens $50\,^{1}/_{2}°$ Bé unter darauffolgender Mercerisierung zu erzeugen. Bei der Anwendung von Reserven kann man dieses Verfahren sehr gut zur Erzeugung von topischen Effekten verwenden, weil die gekühlte Schwefelsäure die Reserven nicht angreift.

F.P. 482 754. Verfahren zur Erhöhung des Glanzes auf Seiden. Société pour l'industrie chimique, Basel.

Das Verfahren besteht darin, daß man Stränge oder Gewebe aus Seide oder Halbseide in gespanntem oder ungespanntem Zustand der Einwirkung von konzentrierten organischen Säuren, ihren Anhydriden und Mischungen unterwirft, eventuell auch unter Zusatz von Glycerin. Die Wirkungen entsprechen denen, wie sie aus der Mercerisation der Baumwolle bekannt sind. Empfohlen wird Ameisensäure von 90—100 vH, Essigsäureanhydrid, ein Gemisch von Essigsäure mit Essigsäureanhydrid.

F.P. 604 270. Überführung von Hanf in seidenartige Fasern. Lapierre, Frankreich.

Das Verfahren besteht darin, daß man die Fasern als Geflecht auf drehbare Siebe in einen Autoklaven unter hohen Druck bringt, in dem sie nach vollständiger Aufschließung bei einer Temperatur von etwa 120° C mit einer Mischung von Kaliumsulfid, Chlornatrium, Borax, Salpeter, Magnesiumsulfid und ammoniakalischem

Kupferoxyd behandelt werden. Hierauf folgt eine ausgiebige
Wäsche, Avivieren mit Salzsäure, vollkommenes Entsäuern, Avivieren mit Oxalsäure, dann ein Bad von Salpeter, dann wird gewaschen, getrocknet, gespannt, kardiert usw.

Nach den Ausführungen des F.P. 613 973 (Golli, Italien, vgl.
Kap. IX B) soll man Jute in eine wollähnliche Faser umwandeln,
wenn man sie nach dem Kardieren zum Entfernen der Unreinlichkeiten und zur Lockerung der Fasern mit einer Natronlauge von
30° Bé bei Temperaturen von 25—35° C behandelt, wobei eine Erhöhung der Temperatur bis zum Entweichen von Wasserdämpfen
eintritt.

Sachverzeichnis.

Betriebspraxis der Baumwollstrangfärberei. Eine Einführung von **Fr. Eppendahl,** Chemiker. Mit 8 Textfiguren. VIII, 117 Seiten. 1920. RM 4.—

Die Apparatfärberei der Baumwolle und Wolle unter Berücksichtigung der Wasserreinigung und der Apparatbleiche der Baumwolle. Von **E. J. Heuser.** Mit 191 Textfiguren. VII, 301 Seiten. 1913. Gebunden RM 8.40

Die neuzeitliche Seidenfärberei. Handbuch für Seidenfärbereien, Färbereischulen und Färbereilaboratorien. Von Dr. **Hermann Ley,** Färbereichemiker. Mit 13 Textabbildungen. VI, 160 Seiten. 1921. RM 6.—

Die Zellulose. Die Zelluloseverbindungen und ihre technische Anwendung. Plastische Massen. Von **L. Clement** und Ing.-Chem. **C. Rivière.** Deutsche Bearbeitung von Dr. **Kurt Bratring.** Mit 65 Textabbildungen. XVI, 275 Seiten. 1923. Gebunden RM 13.50

Über die Herstellung und physikalischen Eigenschaften der Celluloseacetate. Von Dr. **Victor E. Yarsley,** M. Sc. A. I. C. Mit 4 Textabbildungen. IV, 47 Seiten. 1927. RM 3.—

Die Herstellung und Verarbeitung der Viskose unter besonderer Berücksichtigung der Kunstseidenfabrikation. Von Ing.-Chemiker **Johann Eggert.** Mit 13 Textabbildungen. V, 92 Seiten. 1926. RM 6.60

Die künstliche Seide, ihre Herstellung und Verwendung. Mit besonderer Berücksichtigung der Patent-Literatur bearbeitet von Dr. **K. Süvern,** Geh. Regierungsrat. Fünfte, stark vermehrte Auflage. Unter Mitarbeit von Dr. **H.** Frederking. Mit 634 Textfiguren. XIX, 1108 Seiten. 1926. Gebunden RM 64.50

Die mikroskopische Untersuchung der Seide mit besonderer Berücksichtigung der Erzeugnisse der Kunstseidenindustrie. Von Prof. Dr. **Alois Herzog,** Vorsteher der Biologischen Abteilung am Deutschen Forschungsinstitut für Textilindustrie und Dozent an der Sächs. Technischen Hochschule in Dresden. Mit 102 Abbildungen im Text und auf 4 farbigen Tafeln. VIII, 197 Seiten. 1924. Geb. RM 15.—

Die chemische Betriebskontrolle in der Zellstoff- und Papierindustrie und anderen Zellstoff verarbeitenden Industrien. Von Dr. phil. **Carl G. Schwalbe,** Prof. an der Forstl. Hochschule und Vorstand der Versuchsstation für Holz- und Zellstoff-Chemie in Eberswalde, und Dr.-Ing. **Rudolf Sieber,** Chefchemiker des Kramfors-Konzernes, Sulfit und Sulfatzellstoff-Werke, Kramfors, Schweden. Zweite, umgearbeitete und vermehrte Auflage. Mit 34 Textabbildungen. XIV, 374 Seiten. 1922. Gebunden RM 20.—